| 教 师 教 育 精 品 教 材 |

U0867030

中小学生认知与学习心理

吴会东 张彦云 靳福利◎主 编
张国华 王路瑶◎副主编

ZHONGXIAO
XUESHENG RENZHI
YU XUEXI XINLI

北京师范大学出版集团
BEIJING NORMAL UNIVERSITY PUBLISHING GROUP
北京师范大学出版社

图书在版编目(CIP)数据

中小学生认知与学习心理/吴会东，张彦云，靳福利主编. —北京：北京师范大学出版社，2021.8
教师教育精品教材
ISBN 978-7-303-27038-5

Ⅰ.①中… Ⅱ.①吴…②张…③靳… Ⅲ.①中小学生－认知心理学－高等学校－教材②中小学生－学习心理学－高等学校－教材 Ⅳ.①B844.2

中国版本图书馆 CIP 数据核字(2021)第 121935 号

营销中心电话 010-58802135 010-58802786
北师大出版社教师教育分社微信公众号 京师教师教育

ZHONGXIAOXUESHENG RENZHI YU XUEXI XINLI

出版发行：北京师范大学出版社 www.bnup.com
北京市海淀区新街口外大街 12-3 号
邮政编码：100088

印　　刷：三河市兴达印务有限公司
经　　销：全国新华书店
开　　本：787 mm×1092 mm 1/16
印　　张：16.25
字　　数：310 千字
版　　次：2021 年 8 月第 1 版
印　　次：2021 年 8 月第 1 次印刷
定　　价：49.00 元

策划编辑：王剑虹　　责任编辑：宋　星
美术编辑：焦　丽　　装帧设计：焦　丽
责任校对：康　悦　　责任印制：马　洁

版权所有　侵权必究

反盗版、侵权举报电话：010-58800697
北京读者服务部电话：010-58808104
外埠邮购电话：010-58808083
本书如有印装质量问题，请与印制管理部联系调换。
印制管理部电话：010-58805079

前　言

FOREWORD

为落实教育规划纲要，深化教师教育改革，规范和引导教师教育课程与教学，培养高素质专业化教师队伍，教育部制定下发的《教师教育课程标准（试行）》（教师〔2011〕6号），从基本理念、课程设置、实施建议等方面对幼儿园、中小学职前教师教育课程以及在职教师教育课程提出了具体要求，在中小学职前教师教育课程设置"建议模块"中，要求开设中小学生认知与学习课程。教育部、国家发展改革委、财政部印发的《关于引导部分地方普通本科高校向应用型转变的指导意见》（教发〔2015〕7号），标志着我国高等教育"重技重能"时代已经来临，高校未来办学思路将转到服务地方经济社会发展上来，把办学定位转到培养应用型技术技能型人才上来。为适应社会和教育发展的新要求，高等师范院校心理学课程也需要进行变革，相应的心理学教材也需要进行调整。

本教材根据《教师教育课程标准（试行）》、国家有关教师教育改革的新要求以及本科师范院校心理学课程教学的实际要求，由长期从事高等师范院校心理学教学和研究工作的专业教师合力编写。本教材具有以下几个方面的特点。第一，针对性。本教材以认知心理和学习心理为主线，融中小学生发展心理、品德心理等内容为一体，使教材的内容体系不仅更加完善，而且更加符合高等院校对教师教育专业学生的培养方向与培养目标。第二，基础性。鉴于心理学对教师教育专业的大学生来说是一门新的学科领域，同时又是师范院校教育理论课程的基础课程，因此在编写上更加注重心理学基础理论的介绍，符合大学生学习与发展的需要。第三，应用性。为适应高校向应用型转轨的新要求，本教材在编写过程中始终将重点放在应用性上，注重理论与实践紧密结合，注重教材内容与中小学生心理发展实际紧密结合，注重内容体系与大学生学习需要紧密结合，在结构编排上注重对学生自主学习的引领，包括学习目标、知识导图、思考与练习和拓展与延伸等环节，使心理学教与学的过程变得更加顺畅，对教育教学工作具有很强的指导意义。第四，生动性。本教材在编写形式上力求文字简练、表述清晰，在提高其科学性和规范性的基础上，凸显其生动性和趣味性，如增加了心理自测、拓展学习、人物介绍等栏目，不仅拓展了学习者学习的视野和思考的空间，还增强了教材的趣味性。第五，师范性。本教材主要为高等院校教师教育专业学生心理学课程用书，所以从教材名称到体系编排，都围绕师范专业的特点，对从事中小学教师职业具有更强的指导意义。

本书可作为高等院校教师教育专业心理学公共课教材，也可作为教师资格证考取者的学习指导用书，还可作为各级各类学校教育管理者、教师和心理学爱好者的学习参考读物。

本书由吴会东、张彦云、靳福利主编。具体编写情况如下：第一章和第十章由张彦云执笔，第二章和第三章由靳福利执笔，第四章和第九章由张国华执笔，第五章、第八章由吴会东执笔，第六章和第七章由王路瑶执笔。全书由吴会东统稿、张彦云定稿、靳福利校稿。

本书在编写过程中参阅了大量心理学及相关文献资料，在此我们对其作者表示衷心的感谢！另外，由于编者水平有限，再加上国家引领部分普通本科院校向应用型转轨正处于起步发展阶段，课程改革和教材改革也处于发展阶段，本书难免有不足之处，敬请同行专家给予批评指教，也希望广大读者提出宝贵意见。

编　者

目　录

CONTENTS

第一章 绪 论

学习目标 ▶

1. 掌握心理学研究的对象。
2. 了解心理学的产生与发展。
3. 了解心理的生理机制，树立科学的心理观。
4. 理解研究中小学生心理的理论意义与实践意义。

知识导图

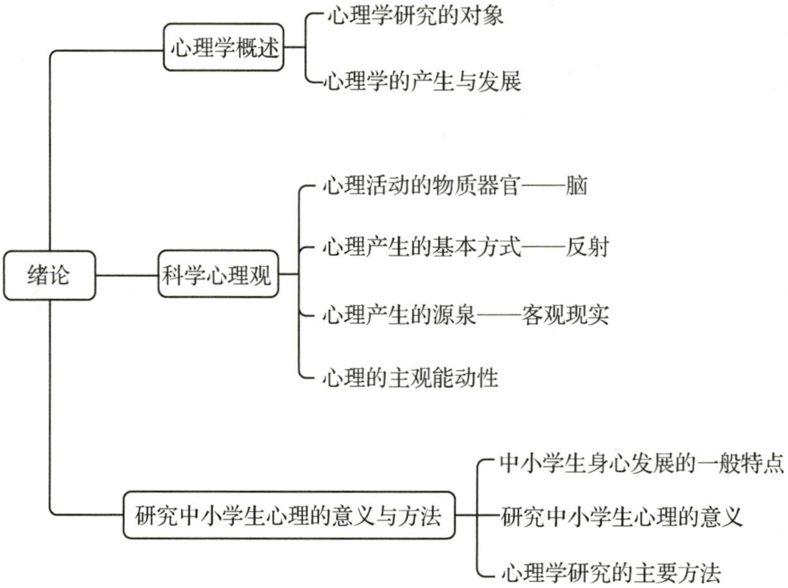

一提到心理学你会立刻想到什么？“学会心理学能知道别人想什么”“心理学是一门玄学”“学习心理学能提高心理素质”……一提到中学生你会立刻想到什么？“豆蔻年华”“稚气未脱”“朝气蓬勃”“未成年人”……中小学生认知与学习心理将带着你走进心理学的世界，走进中小学生的心理世界，初步认识和了解心理现象及其规律，认识中小学生的心理发展特点，从而为你将来更好地从事教师工作打下一定的基础。

第一节 心理学概述

自古以来，人类在探索自然奥秘的同时，也在不断探索人类自身的奥秘，特别是心灵的奥秘。例如，人为万物之灵，与其他动物的区别和联系是什么？人是如何认识世界和改造世界的？人是如何调节自己的心理活动，进而改变自己的行为的？人有哪些需要？这些需要又是如何转化为行为动机，推动人进行各种各样行为的？等等。心理学家采用科学的方法对这些问题进行长期的研究，便形成了一门独立的科学——心理学。心理学是研究心理现象的发生、发展及其规律的科学。它兼有自然科学和社会科学双重属性，同时其研究涉及认知、情感、人格、行为和人际关系等许多领域，也与日常生活的许多领域——家庭、学校、社会等密切相关，这也就决定了心理学既是一门理论学科，也是一门应用学科，包括基础心理学与应用心理学两大领域。

一、心理学研究的对象

我们知道，人的活动有外显的表现，这些表现可以通过人的言语、动作、表情等方面来体现，我们凭肉眼就可以观察到，如手忙脚乱、眉飞色舞、摩拳擦掌、咬牙切齿等，但这些外在的行为表现是受人的神经系统、内分泌系统的内部活动支配的，我们不能或者根本就无法观察到。也就是说，人的心理活动是内隐的，而行为是外显的，外显行为受内隐的心理活动支配，内隐的心理活动只有通过外显行为才能得到发展和体现。它们之间的转换是遵循一定规律的，两者是相互依存、相互协调的统一体。要研究人的心理现象，必须从了解、分析、研究人的行为入手，而要想了解、分析、研究人的行为，则更要研究人的复杂的心理活动规律。心理学研究的目的就是要探讨这些心理活动规律，从而对我们的心理活动和行为表现做出科学的解释。

心理学既研究人的心理现象，也研究动物的心理现象，但主要研究人的心理现象。而人的心理现象需要从两个方面进行分析，即个体心理现象和社会心理现象。

(一)个体心理现象

人作为个体而存在，在我们每一个人身上无时无刻不在发生着心理现象。我们通过眼睛看到五彩缤纷的世界，通过耳朵听到抑扬顿挫的声音，通过鼻子闻到各种气味，通过各种感官感受事物的各种属性，一些现象引发我们的思考，我们还可以有意无意地记住很多东西，还会有喜、怒、哀、乐各种情绪及情感反应，还会产生不同的需要、兴趣、爱好，每个人又有各自的脾气秉性和性格特点，等等，所有这些都属于个体心理现象，都是心理学研究的范畴。换句话来讲，人类关于自然和社会的一切研究领域和研究成果，都与我们的心理现象的存在和发展密不可分，离开个体心理现象，一切都将无从谈起。我们可以从图 1-1 中更清楚地了解个体心理现象。

- 个体心理现象
  - 心理过程（注意）
    - 认识过程：感觉、知觉、记忆、思维、想象
    - 情感过程：情绪、情感
    - 意志过程
  - 个性心理
    - 个性倾向性：需要、动机、兴趣、信念、世界观
    - 个性心理特征：气质、性格、能力

图 1-1 个体心理现象

1. 心理过程

心理过程(mental process)指一个人心理现象的动态过程，包括认识过程、情感过程和意志过程。

认识过程是人类认识世界的基本过程，是指外界信息经过人脑进行加工改造，从而影响人的心理表现和行为的过程。我们在认识客观事物时，总是要用眼睛去看、用耳朵去听、用鼻子去闻、用手去摸等，这就产生了心理学上所说的感觉。单纯的感觉几乎不存在，人在认识世界的时候更多的是多种感官同时发挥作用，从事物的整体去认识，而以知觉的形式表现出来，形成感知。人在感知当前事物时，经常会有意或无意地记住它，更多的还会遗忘，在必要时还要回忆，这就是人的记忆现象。在感知、记忆的基础上，人还有更高级的心理活动，这就是思维与想象。也只有通过思维，人才能不断认识自身、认识世界，揭示事物的本质和内部规律，进而改造世界；也只有在想象的基础上人才能发挥创造的才能，从而推动社会的不断进步与发展。感觉、知觉、记忆、思维、想象在心理学上被统称为认识过程。

情感过程是个体在实践活动中对事物的态度体验。人在认识客观事物的时候，总伴随着不同的心理体验并有一定的态度体验，产生喜、怒、哀、惧、爱、恶等情绪反应和尊敬、爱戴、憎恨等情感体验。情绪和情感有区别又有联系，伴随着情绪和情感的产生，人的各种表情和身体内部的各项指标也会随之发生变化。人的心理健康状况从外在看主要通过情绪表现出来，所以，如何调控自己的情绪，是心理健康关注的主要问题。

意志过程是个体自觉地确定目标，并根据目的调节支配自身的行动，克服困难，以实现预定目标的心理过程，是人的主观能动性的集中体现。一个人如果没有良好的意志品质就会一事无成。

认识过程、情感过程、意志过程被统称为心理过程，三者并不独立存在，而是彼此密不可分，同处在心理过程之中。其中认识过程是最基本的心理过程，情感过程和意志过程是在认识过程基础上产生的，情感过程和意志过程又反作用于认识过程。

还有一种心理现象就是注意，它不单独属于哪一个心理过程，而是伴随着其他心理现象同时发生。

2. 个性心理

个性心理(individual mind)是一个人在社会生活实践中形成的相对稳定的各种心理现象的总和，包括个性倾向性和个性心理特征两大部分，它反映人的心理现象的个别性，这些个别性有的具有可变性、偶然性，有的具有稳定性、经常性。

个性倾向性是推动人进行活动的动力系统，它反映了人对周围世界的趋向和追求。主要包括人的需要、动机、兴趣、信念、世界观。人要想生存，就会有需要，正是人的各种各样的需要，赋予了生活更多的意义。为了满足不断产生的需要，人们就会产生活动的动力，从而产生动机。人的一切活动都是在各种动机的支配下进行的。由于每个人的兴趣、信念、世界观不同，丰富多彩的人生才得以形成。

个性心理特征指个人身上经常表现出来的本质的、稳定的心理特征，主要包括气质、性格、能力。相对于个性倾向性来讲，这些心理现象表现在一个人身上具有相对稳定性，它们既受先天因素的影响，又受后天环境、教育和个体主观能动性的影响，往往对一个人能否立足社会起至关重要的作用。正是这些心理特性，使一个个体的心理活动与另一个个体的心理活动彼此具有各自的特点。

(二)社会心理现象

人是社会人，不可能脱离社会关系而存在，必然与其他人建立各种各样的关系，如师生关系、同学关系、上下级关系、长辈晚辈关系等。同时由于社会群体的存在，又产生了群体心理，存在群体利益、群体风气、群体价值、群体规范、群体目的等。一个群体正是因为有了这些特征，才有别于其他群体，形成了民族关系、团体关系、国家关系等。由于这些关系的存在，人际关系、人际互动、群体动力和特征、个体社会化等心理现象就产生了。

二、心理学的产生与发展

“Psychology”(心理学)一词源于希腊文“灵魂”和“学说”，原意是关于灵魂的学说。

德国心理学家艾宾浩斯说：“心理学有一个悠久的过去，但却有一段短暂的历史。”

(一)心理学产生的历史渊源

早期对心理现象的研究可以追溯到中国、埃及、希腊和印度等古代文明。

中国古代有着极其丰富的哲学心理思想，主要有人贵论、形神论、心物论、性习论、知虑论、情欲论、志意论、知行论、智能论等，认为人的性情思想是由一定的器官承担的，并且其活动会在器官上反映出来，如“心之官则思”(《孟子·告子上》)，“形具而神生”(《荀子·天论》)，“人有五脏，化五气，以生喜怒悲忧恐”(《黄帝内经》)，等等。虽然心理学作为一门独立的科学体系并未诞生于中国，但不可否认的是，我国古代丰富的心理思想已经涉及身心、需要、动机、性格、感知、心理测验等方面的内容。

在欧洲，对心理现象研究的历史可以追溯到古希腊柏拉图、亚里士多德时代。当时由于人们的认识能力有限，对人类自身的一些现象无法从科学的角度去认识和理解，人们认为人有两个生命现象的存在，一个是可见的、实在的肉体，另一个是不可见的、虚幻的灵魂。灵魂主宰着人们肉体的活动。当灵魂附体时，人的活动就受它的控制，产生思想、情绪等；当灵魂暂时离开身体时，人就进入睡眠状态，梦就是灵魂在睡眠中的活动；人死之后，灵魂就永远离开了肉体，变成神或鬼，进入天堂或地狱。在人类社会发展的漫长历史时期，人们一直用灵魂来解释心理现象，以至于古希腊、古罗马以及欧洲中世纪的哲学家都以灵魂为研究对象。古希腊哲学家柏拉图以理念论来解释灵魂的本质，认为灵魂来自理念世界，灵魂进入人的身体而支配人的身体活动，人死之后又回到理念世界，灵魂是不朽的。柏拉图还对感觉、记忆、想象、睡眠、梦等心理现象进行了论述，他的理念论对后来心理学的发展有很大的启发意义。最具代表性的是古希腊哲学家亚里士多德对灵魂的实质、灵魂与肉体的关系、灵魂的种类和功能等进行的系统的阐述。他的著作《灵魂论》被公认为是人类文明史上最早的一部研究心理现象的专著。他认为灵魂与身体是统一的整体，灵魂是生命的本质，身体是灵魂的工具，只有灵魂才能使肉体的动作得以实现；灵魂包括植物灵魂、动物灵魂、理性灵魂；灵魂有认识功能(感觉、记忆、思维、想象)和动求功能(欲望、动作、意志、情感)。他的这些思想对心理学的发展产生了深远的影响，对当代心理学的发展也产生了不可低估的作用。亚里士多德在心理学历史发展上的贡献主要表现在：一是初步确立了心理学的知识体系；二是他具有自然科学倾向的心理研究对后来心理学发展产生了启发意义，一代又一代学者从生理学、物理学、医学等自然科学的角度进行不懈的研究，最终使心理学成为一门以实验研究为主要手段的独立学科。

(二)科学心理学的产生与发展

1. 科学心理学的产生

19 世纪，西方科学的发展已经有了长足的进步，当时的天文学、生理解剖学以及物理学等自然科学已经获得了巨大的进展，它们确定了科学的权威地位，同时也为科学心理学的独立创造了条件。

1860 年，德国物理学家费希纳发展了心理物理法，把物理学的数量化测量方法用到对心理现象的研究中，发表了《心理物理学纲要》。1862 年，德国心理学家冯特刊发了《对感官知觉理论的贡献》。这两部书从实验的角度为科学心理学奠定了基础。1879 年，冯特在德国莱比锡大学建立了世界上第一个心理学实验室，开始从自然科学的角度研究心理现象，为心理学的发展提供科学的依据，使心理学走上了科学化、正规化的轨道，标志着心理学从哲学母体中分化出来成为独立的学科。冯特也由生理学家、哲学家发展成为心理学史上第一位专业心理学家，他的《生理心理学原理》也被看作心理学史上第一部系统的心理学专著，被称为“心理学独立的宣言书”。

人物介绍

冯 特

图 1-2 冯特

威廉·冯特(Wilhelm Wundt，1832—1920，见图 1-2)，德国生理学家、心理学家，构造主义心理学派创始人之一，科学心理学的创始人。1856 年，冯特毕业于海德堡大学医学系。1858 年，他成为赫尔曼·冯·亥姆霍兹的助手。在这段时间里他开辟了第一个科学地教授心理学的课程。在这个课程中他使用来自自然科学的实验方法来研究心理学。他的讲义被编辑为《人类与动物心理学论稿》。1864 年，他被提升为助理教授。1874 年，他发表了《生理心理学原理》。在这部书中他发明了一种系统性的心理学方法来研究人的感知：感觉、体验、意志、知觉和灵感。1875 年，冯特成为莱比锡大学的教授。1879 年，他在那里创建了世界上第一个心理实验室。冯特晚年发表了他的十卷巨著《民族心理学》。

冯特在心理学方面主要的贡献如下。第一，由于冯特的努力，心理学成为一门独立的学科。在冯特创立他的实验室之前，心理学像个流浪儿，一会儿敲敲生理学的门，一会儿敲敲伦理学的门，一会儿敲敲认识论的门。1879 年，它才成为一门实验科学，有了一个安身之处和一个名字。第二，培养了一大批心理学家，为心理学在世界范围的发展奠定了基础。冯特建立心理学实验室以后，世界各国的青年学生纷纷来到莱比锡学习心理学和实验方法。这些学生学成回国以后，或者宣传冯特的心理学，或者创建实验室，建立自己的心理学体系，成为各国心理学发展的先驱人物。第三，冯特在民族心理学方面的研究是心理学对文化与心理关系的第一次系统性的研究。

2. 科学心理学的发展

从 1879 年心理学成为独立的科学到现在，只有一百多年的历史，但这一百多年却是心理学飞速发展的一百多年。一百多年来，心理学的研究领域不断扩大，心理学的分支日益增多，心理学在整个科学大厦中发挥的作用越来越大。特别是第二次世界大战以后，人类社会的各个领域对心理学提出了一系列重要课题，心理学理论在许多实践部门得到了广泛运用，产生了很多心理学分支学科。随着社会的发展，新的分支学科还会出现，并且随着现代科学技术的飞速发展，心理学吸收和引进了科学技术的新成就，不断改进和发展了原有的研究方法和技术，使心理学的研究提高到一个崭新的阶段。心理学的许多科研成果，不仅应用到教育、医疗、工程、航空、宇航等领域，而且渗透到仿生学、控制论、人工智能、系统工程等许多尖端科学技术部门，从而进一步证明了心理学的真正价值和生命力。尤其值得关注的是，随着社会的发展、竞争的加剧，人们感到了前所未有的压力，心理健康问题显得越来越重要，人们从来没有像今天这样关注心理健康，也促使大众心理学工作得到了广泛开展和普及。

尽管如此，人类的心理现象作为自然界最伟大的花朵，至今仍是世界三大奥秘之一(一般认为，宇宙、生命和人脑是当今世界三大奥秘)。毕竟从它成为独立的学科到现在只有短短的一百多年，它的研究手段、研究成果、研究队伍等方面还不成熟，还需要进一步发展和提高，人的很多心理问题和心理现象还没有被完全认识，有待进一步研究，特别是人类对于心理现象产生的物质器官——人脑的研究还远远没有认识，因而人类对自己心灵的奥秘还远远没有揭开。

心理学的发展依赖社会发展的需要。心理学的发展历史表明，心理学首先是在经济发达国家发展起来的。心理学最初发展起来成为独立的学科是在德国，从20世纪初开始，特别是第二次世界大战后，美国已经成为世界心理学的研究中心。

(三)心理学发展的主要流派

自科学心理学发展一百多年来，人们对心理现象进行了深入的研究和探讨，心理学家更是运用各种方法从各个方面、各个角度提出各自的观点，形成了心理学发展历史上不同的理论流派。

1. 构造主义

构造主义学派的奠基人是德国心理学家冯特。他主张用内省的方法把复杂的意识经验分析为感觉和感情等简单的元素，再用“创造的综合”将这些元素合成复杂的意识经验，这种主张为构造主义心理学奠定了基础。构造主义学派的代表人物是铁钦纳，他认为心理学应该研究人的直接经验，即意识，通过内省法可以把意识经验分为感觉、意象、情感三种元素，感觉是知觉的元素，意象是观念的元素，情感是情绪的元素，这些元素有各种属性(质量、强度、持续性等)，元素在时间和空间上混合可以形成所有的心理现象。

2. 机能主义

机能主义学派的创始人是美国心理学家詹姆士，代表人物是杜威和安吉尔。机能主义把意识看作川流不息的过程，认为意识的作用就是使有机体适应环境，强调意识的作用和功能，重视心理学的实际应用，并且主张把心理学的研究范围扩大到动物心理学、儿童心理学、教育心理学、变态心理学、差异心理学等领域。

3. 行为主义

行为主义学派是1913年由美国心理学家华生创立并迅速遍及全球的一个重要的心理学流派。它公开向构造主义和机能主义宣战，倡导心理学从对意识的研究转向对行为的研究，导致一场行为主义的革命。行为主义经历了旧行为主义和新行为主义两个阶段。1913—1930年为旧行为主义阶段，其代表人物以华生为首，新行为主义的代表人物为斯金纳。

1913 年，华生发表了《一个行为主义者心目中的心理学》，宣告了行为主义的诞生。华生的观点主要包括：心理学的研究对象是行为，而不是人的意识；既然以行为为研究对象，那么就应该采用客观的研究方法，反对内省法；认为人的一切行为都是后天环境和教育的结果。

以斯金纳为代表的新行为主义对华生的理论有所发展，他坚持行为主义的基本原理，提出了强化理论，认为任何有机体都倾向于重复那些指向积极后果的行为，而不去重复那些指向消极后果的行为。他与华生思想的区别在于他并不否认人的内部心理活动的存在，但他坚信人的一切行为都是由外部环境决定的。

在实用主义思想的指导下，行为主义心理学在美国很快就盛行起来。行为主义心理学从 20 世纪 20 年代兴起，到 50 年代逐渐衰落，主要原因在于整个科学的发展，特别是计算机科学的发展，促使人们不得不面对很多难以解释的复杂的心理现象，从真正科学的角度揭示人的心理活动的规律。然而行为主义的影响却很深远，在当前的行为改造、心理治疗中，行为主义的方法仍占有重要地位，计算机辅助教学也是以行为主义原理为基础的，行为主义思想在心理学的发展历史上占有重要地位。

4. 格式塔理论

格式塔德文的意思是“完形”“完整”，1912 年出现在德国，代表人物是韦特海默、苛勒和考夫卡。格式塔学派强调经验和行为的整体性，反对构造主义把意识分成元素，也反对行为主义的“刺激—反应”公式，重视实验在心理学中的作用，在感知、思维、学习等方面进行了大量的实验。该理论认为：整体不等于部分之和，意识经验不等于感觉和感情等元素的集合，行为也不等于反射弧的集合，整体先于部分而存在，并且制约着部分的性质和意义，“整体大于部分之和”。它的研究成果对心理学的发展产生了一定的影响。

5. 精神分析理论

精神分析又称为心理分析，产生于 19 世纪末 20 世纪初的奥地利，由奥地利精神病医生弗洛伊德首创。精神分析是现代西方心理学的一个重要流派，但它又不同于其他心理学流派，它是在对神经症的临床治疗过程中产生的，而非大学的心理实验室。

弗洛伊德对心理学传统的课题不感兴趣，所注重的是神经症的分析和治疗。精神分析有两重含义，一方面指神经症治疗的技术，另一方面指潜意识的心理学理论，特别是后者给传统心理学带来了巨大影响，他提出的潜意识理论是精神分析的核心部分。弗洛伊德认为，人除了意识活动，即人所能感觉、观察到的活动，还有无意识活动，这些活动包括人的原始欲望和各种本能，以及出生后和本能有关的欲望，特别是性的欲望，它们被风俗、习惯、道德、法律压抑，处在不被觉知的意识层下面，但它们并没有消失，而是在不自觉地积极活动，追求满足。人在儿童时期的欲望和动机受到压抑，引起动机冲突，是导致心理障碍的主要原因。精神分析治疗方法就是用自由联想、释梦等方法发现病人在潜意识里存在的动机，使之在医生的帮助下得到合理宣泄，从而达到治疗的目的。

弗洛伊德的精神分析理论连同他的性学说、人格理论构成了他理论的核心。这些理论在当时不被人们认可，甚至连他的学生都背离了他。但随着心理学的发展，他的理论的影响逐渐扩大，成为备受瞩目的心理学流派。它的影响远远超出了心理学，对西方的哲学、神学、社会学、伦理学、美学、文学艺术等都产生了广泛的影响，成为 20 世纪以来影响人类文化最大的理论之一。

人物介绍

弗洛伊德

图 1-3　弗洛伊德

西格蒙德·弗洛伊德(Sigmund Freud，见图 1-3)于 1856 年出生在弗赖贝格市，当时是奥地利帝国的一部分。他 4 岁时全家迁居到维也纳，他的一生几乎都是在那里度过的。弗洛伊德读书时就是一个出类拔萃的学生，1881 年他在维也纳大学获得医学学位。在随后的十年中，他在一个精神病诊所行医，治疗神经病，同时致力于生理学的研究。

弗洛伊德的心理学思想是逐渐发展起来的。直到 1895 年才出版了他的第一部论著《歇斯底里论文集》；他的第二部论著《梦的解析》于 1900 年问世，这是他最有创造性、最有意义的论著之一。虽然该书开始非常滞销，但是却大大地提高了他的声望，他的其他重要论著也相继问世。1902 年，他在维也纳组织了一个心理学研究小组，阿德勒和荣格也先后加入了这个小组，两个人后来都成了世界著名的心理学家。

弗洛伊德晚年患了颌癌，为了解除病根，他从 1932 年起先后做过三十多次手术。尽管如此，他仍然工作不息，继续写出了一些重要论著。1938 年，纳粹分子入侵奥地利，由于弗洛伊德是犹太人，因此他不顾 82 岁高龄逃往伦敦，翌年在那里不幸去世。

弗洛伊德对心理学做出了很大贡献，用简短的文字很难加以概括。他强调人的行为中的无意识思维过程极为重要。他证明了这样的过程如何影响梦的内容，如何造成常见的不幸，如口误、忘记人名、致伤的事故，甚至疾病。

弗洛伊德创造了用精神分析来治疗精神病的方法。他系统地论述了人的个性结构学说，还发展和普及了一些心理学学说，如有关焦虑、防御功能、阉割情绪、抑制和升华等。他的著作极大地引起了人们对心理学的兴趣，他的许多观点在过去和现在都存在很大的争论，而且自他提出之日起就引起了激烈的争论。

弗洛伊德最为世人所知也许是由于他提出了受抑制的性爱经常会引起精神病或神经病这一学说(实际上这个学说并不是由弗洛伊德创立的，虽然他的著作为普及这个学说做出了许多贡献)。他还指出，性爱和性欲始于儿童早期而不是成年时期。

尽管弗洛伊德的学说一直存在争论，但他仍不愧是人类思想史上的一位极其伟大的人物。他的心理学观点使我们对人类思想的观念发生了彻底的变化，他提出的概念和术语已被普遍使用，如本我(id)、自我(ego)、超我(super-ego)、俄狄浦斯情结(Oedipus complex)和死亡冲动(death drive 或 death instinct)等。

弗洛伊德当然不是心理学的鼻祖。从长远的观点来看，人们也许会认为他作为心理学家所提出的学说并非十分正确；但是他显然是在现代心理学发展中最有影响、最重要的人物。

6. 人本主义

人本主义心理学思想源远流长，但作为一种心理学流派，是 20 世纪五六十年代在美国兴起的，发起人是马斯洛，而影响最大的代表人物是罗杰斯。人本主义从社会科学的角度，强调人的独特性，成为心理学的第三势力。人本主义认为，心理学研究的首要任务是了解人，揭示人性，而要揭示人性就必须从人的存在出发，以人为本，用整体分析法对人做出完备的描述。人的本质是善良的，恶不是人性固有的，它是由人的基本需要受挫引起的，或由不良的文化环境造成的。人有自由意志，有自我实现的需要，只要环境适当，他们就会努力去实现积极的社会目标，因此，人本主义强调人的尊严和价值。

人本主义思想有其片面性，而且它的理论主要靠理论上的思辨，而不能从实验上加以证明。但它强调人的社会性特点，主张从人的需要出发去研究人性，给人的心理本质做出了新的描绘，这对当今的社会变革起到了很重要的指导作用。近些年，在人本主义心理学基础上，一些心理学家进一步提出了积极心理学(positive psychology)的主张，提出应关注个体和团体的积极因素，心理学的目标应该是促进个体的发展、社会的繁荣和幸福，并预防问题的产生。

7. 认知主义

认知主义学派与其他学派不同，它不是由某个心理学家提出的一套理论体系，而是在很多心理学者研究的基础上产生的。1967 年，美国心理学家奈瑟尔在总结前人研究的基础上，吸收了各派合理的成分，写成了《认知心理学》一书，从而出现了认知主义学派。所谓认知，指在获取知识过程中进行的各种心理活动，包括知觉、记忆、言语、思维等。认知心理学认为，要想真正了解人的行为必须研究他的内心世界，研究他的内部心理活动。内部认知过程是可以运用科学方法进行研究的。他们在研究推理、决策，以及问题解决等复杂的认知过程时采用了口语报告的方法，取得了很大的成功。近年来，认知心理学与神经科学结合产生了认知神经科学，主要研究认知功能的脑机制、认知与神经系统的关系、脑发育与认知功能的发展等，这表明认知神经科学的研究有望成为心理学发展的主流。

第二节　科学心理观

自古以来，许多哲学家、生理学家、教育家、医学家都在探索心理的奥秘，人为什么会做梦？梦和现实生活有没有联系？人到底有没有灵魂？如果人有灵魂，那么灵魂与肉体有什么关系？到底是身体的哪个器官在支配着人的心理活动？是灵魂还是心脏抑或大脑，还是其他？随着科学的发展，人们终于认识到心理活动主要是神经系统的功能，特别是脑的功能。近些年，由于脑科学、神经科学、认知科学、电生理学和生物化学的研究不断深入，人类对自身心理现象及其规律有了许多新的认识，心理学取得了长足的发展。

从哲学的观点看，由于心理现象的复杂，研究难度很大，对于“心理究竟是什么”这一课题，几千年来学者提出了许多不同的看法，但归纳起来可分为两类，即唯心主义与唯物主义心理观。唯心主义认为，人的心理是不依赖物质而独立存在的、虚无缥缈的、永恒不灭的灵魂。朴素唯物主义认为，人的心理是人的身体(形体)的一种机能。机械唯物主义认为，人的心理是客观事物作用于人的感官和神经系统而引起的反应。辩证唯物主义认为，人的心理是人脑对客观现实主观能动的反映。

一、心理活动的物质器官——脑

脑是脊椎动物中枢神经系统的高级部位、生命机能的主要调节器。而人脑是结构复杂、功能极其完善的物质，它由 100 亿以上的神经细胞和 1000 亿以上的神经胶质细胞组成，每个神经细胞又与其他神经细胞存在多种联系，形成复杂的神经网络。

(一)脑的结构和功能

按照脑的结构和功能的不同，人体的神经系统可以分为中枢神经系统和周围神经系统。中枢神经系统包括脊髓和脑，如图 1-4 所示。

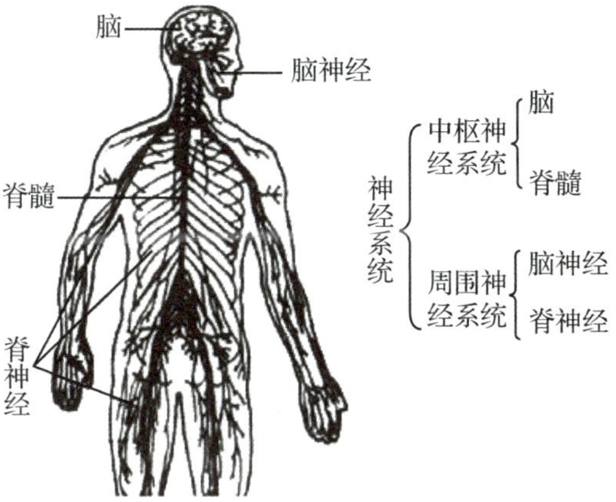

图 1-4　人体神经系统的构成

脊髓是中枢神经系统的低级部位，是脑和周围神经的桥梁。来自躯体和四肢的各种刺激，只有经过脊髓才能传导到脑，受到脑的更高级的分析与综合；而由脑发出的指令，也必须通过脊髓，才能支配效应器官的活动。脑是中枢神经系统的高级部位，是心理活动最重要的物质载体。

正常成人脑的平均重量为 1400 克左右，约占人体重量的 1/50，新生儿的脑重为 390 克左右。脑的结构图如图 1-5 所示，下面主要介绍脑干、间脑、小脑、大脑四个部位。

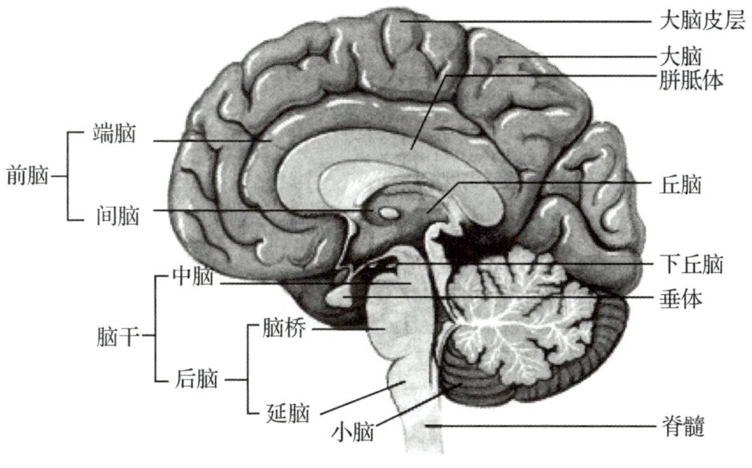

图 1-5　脑的结构图

1. 脑干

脑干在大脑与脊髓之间，呈圆柱形。脑干主要包括延脑、脑桥与中脑。延脑也称延髓，在脊髓上方，背侧覆盖着小脑，是一个狭长的结构。延脑与人的基本生命活动密切相关，它调节支配心跳、呼吸、排泄、咀嚼、吞咽、唾液分泌、呕吐等活动，因而又叫"生命中枢"。脑桥在延脑之上、中脑之下，是中枢神经与周围神经之间传递信息的必经之地，主要调节面部肌肉的运动(如眼肌、咀嚼肌、表情肌等)，对人的睡眠也具有调节和控制作用。中脑则位于丘脑底部，小脑、脑桥之间，是视觉和听觉的低级中枢，对调节骨骼肌肉的紧张度、身体姿势和随意运动有重要作用。如果中脑受损，则手脚的动作协调将受到破坏，面部表情将显得呆板。

2. 间脑

间脑包括丘脑和下丘脑。在脑干上方，大脑两半球的下部，有两个鸡蛋形状的神经核团，就是丘脑，它是神经通路的"中转站"，由身体传入脑的信息和由脑传出到身体的信息都要经过这里。丘脑正下方有一个更小的组织，叫下丘脑，它是内脏活动的调节中心，控制着摄食、饮水、体温和内分泌等活动。此外，下丘脑还对情绪起重要的作用，它是快乐、愤怒、害怕、沮丧和渴望的情绪所在处。

3. 小脑

小脑位于延脑和脑桥的后方，有两个小脑半球。小脑表面的灰质叫小脑皮层。其表面积约为 1000 平方厘米。小脑与延脑、脑桥、中脑均有复杂的纤维联系，它主要是协助大脑维持身体的平衡与协调动作。一些复杂的运动，如签名、走路、舞蹈等，一旦人们学会，似乎就被编入小脑，并能自动进行。当小脑病变或损伤时，会出现痉挛、运动失调，丧失简单的运动能力。

4. 大脑

大脑是中枢神经系统的最高部位，是心理活动的主要器官。它是由左右两个半球构成的，体积占中枢神经系统总体积的一半以上，重量占脑的总重量的 60%左右。

大脑半球的表面布满深浅不同的沟和裂。沟裂间隆起的部分被称为回。大脑皮层就是由这些沟、裂和回组成的，若将这些沟、裂、回展开铺平，大脑皮层的表面积约为 2200 平方厘米，平均厚度为 2.5 毫米。在大脑皮层上有三条大的沟裂，即中央沟、外侧裂和顶枕裂，这些沟裂将大脑半球分为额叶、顶叶、颞叶和枕叶四个区域，如图 1-6 所示。

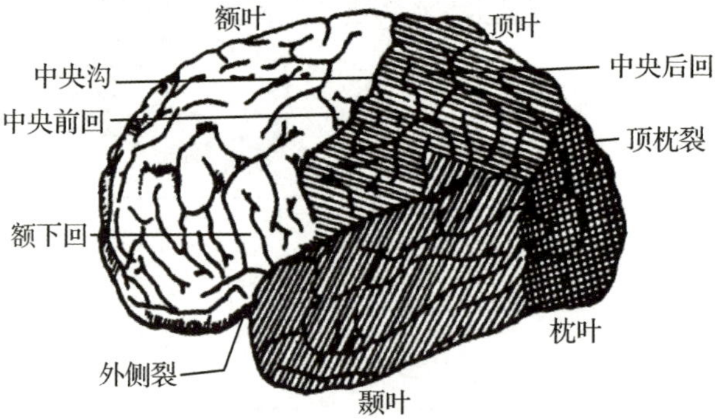

图 1-6 大脑的结构

经研究发现，大脑皮层的不同部位与特定功能相连，如图 1-7 所示。例如，躯体运动区位于中央沟前，它的主要功能是发出动作指令，支配和调节身体在空间的位置、姿势及身体各部分的运动。躯体感觉区在顶叶和中央沟之后，它是冷觉、温觉、触觉、压觉、痛觉等的大脑中枢。视觉区位于顶枕裂后面的枕叶，它接受在光刺激下由眼睛输入的神经冲动，产生初级形式的视觉，如对光的觉察等。若大脑两半球的视觉区受到破坏，即使眼睛的功能正常，人也会完全丧失视觉能力。听觉区位于颞叶上部，接受并加工来自双耳的信息。若大脑两半球的听觉区受到破坏，即使双耳的功能正常，人也会完全丧失听觉能力。

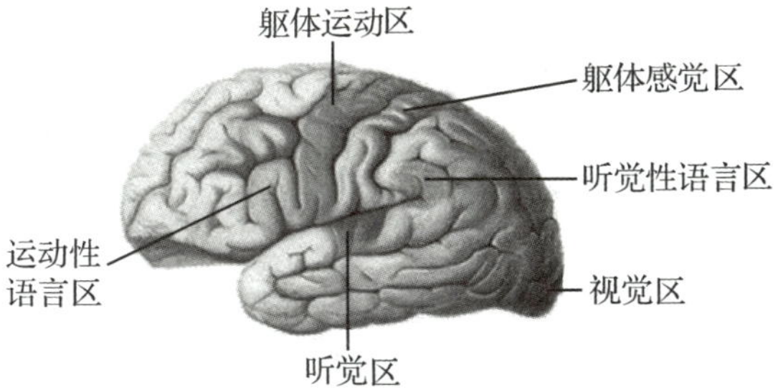

图 1-7　大脑左半球的分区功能图

大脑是神经活动的最高级部位，是神经活动的“最高司令部”。大脑左右两半球从表面上看似乎是左右对称的，实际上两个半球在结构和功能上都有明显的差异。从结构上讲，人的大脑右半球略大于和重于左半球，但左半球的灰质多于右半球；左右半球的颞叶具有明显的不对称性；对于各种神经递质的分布，左右半球也是不均衡的。从功能上讲，在正常情况下，大脑两半球是协同活动的。研究表明，对大多数人来讲，言语功能、抽象思维功能主要定位在左半球，而知觉物体的空间关系、情绪、想象、欣赏音乐和艺术等功能则定位在右半球，如图 1-8 所示。

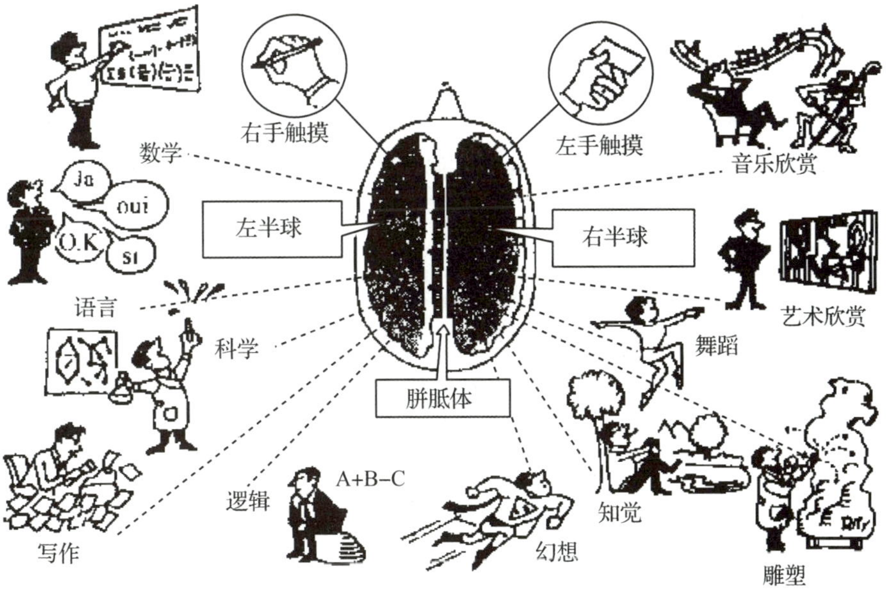

图 1-8　大脑两半球的功能分工

当然，大脑两半球功能的单侧化并不是绝对的。大脑左半球是言语优势半球，并不能说右半球没有言语功能。在一定条件下，大脑两个半球在功能上有相互补偿的作用。大脑的局部受到损伤后，脑的其他部分可以补偿它的部分或全部机能。

(二)脑的开发

1. 锻炼与大脑

研究表明，运动不仅和智慧互相协调，而且还是智慧发展的重要途径。运动不仅能促进大脑的发展，而且也是大脑的一种积极的休息方式。研究表明，如果儿童每天都坚持参加体育活动，将会有助于他们学习成绩的提高。科学家认为，运动有利于儿童视觉、听觉、嗅觉、前庭感觉等的发育，有利于感觉统和，从而促进脑功能的发展。此外，锻炼还是良好而有效的健脑方式。研究发现，散步和慢跑可以促使大脑思维活跃，改善大脑的机能。从保护大脑的角度看，锻炼能增加氧的供应。此外，体育锻炼不仅有助于身体健康，还直接影响人的性格，有助于心理健康。

2. 睡眠与大脑

科学研究表明，睡眠除了与脑力、体力的恢复有关，还与创造、记忆等有关。首先，睡眠与人的创造有关。古今中外的一些事例表明，睡眠中的梦可能是人创造思维的源泉。处于睡眠状态时，整个头脑像电脑似的不断进行工作，这时既不发出信息也不接收信息，只是忙着整理自己的记忆，有助于人把新知识融入旧知识中，有益于知识建构。其次，睡眠有助于记忆。心理学家做过这样一个实验：让两组学生都记同一个内容，然后让一组学生进入睡眠状态；让另一组学生继续活动，从事其他工作。隔一段时间重新进行测验，结果发现，睡眠组的学生成绩好，这表明睡眠有助于记忆。再次，在睡眠中，大脑还生产着思维所必需的生化物质，合成着成长所需要的生长激素。若没有充足的睡眠，大脑分泌这些物质就会受到影响，致使人的学习能力下降，记忆力衰退。最后，在睡眠中，脑制造蛋白质的速度远远高于觉醒期，因此，睡眠对大脑有重要的营养作用。

3. 营养与大脑

大脑从形成到发育和发展，一刻也离不开良好的营养供应；大脑为了保障它的正常活动，提高它的工作效率，同样也离不开充足的能量供应。心理学家对这一问题曾做过大量的研究，发现不仅出生后婴儿的营养状况会影响脑的发育，而且母体的营养状况也会影响脑的发育。研究表明，营养不良或饮食不当，可导致注意涣散、抑郁、惊恐甚至困倦。因此，要保证充足的营养供给，早餐要吃饱、吃好，也要注意平时饮食的营养平衡。一般来说，保障人的大脑正常运转所需的营养物质有水、氧、蛋白质、糖类、脂类、微量元素等。

4. 学习、记忆与大脑

学习与记忆能力是人类赖以生存的高级神经活动，对于动物而言，学习与记忆是动物改变自身行为适应环境的必要条件。对于人类而言，学习与记忆则是人们认识与改造世界以及参加社会实践活动的生理基础。脑的学习与记忆功能对人类智慧的形成、意识的产生、知识的积累以及科学文化的发展起着至关重要的作用。进化论的原理表明“用进废退”。其实，大脑也遵循着这一原则。学习训练、勤于用脑，是开发大脑功能的重要途径。

人的潜能是无限的。科学研究表明，大脑潜能具有超乎想象的丰富性与可开发性。对大多数人来说，大脑能量的很大部分还未来得及发挥。在日常的认知活动和情感活动中，平均只有约5%的神经元在发挥作用。因此，只有学会科学的用脑方法，脑的潜能才能得到更大程度的开发。

拓展学习

有损大脑的生活习惯

长期饱食：现代营养学研究发现，进食过饱，大脑中被称为“纤维芽细胞生长因子”的物质会明显增多。这些纤维芽细胞生长因子能使毛细血管内皮细胞和脂肪增多，促使动脉粥样硬化发生。如果长期饱食的话，势必导致脑动脉粥样硬化，出现大脑早衰和智力减退等现象。

轻视早餐：不吃早餐使人的血糖低于正常供给，对大脑的营养供应不足，久之对大脑有害。此外，早餐质量与智力发展也有密切联系。据研究，一般吃高蛋白早餐的儿童在课堂上的最佳思维普遍相对延长。而食素儿童的情绪和精力下降相对较快。

甜食过量：甜食过量的儿童往往智商较低。这是因为儿童脑部的发育离不开食物中充足的蛋白质和维生素，而甜食会损害胃口，降低食欲，减少人体对高蛋白和多种维生素的摄入，导致肌体营养不良，从而影响大脑发育。

长期吸烟：德国医学家的研究表明，常年吸烟使脑组织呈现不同程度的萎缩，易患老年性痴呆。因为长期吸烟可引起脑动脉硬化，日久导致大脑供血不足，神经细胞变性，继而发生脑萎缩。

睡眠不足：大脑消除疲劳的主要方式是睡眠。长期睡眠不足或质量太差，会加速脑细胞的衰退，聪明的人也会变得糊涂起来。

蒙头大睡：随着棉被中二氧化碳浓度升高，氧气浓度不断下降，长时间吸进潮湿空气，对大脑危害很大。

不愿动脑：思考是锻炼大脑的最佳方法。只有多动脑筋，勤于思考，人才会变聪明。反之，不愿动脑只能加速大脑的退化，聪明人也会变得愚笨。

带病用脑：在身体不适或患疾病时，勉强坚持学习或工作，不仅效率低下，而且容易造成大脑损害。

少言寡语：大脑中有专司语言中枢，经常说话也会促进大脑的发育和锻炼大脑的功能。

空气污染：大脑是全身耗氧量最大的器官，平均每分钟消耗氧500～600升。只有充分的氧气供应才能提高大脑的工作效率。

二、心理产生的基本方式——反射

一切心理现象无论是简单还是复杂的，就其产生方式来说都是反射。

(一)反射和反射弧

反射是有机体通过神经系统对机体内外刺激所做的有规律的应答性反应，如眨眼、呕吐、听到铃声进教室、望梅止渴等都是反射。反射是人和动物适应环境的基本方式。

实现反射活动的神经通路叫反射弧。反射弧由感受器、传入神经、神经中枢、传出神经和效应器组成。在具体活动中，感受器受到刺激，由传入神经把神经冲动传到神经中枢，中枢经过分析后，由传出神经向效应器发出指令，效应器做出相应的反应。研究表明，效应器所产生的反应动作又将成为一种新的刺激，由感受器沿传入神经传导至神经中枢，使神经中枢及时获得效应器活动的信息，从而更有效地调节效应器活动的过程，这个过程被称为反馈，如图1-9所示。

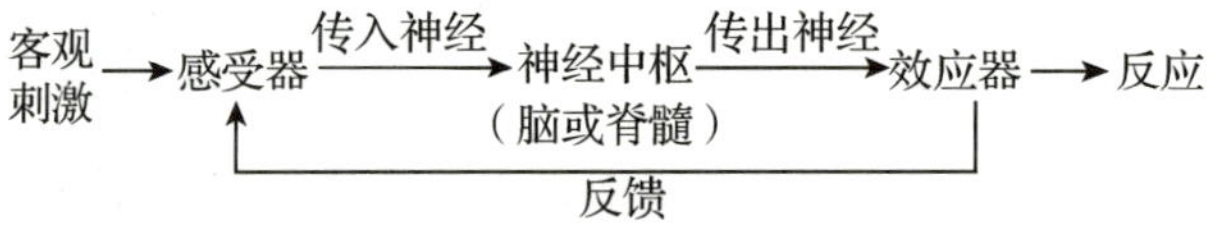

图1-9　反射结构

(二)反射的种类

反射一般分为无条件反射和条件反射两种。

无条件反射是指与生俱来的、由遗传而获得的反射。无条件反射的反射弧是固定的，因而无条件反射也叫本能。无条件反射有很多种，主要有食物性反射、防御性反射、性反射等。并不是所有的无条件反射都伴随人终生，对维持生命有重要意义的无条件反射，如打喷嚏、咳嗽等会伴随人终生，而对维持生命并无重要意义的无条件反射在一定时间内会消失。

条件反射是后天经过学习形成的反射。条件反射是在无条件反射的基础上建立起来的，是一种高级的神经活动。条件反射主要分为巴甫洛夫的经典条件反射和斯金纳的操作性条件反射。此两种反射的基本原理是相同的，都以强化为条件在大脑皮层上建立暂时神经联系。它们的主要区别在于：在经典条件反射中，强化物伴随条件刺激物，但它要稍前于条件刺激物或同时出现，条件反射才能形成。在操作性条件反射中，有机体必须先做出反应，然后才能得到强化；操作性条件反射，是通过动物“自由操作”主动形成的，而在经典条件反射中，动物被束缚在实验台上，是在被动的适应中形成反射的。在我们的现实生活中，操作性条件反射比经典条件反射更为多见。人的心理活动主要是与后天获得的大量条件反射相联系的。

三、心理产生的源泉——客观现实

客观现实是指在人的心理之外独立存在的一切事物，包括自然环境、社会环境和人体自身及其内部的生理状态。人的心理所反映的内容，无论是简单的还是复杂的，都源于客观现实。客观现实中有花、草、树木，我们在头脑中才会有花、草、树木的映像，才会产生感觉、知觉、思维、想象等心理现象。即使是我们头脑中出现的现实中不存在的事物形象，如《西游记》中的孙悟空、猪八戒，它们也是以机警敏捷的猴子和好吃懒做的猪作为原型被创作出来的，它的最终来源依旧是客观现实。

客观现实是心理产生的源泉，其中社会环境对人的心理具有更为重要的作用。一个人如果从小脱离了人所特有的社会环境，就不可能形成人的正常心理活动，甚至不会产生人的心理。世界各地曾发现一些从小被野兽叼去，和野兽一起生活，在兽群中长大而幸存的“狼孩”“豹孩”等，虽然他们是人类的后代，有人的大脑，却没有形成人的心理，而是养成了野兽的习性。即使已经形成了人的正常心理活动，如果中途长时间脱离人的社会环境，那么他原来已形成的人的正常心理也会变得失常。

四、心理的主观能动性

人的心理，就其反映内容来说是客观的，就其反映形式如感知、思维、情感等来说却是主观的。人对客观现实的反映并不是机械被动的反映，而是主观能动的反映。

(一)心理具有主观性

人脑对客观现实的反映受个人心理状态、个性特点、知识经验等的影响而使反映带有个人主体的特点，形成了人与人之间的差异。这样，对同一事物，不同的人在反映的积极性上、反映方式上、反映的正确程度上都会有个别差异。在教育教学过程中，同一个班级的所有学生听同一个老师讲授同样的内容，但学生对教学内容的理解和掌握却各不相同，知识的巩固和运用也相差很大。此外，同一个人在不同的时期，由于种种原因，其对同一事物也可能先后有不同的看法。可见，人对客观现实的反映往往不是简单地取决于眼前的事物，也取决于一个人的主观状态，心理是人脑对客观现实的主观反映。

(二)心理具有能动性

人的心理对客观现实的反映，不是像镜子那样消极、被动的反映，而是积极、能动的反映。人不仅通过实践活动认识客观世界，而且还运用已有的知识经验以及各种心理活动创造性地改造世界。人类在认识世界的过程中，积累了大量的科学文化知识，为人类的文明进步做出了巨大的贡献。认识世界的目的是改造世界，人类在尊重客观规律的前提下，不断地发挥主观能动性去进一步地改造世界，使之更好地为人类服务。同时，人的心理还可以通过自我意识去认识自己、控制自己、改造自己，不断地完善自己。人就是在自我认识与自我控制中不断完善、不断发展的。

第三节　研究中小学生心理的意义与方法

苏联教育家苏霍姆林斯基说："教育首先是人学。不了解孩子，不了解孩子的智力发展、思维、兴趣、爱好、能力、禀赋、习气，就没有教育。"

一、中小学生身心发展的一般特点

中小学生认知与学习心理是以中小学生的心理发展及学习规律为主要研究内容的一门学科。要想认识研究中小学生心理的意义，需要先了解中小学生身心发展的特点。

(一)小学生身心发展的一般特点

根据我国学制，6～12 岁是小学阶段，这一时期又被称为童年期。小学阶段是身体和心理都处于稳步上升的时期，也是可塑性较强的时期，更是一个人人生观、世界观、价值观、品德奠基形成的时期。小学各个年级又表现出许多明显的年级特点，如一、二年级的小学生，从幼儿园过渡到小学，从以游戏为主到以学习为主，开始明显出现不适应，从众心理强、注意力维持时间短、崇拜老师等。三、四年级的小学生，已经从被动学习向主动学习转变，有了自己的想法，但辨别是非的能力有限，社会交往经验缺乏，经常会遇到很多难以解决的问题，是不安的开始，如果遇到挫折会逐渐对学习失去兴趣，但如果通过正确的引导，往往会表现出对自然和社会的探索激情和求知欲望，综合能力得到快速提高。小学高年级开始为小学升入初中做准备，学习自觉性和竞争意识开始增强，进入青春早期。

(二)中学生身心发展的一般特点

中学生一般处在 12～18 岁，正处在人生的第二次心理断乳期——青春期。青春期是人生旅途中的一个特殊时期，无论是身体还是心理都出现明显的青春期特点。

1. 身体发育

身体发育呈现出"三大变化"：身体外形的变化、身体机能的增强、性的成熟。

①身体外形的变化。由于身体分泌性激素的增多，中学生的身高、体重进入了自婴儿期之后的第二个高峰期，而且表现出明显的性别差异。女孩身高发育的高峰在 12 岁左右，男孩在 13.5 岁；青春期男孩的身高平均每年增长 7～9 厘米，最高可达 12 厘米，整个青春期平均增长 28 厘米；青春期女孩的身高每年可增长 5～7 厘

米，最高可达10厘米，整个青春期平均增长25厘米。由于女孩比男孩发育得早，从11岁开始的两年里，女孩总体比男孩要高，但到13岁以后，男孩的身高开始超过女孩，一直到成年，男性的身高普遍比女性高10厘米左右。随着身高的增长，体重也随之增加，青少年的体形也逐渐成人化，最显著的变化是女孩乳房突出、臀部变宽，男孩喉结突出、肩膀变宽。

②身体机能的增强。青春期体格发育的同时，身体各器官功能也迅速增强，并逐步趋向成熟：脑的结构和功能发育逐渐完善，心脏功能不断增强，肺活量增加，呼吸功能加强。

③性的成熟。与快速生长期类似，女孩性器官和性机能的发育早于男孩，女孩在十一二岁开始进入发育期，男孩则在十三四岁开始，但也存在很大的个体差异，肾上腺素分泌的增多促进腋毛、阴毛等第二特征的出现；性激素分泌的增多进一步促进第二特征的发展和成熟，最显著的表现为女孩出现月经(11～15岁)，男孩出现遗精(13～17岁)，但这并不代表具有生殖能力，生殖能力的形成一般还需要延后几年。性器官和性机能的发育成熟，对中学生的心理发展有重大影响，一方面刺激了中学生成熟意识的觉醒，另一方面也给中学生带来很多异性交往和性心理卫生方面的问题。

2. 心理发展特点

中学生正处在人生中的青春期，青春期是人类个体生命全程中一个极为特殊的阶段，这个阶段生理发育加速，提早进入成熟状态，但心理发展跟不上身体发育的速度，出现了不和谐、不平衡、不统一的状态。由于缺乏自我调节能力，他们容易出现心理及行为上的偏差，引发青春期特有的心理矛盾，主要表现在以下几个方面。

①成熟与幼稚相矛盾。生理上的发育使得青少年从心理上产生自己已经发育成熟的心理体验，产生“成人感”，自以为已经成人，要求具有和成年人一样的社会地位和权利，有的中学生开始抽烟、喝酒，装出成熟的样子，反对权威式干涉，如果父母干涉太多，他们就会跟父母发生冲突，甚至离家出走。身在其中的他们自认为成熟了，但当他们真正成熟后才知道青春期的自己并不成熟，而是很幼稚，但这就是青春期中学生的特点。

②独立与依赖相矛盾。在儿童的发展中有两次反抗期，反抗的主要对象就是父母，有时也会转移到教师和其他成年人身上。第一次反抗期出现在从学会走路开始到两三岁，这一时期的孩子主要是争取自我主张和动作行为的自主性和自由权。第二反抗期就是青春期，独立自主的要求是全面的，不仅在于行为，更在于人格独立。他们开始对自然世界、社会生活、人际交往等问题进行思考，并形成自己的看法。这个时期是形成人生观、世界观的关键时期。由于青少年认识水平的局限性，他们的看法表现出主观、片面、幼稚、绝对的特点，在面临许多复杂的矛盾困惑时，他们也希望得到成人的理解和支持，所以就产生了心理断乳与精神依赖相矛盾。这一

矛盾能否处理好非常重要，如果处理得好，会使青少年对家庭产生深厚的感情和应有的责任感，并促使他们形成积极的独立态度。如果处理不好，会激化矛盾，产生更严重的问题，甚至影响今后的发展。

③开放与闭锁相矛盾。青春期的孩子很容易将自己的内心世界封闭起来，希望有独立私密的空间、不被打扰的环境、上锁的抽屉或日记本。但他们也害怕孤独寂寞，希望有可信赖的朋友，开始爱美，吸引异性，关注异性，甚至开始恋爱。如果成人引导不当，学生处理不当，处在青春期的中学生很容易出现严重的心理问题。

二、研究中小学生心理的意义

（一）理论意义

1. 有助于树立辩证唯物主义世界观

研究中小学生心理就要研究心理发生的生理机制，这必然要揭示人的心理现象与客观现实、人脑之间的关系，也就是物质世界与意识现象之间的关系，这不仅是哲学研究的基本问题，也是心理学研究的重要方面。心理学对这些问题的研究成果论证了“物质第一性，意识第二性”的辩证唯物主义科学论断。列宁指出：“心理学提供的一些原理已使人们不得不拒绝主观主义而接受唯物主义。”

2. 有助于学好教育理论

教育理论课程体现了师范院校的专业特色，师范专业的学生在校期间要学好教育理论课程，包括心理学、教育心理学、教育学、各科教学法等。中小学生认知与学习心理包含普通心理学和教育心理学的基础知识，这些知识是教育理论课程体系的基础内容。

（二）实践意义

1. 有助于将来做好教育教学工作

中小学生认知与学习心理主要研究中小学生的注意、感知、记忆、思维、想象等认知方面的发展特点。如何根据这些特点有针对性地进行教育，如何有效地在课堂上组织教学，如何有效地利用记忆规律组织复习，提高学习效果等，这些问题的解决可以使我们在教学实践中少走弯路，知其然更知其所以然，提高教育教学的针对性和有效性。

随着社会的发展，教育要不断地进行改革。教育怎样改革才能适应并促进社会的发展，这是教育的发展规律问题。违背规律，教育就会阻碍社会的发展，这是我们必须面对和解决的一个现实问题。把心理学理论应用到教育教学改革中，是各国心理学家共同努力的方向，如当前一些国家在探讨如何充分利用儿童的智慧潜能，如何在教学过程中把学生智力提高到更高水平等课题。几十年来，我国心理学家在中小学生的概括能力、责任心、道德品质的培养等方面做的一些研究是很有成绩的。

这些都是心理学的原理与教育发展相结合的产物，在教育的发展中起到了重要的推动作用。

2. 有助于学生自我认识、自我调控、自我教育、自我提高

师范专业的学生作为未来的教师，要做到为人师表，更好地从事教育教学工作，必须进行心理品质的自我教育。而要进行自我教育，必须先对自己的各方面进行客观、正确的了解。通过中小学生认知与学习心理的学习，还可以通过各种方法了解自己的认识发展水平、心理健康程度、智力发展情况、个性发展特点等，从而有针对性地进行自我认识、自我调节、自我教育、自我提高。

3. 有助于掌握学习规律和学习方法

学生的主要任务是学习，学习过程是心理活动过程，是各种心理现象在实践中的综合体现。通过中小学生认知与学习心理的学习，可以了解学习过程中感知、思维、记忆等规律，掌握观察、思维、记忆等方法。掌握了这些规律和方法，就可以提高学习的自觉性，避免盲目性，提高学习效率。这样既可以有效地提高自己的学习水平和效率，将来也可以有针对性地指导中小学生的学习。

三、心理学研究的主要方法

（一）观察法

观察法是科学研究常用的方法。它与日常生活中的偶然观察不同，带有更强的科学性、理论性和计划性。在中小学生心理的研究中，观察法是有目的、有计划地通过中小学生在日常生活、学习、劳动、游戏等情境下的言行表现，做好详尽记录，然后进行统计处理，从而判断其心理发展特点及水平的一种方法。例如，有的中小学生上课不时地侧身或回头观望陌生的听课者，这表明心理活动普遍具有对新异事物的探求性和指向性，可有的中小学生在同样的条件下仍能聚精会神地听讲，这表明他们的心理活动存在其他的变量因素，如对学习意义的认识与兴趣、遵从老师的要求、具有自制力等。研究者通过对不同年级中小学生进行反复观察，就会发现外部条件、心理因素、行为反应之间的某些因果联系或中小学生心理发展水平的差异。

采用观察法研究中小学生的心理现象，一般需要经过以下步骤：首先有明确的目的、计划；其次做好尽可能全面而详细的记录，除文字记载外还可以利用现代化的手段，如录音、录像等录下实况；再次对所观察到的材料进行科学的分析和深层次的研究；最后得出切合实际的推论或结论。

观察法的优点是简便易行，所获得的材料往往比较真实。但由于它是在自然条件下进行的，要获得某些心理现象需长期等待，再加上心理现象的多因性与条件难以控制，它只能帮助研究者了解事实现象，而不能解释其原因。如果没有一定的分析经验与技能，要做出精确的判断是很难的。为了克服这种缺点，就出现了有条件的观察，即实验法。

(二)实验法

实验法是指在有条件的控制下，系统地操纵某种变量，以研究因此引起其他变量变化的方法。由实验者操纵变化的变量叫自变量，由自变量引起的其他反应的变量叫因变量。实验需要在控制的条件下进行，目的在于排除自变量以外一切可能影响实验结果的无关变量。为了控制无关变量，实验者需设立实验组和控制组，并使两个组除了在自变量上不同外，其他各方面条件基本相同。一般情况下，实验法可以分为实验室实验法和自然实验法两种。

1. 实验室实验法

实验室实验法是在特设的心理实验室中借助专门的仪器设备、控制一定的条件进行的实验。实验者在从事实验时，先要了解参加测试或活动的具体步骤和做法，然后利用仪器和设备、控制一定的条件进行操作，之后去观察由此引起的心理或行为反应的变化，最后要充分利用仪器设备记录条件与反应改变的情况，找出因果关系，也就是自变量和因变量之间的关系。采用实验室实验法可研究中小学生的高级神经活动发展的特点以及感觉、知觉、记忆、思维等心理过程的发展特点。

实验室实验法最大的优点是对无关变量进行了严格的控制，对自变量和因变量进行了精确的测定，准确性高。由于实验室是在人为的情境下或孤立条件下进行的，其结果也常常因中小学生的紧张、难以控制的态度等因素使实验结果受到影响，因此，在中小学生心理的研究中运用最多的是自然实验法。

2. 自然实验法

自然实验法是在日常实际生活的情境中，在自然状态下，对实验条件进行适当的控制来研究中小学生心理特征的方法。它排除了实验室实验法明显的人为性质，也避免了观察法的被动局面，同时又保留了实验研究所固有的特色。

美国心理学家奥苏贝尔等人于1957年做过一次“意向对保持学习材料的影响”的实验。实验者把学生分为实验组和控制组两个组，让两组学生阅读同样一篇1400字的论文。在阅读之前，对实验组的学生宣告：第一，读完之后将进行一次测验以了解其阅读成绩；第二，两周后将再进行一次测验以了解其记忆成绩。而对控制组的学生只宣告与实验组同样的第一点，同样的第二点待第一次测验后再宣告。结果发现，阅读后的第一次测验成绩两组几乎相当。而对于两周后的测验成绩，实验组的成绩高于控制组。实验表明，在阅读之前的有准备的长时记忆的意向比阅读之后才出现的这种意向有更好的学习效果。

自然实验法的一般程序如下。

①进行初测(摸清需考查的心理和行为的现有水平)。

②选择与设立等组(使几组学生在智力、学业、品行等主要方面，特别是需考查的方面保持大体相同的水平，即力求同质)。

③施加影响(使几组学生在实验中所处的教育环境、条件或所受的其他影响尽可

能保持一致，但对其中的一组或两组采取特殊的措施，而对另一组即控制组则不施加影响）。

④进行复测（了解几组学生心理或行为水平的变化）。

⑤对比分析（根据实验组与控制组的不同变化，分析并确定与特殊措施的关系及产生不同结果的原因）。

（三）测验法

测验法是用标准化的量表来测量中小学生的智力、性格、态度以及其他个性特征的方法。测验法按内容可分为智力测验、成就测验、态度测验和人格测验等；按形式可分为文字测验和非文字测验；按测验的规模可分为个别测验和团体测验。

心理测验是目前比较流行的一种心理研究方法，使用测验法研究中小学生的心理，其有效性和准确性主要取决于心理测验量表的信度和效度。信度是指测验的可靠程度。效度是指测验在多大程度上能有效地测出所要测量的心理品质。为了保证心理测验的信度和效度，一方面要对某种心理品质进行深入的研究，另一方面在编制量表时要注意科学性和严谨性，这样才能保证心理测验的真实可靠性。

心理测验在心理学研究中的应用范围日益扩大，它能对心理现象进行定量分析，可以同时分析多个变量之间的相关程度，但难以得出因果性结论。

（四）调查法

调查法是通过中小学生对书面或口头问题的回答，间接了解其心理活动的方法。调查法经常用来了解中小学生的基本情况，如中小学生眼中好教师、好学生的标准，中小学生的需要、兴趣等。

调查法通常分为书面调查和口头调查两种。

书面调查又称问卷法，是根据研究目的，以书面形式将要收集的材料列成明确的问题让中小学生回答，然后研究者对回答的结果再进行分析研究，以了解中小学生心理的方法。问卷法的优点是比较简便易行，在较短的时间内能获得大量资料，可以进行大范围的研究。它的不足主要是中小学生在回答时可能会漫不经心、推诿或仿效，甚至会出现投其所好以求最好答案的现象，使得中小学生的回答往往不能代表其真正的心理状态。

口头调查又称谈话法，通过和中小学生有目的、有计划地面对面谈话，了解其某些心理特点的方法。采用这种方法进行调查，由于研究者和中小学生的联系是直接的，因此研究者可以通过补充提问、临时提问等方式对所要了解的问题进行详细的调查，还可以根据中小学生的反应来确定回答的真实程度，它是收集第一手材料的可行方法。但是谈话法只能在小范围内进行，花费的时间较多，只能代表少数人的看法。

心理学的研究方法有很多，每种方法各有其特点，也有一定的局限性，因此在进行研究时往往不只采用一种方法，而是以一种方法为主，其他方法配合使用。这样才能取长补短，真正揭示中小学生的心理特点及规律，更好地指导教育教学工作。

思考与练习

一、选择题

1. 心理学的研究对象是（　　）。

A. 个体心理　　B. 群体心理　　C. 人的心理　　D. 动物心理

2. 世界上最早研究心理现象的专著是（　　）。

A.《灵魂论》　　B.《生理心理学原理》　　C.《梦的解析》　　D.《理想国》

3. 心理学成为独立学科的标志是（　　）。

A. 1879 年冯特建立世界上第一个心理学实验室

B. 弗洛伊德《梦的解析》的出版

C. 笛卡儿提出“反射”概念

D. 巴甫洛夫提出经典条件反射

4. 被称为心理学的三大势力的是（　　）。

A. 行为主义　　B. 精神分析　　C. 人本主义　　D. 构造主义

5. 人的心理产生的源泉是（　　）。

A. 脑　　B. 神经系统　　C. 内分泌系统　　D. 客观现实

6. 下面属于中学生心理发展特点的是（　　）。

A. 成熟与幼稚相矛盾　　B. 独立与依赖相矛盾

C. 开放与闭锁相矛盾　　D. 心理断乳期

7. 研究表明，对大多数人来讲，下面属于左半球优势功能的是（　　）。

A. 言语表达　　B. 抽象思维　　C. 左手触摸　　D. 右手触摸

8. 被称为“生命中枢”的是（　　）。

A. 小脑　　B. 间脑　　C. 延脑　　D. 大脑

二、问答题

1. 联系实际，分析学习中小学生心理学课程对师范专业的学生有什么重要意义。

2. 食物进入嘴里就会分泌唾液，看到食物也会分泌唾液，听到关于某种食物的词语也会分泌唾液，以上三种情况各是什么心理现象？

选择题参考答案：1. ABCD　2. A　3. A　4. ABC　5. D　6. ABCD　7. ABD　8. C

拓展与延伸

1. 心理电影：《爱德华大夫》.

2. 理查德·格里格，菲利普·津巴多．心理学与生活[M]. 王垒，王甦，等译．北京：人民邮电出版社，2003.

第二章 注 意

学习目标 ▶

1. 能够辨别并分析注意的特征、种类及品质。
2. 能够恰当运用注意规律进行教学设计并组织教学。
3. 在学科教学中能够有意识地培养和提高中小学生的注意力。

知识导图

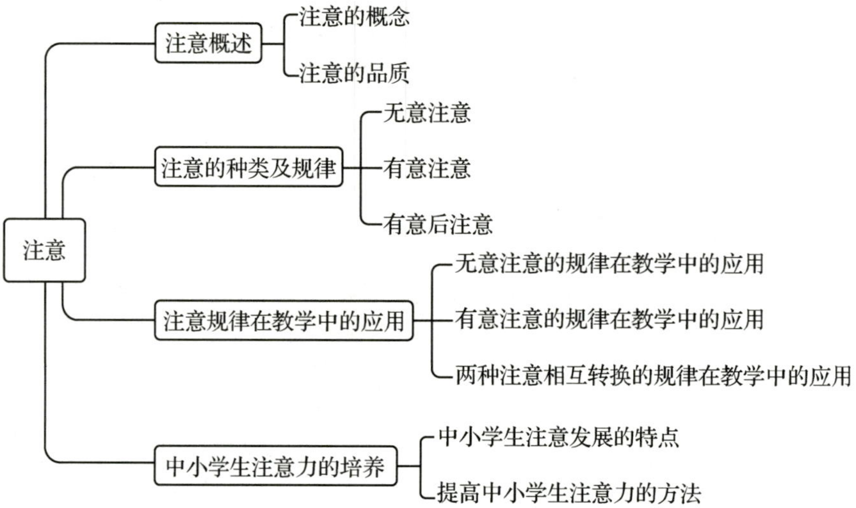

我们在日常生活中经常会提到“注意”这个词，“注意”即“留意、关注或重视”。留意，就是把心神集中在某一方面，如过马路时家长会嘱咐孩子“注意来往车辆”，上课时老师会提醒学生“注意听讲”；关注或重视，就是认为很重要并认真对待，如评价某人“他特别注意自己的仪表”，或提醒朋友“要注意加强锻炼”等。在心理学中，注意的含义与日常对注意的理解不完全相同。人在注意什么的时候，总是在感知、记忆、思考、想象或体验着什么，注意是伴随着心理过程而发生的心理现象。

第一节　注意概述

一、注意的概念

（一）什么是注意

注意（attention）是指心理活动或意识对一定对象的指向和集中。注意的对象既包括我们自身以外的事物和现象，也包括我们自身内部的心理活动和生理状态。

注意有两个基本特征，即指向性和集中性。

1. 指向性

注意的指向性是指心理活动或意识在众多的事物中选择要反映的一定对象，把它放在意识的中心，对它进行清晰的反映，而把其他事物排除在意识的边缘或意识的范围之外，以致不能被清晰地反映。注意的指向不同，人们从外界所接受的信息也就不同。例如，一个人在剧院里看戏，他的心理活动或意识选择了舞台上演员的台词、动作、表情、服饰，而忽略了剧院里的观众。对前者他看得清、记得牢，而对后者只有非常模糊的印象，甚至看完了戏，还不知他邻座的观众是一个什么样的人。可见，当注意指向一定的对象时，对这一对象的反映就清晰，而对其他事物的反映则模糊。

2. 集中性

注意的集中性是指心理活动或意识停留在一定对象上的强度和紧张度，从而保证对这个对象的准确反映。注意越集中，当前的心理活动的强度就越大，从而对所指向的事物的反映就越清晰。例如，医生在做复杂的外科手术时，他的注意高度集中在病人的病患部位和自己的手术动作上，与手术无关的其他人和物，便排除在他的意识之外，而医生成功完成手术后会感到特别疲劳，甚至会虚脱。

人在高度集中注意力时，注意指向的范围就会缩小。这时候对其他事物则会“视而不见”“听而不闻”“食而不知其味”了。从这个意义上说，注意的指向性和集中性是密不可分的。

(二)注意与心理过程的关系

1. 注意不是独立的心理过程，是伴随心理过程表现出来的动态特征

注意本身没有单独的反映内容，不能单独反映事物的属性和特性，只是伴随着认识、情感、意志的心理过程而产生的一种心理状态。例如，人们通常说“注意灯光”“注意铃声”，并非注意本身能反映灯光和铃声，而是把“注意看灯光”“注意听铃声”中的“看”和“听”省略了，这时的注意是感知活动中的注意。当说到“注意这个事情”时，则又是思维活动中的注意了。可见，离开了认识、情感、意志的心理过程，注意本身无法单独存在。

2. 注意是心理过程产生和顺利进行的重要保证

任何心理过程都是以我们的注意指向所反映的事物为开端的；任何心理过程的活动效率，也总是表现为有注意参加才能实现。注意贯穿于心理过程的始终，以保证心理过程的顺利进行。

(三)注意的外部表现

人在注意某一对象时，常常会出现一些特殊的表情动作，特别是眼部和身体姿势的动作变化，这既是注意的外部标志，也是注意的条件。

1. 感官的适应性活动

当个体注意看某种物体或注意听某种声音时，有关的感官就会朝向所注意的对象，表现为“举目凝视”或“侧耳倾听”，有时为进一步看清或听清注意对象，还会表现出身体前倾或侧倾。当人们专心回忆某一知识，思考某一问题或想象某一情境时，双眼常会凝视前方。

2. 无关运动的停止

当注意力高度集中时，个体的全身肌肉处于紧张状态，一切多余的动作都停止了，如运动员在等待发令时，由于全神贯注而一动不动。

3. 呼吸的变化

当人们处于注意状态时，呼吸则变得轻微而缓慢；当注意力高度集中时，个体甚至会出现呼吸暂时停止的状态，即所谓“屏息”现象。

4. 其他表情动作

当人们的注意集中在某种情绪体验或意志活动过程中时，还会表现出牙关紧闭、眉头紧锁和拳头紧握等表情动作。

了解注意的外部表现，对顺利进行人际交往有着重要的现实意义。例如，当你和他人交谈时，你可以通过他人的外部表现判断他是否在注意听你说话，是否对你的话题感兴趣。如果发现他人已经“心不在焉”，应立即终止你的话题，否则，会让他人产生厌烦心理。但当别人和你说话时，为了表示对他人的尊重，你应该把注意集中在他的话题上。“倾听”是对他人的尊重，也是建立良好人际关系的开端。

了解注意的外部表现，还有助于教师判断学生是否注意听课，并根据学生注意的具体情况调整教学语言、内容或方法，以便更好地组织学生的注意力。一般而言，那些坐姿端正、面部表情随注意对象的变化而变化的学生是在注意听课；而那些东张西望或表情呆滞的学生，则是没注意听讲。但有时注意的外部表现与实际的内心状态并不完全一致。因此，教师不能只看学生的外部表现，还要根据其他方面的表现，对学生的注意状态做出正确的分析和判断。

拓展学习

一个眼神和世界纪录

1988 年，第 24 届奥运会在韩国汉城(现名首尔)举行。在这届奥运会上，美国黑人女运动员格里菲斯·乔伊娜大放异彩，摘得女子 100 米、女子 200 米、女子 4×100 米接力比赛 3 枚金牌，成为获得金牌最多的田径运动员，被誉为“世界第一女飞人”。

每次参加比赛时，乔伊娜都是那么不同凡响。她披散着飘逸的长发，穿着自己设计的色彩斑斓的运动服，仿佛不是站在一条赛道上，而是站在一个 T 型台上，耀眼得连她的对手都止不住多看她几眼。

每次比赛结束后，总有人问她：“你为什么老是喜欢在比赛中穿自己设计的那些奇装异服?”她听后只是微微一笑，并不回答。这个谜底直到她退役之后才被揭开。当记者再问她这个老问题时，她的回答是：“其实我这样做只是想吸引对手的注意而已，因为对于短跑运动员来说，每秒钟都弥足珍贵，只要对手在我身上停留 0.1 秒，我就有可能领先一个 0.1 秒，取得最后胜利。”人们这才明白，原来，乔伊娜每次穿这些自己设计的奇装异服，只为了能从对手的一个眼神中“偷”走那关键的0.1秒。

第28届奥运会在希腊雅典举行。在这次奥运会上，中国出了第一位世界飞人，他就是刘翔。

刘翔在男子110米栏决赛上，以12秒91的成绩夺得了金牌，这也是中国选手在奥运会田径赛中夺得的第一枚男子项目的金牌。但可惜的是，他这一成绩刚好平了由英国选手科林·杰克逊于1993年在田径世锦赛上创造的世界纪录。也就是说，刘翔只要再快0.01秒，就可以打破世界纪录，但是他却与这一荣耀擦肩而过。

很多人都认为刘翔已经尽了全力，他与刷新世界纪录失之交臂只能证明竞技体育的残酷。但是，后来专家的分析却让人惊讶——其实刘翔完全可以打破世界纪录，只不过在冲刺的最后阶段，他侧头瞄了对手一眼。这一眼也许只是一个下意识的行为，却令他错失了0.01秒的先机。

乔伊娜的胜利和刘翔的遗憾，其实都只发生在一个眼神之间。比赛如此，人生亦是。只有专注的人，才能在纷繁的竞争中取得最后的胜利，而分心则是导致失败的重要原因之一。

二、注意的品质

注意的品质，也叫注意的特性，包括注意的广度、注意的稳定性、注意的分配和注意的转移。注意品质的好坏，可以作为衡量一个人注意力水平高低的标准。

(一)注意的广度

1. 什么是注意的广度

注意的广度，也叫注意的范围，是指一个人在一瞬间能清楚地觉察到的客体的数量。例如，用速示器在0.1秒内把几个客体(几何图形、符号、数字、汉字、英文字母等)显示出来。由于人的视觉注意来不及在极短的时间内由一个客体转移到其他客体上，因此这时被试对眼前刺激物的知觉几乎是同时进行的。在这个时间内，被试所能知觉到的刺激物的数量就可作为他的注意广度。研究表明，在简单的任务下，正常成人的注意广度是7±2个组块，即5～9个项目。可见，人的注意范围是有限的。

2. 影响注意广度的因素

①注意对象本身的特点。如果注意对象的形态相似、排列集中整齐、颜色大小相同、能构成彼此联系的整体，注意的广度就大些；反之，注意的广度就小些。

②注意任务的明确程度和复杂程度。研究表明，当注意材料相同时，有明确任务的注意比没有明确任务的注意的广度要大些。注意任务的复杂程度不同，注意的广度也不同。如果注意任务单一，注意的广度就大些；如果注意任务复杂，注意的广度就小些。

③主体的知识经验。一个人的知识经验越丰富、越广泛、越熟悉，越容易把知觉的对象组成一个整体来感知，其注意的广度越大。例如，初学阅读的学生其阅读的速度是很慢的，因为他的注意广度小，随着个人文化水平的提高、知识经验的丰富，其阅读的速度也相应提高了，因为他的注意广度扩大了，以致“一目十行”了。再如，数学家对数字的辨认、精通英语的人对英文字母的辨认都要比一般人的注意广度大得多。可见，个体知识经验的不同会直接影响到人的注意广度的大小。

注意的广度在人的生活实践中有很重要的意义。注意的广度扩大，有助于一个人在同样的时间内输入更多的信息，提高工作效率，使人能更好地适应环境。在现实生活中，某些职业，如排字工人、报务员、教师、体育裁判员、驾驶员等，都被要求有较大的注意广度。有人对交通事故进行了调查研究，结果发现：无论是肇事者，还是受害者，其中的原因之一，就是他们的注意范围太窄。对矿难事故的调查研究，其结果也一样。所以，我们每个人都要加强学习，增长知识经验，提高工作的目的性，扩大自己的注意广度。

(二)注意的稳定性

1. 什么是注意的稳定性

注意的稳定性是指注意保持在某种事物或某种活动上的时间的长短。其标志是在某一段时间内注意的高度集中。

注意的稳定性有狭义和广义之分。

狭义的注意稳定性是指把注意维持在同一对象上的时间。人很难长时间地对同一对象保持注意。例如，把一只秒表放在离被试的耳朵有一定距离的地方，使他刚刚能听到表针走动的嘀嗒声，这时被试虽然一直在注意听，但时而听到，时而听不到，或者感觉到表声时强时弱。注意的这种周期性的加强和减弱的现象，是注意的一种基本规律，叫注意的起伏，也叫注意的动摇。

注意的起伏可用图形演示出来，如图 2-1 所示。当我们注视下面这个棱台时，我们觉得中间小方块平面时而凸出来，时而凹进去。这种反复的变化是由注意的起伏引起的。有研究认为，注意的起伏是感官的局部适应而使注意强度发生周期性的不随意变化的过程，它是正常的心理现象，具有防止疲劳、提高注意稳定性的作用。

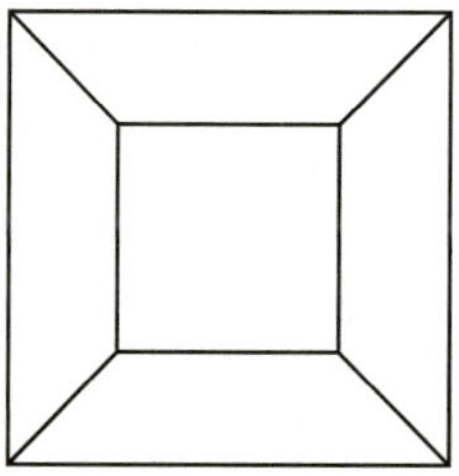

图 2-1　注意的起伏

注意的起伏周期一般为 8～12 秒。研究表明，注意的起伏一般不会影响复杂而有趣活动的顺利进行，但经过 15～20 分钟的注意起伏便会导致注意不随意地离开注意对象，引起注意的分散。所以，教师讲课时应每隔 10～15 分钟就变换一种不同的教学活动，这样有利于维持学生注意的稳定性。另外，有些活动的顺利进行与注意起伏时间的长短有较大关系。例如，参加百米赛跑的运动员，在听到预备信号之后，会全神贯注地听起跑信号，如果两个信号相隔时间太长，那么注意的起伏就可能会影响到运动员的成绩；如果两个信号只相隔 2～3 秒，注意起伏的不良后果就会消除。

广义的注意稳定性是指心理活动并非总是指向并集中在某一对象上，而是在活动总任务不变的前提下，把心理活动指向并集中于几个事物或几种活动上。例如，上课时学生既要听老师讲述，又要记笔记；既要看演示实验，还要思考、计算、口头表达等，但由于这些活动都服从“听课学习”这一总任务，因而可以说他们的注意是稳定的。如果个体在无关刺激的干扰下，使注意力不随意地离开了注意任务，指向了无关对象或活动，我们就说他分心了。分心也叫注意的分散，是与注意稳定性相反的注意品质。

2. 影响注意稳定性的因素

①注意对象本身的特点。如果注意对象的内容丰富多变，很有吸引力，注意就容易保持稳定，如看一本情节生动的小说或看一部精彩的电视剧。如果注意对象本身内容贫乏、单调，人们就难以维持稳定的注意。

②环境中是否有无关诱因的干扰。例如，当你正在聚精会神学习的时候，周围出现了强烈的噪声，你的注意力就难以集中和稳定；有些学生在写作业时，家长在一旁看有趣的电视节目或大声说笑，同时却要求孩子把注意力集中在学习和写作业上，不许分神，这种要求显然是不合理的。

③主体的心理生理状态。一个人对活动任务是否有明确的认识、对活动内容是否有浓厚的兴趣、当时的心情是否愉快、意志是否坚定等都影响着注意的稳定性；主体的健康状况、清醒程度对注意的稳定性也有很大的影响。

此外，人的注意稳定性还存在个体差异和年龄差异。其个体差异与其神经活动特点有关，神经活动强的人即使有干扰刺激存在，注意也不容易分散；而神经活动弱的人，则注意力容易分散。注意稳定性会随着个体年龄的增长而提高。

(三)注意的分配

1. 什么是注意的分配

注意的分配是指在同一时间内把注意指向几种不同的对象或活动上。例如，汽车司机开车时，眼看前方道路，手握方向盘，脚踩油门，有时还和旁边的人聊天；乐队指挥在双手打拍子的同时，还要侧耳倾听多种声音。

2. 实现注意分配的条件

①同一感官活动的注意分配困难，如两眼同时看相隔很远的两个物体，大脑同时记忆英文单词和做算术题。但不同感官活动的注意分配是可能的，如学生一边听讲，一边做笔记。

②同时进行的几种活动，只有一种是生疏的，其余的必须是非常熟练的。生疏的活动，占据注意的中心，而熟练的活动，无须过多注意。例如，教师在教学活动中既要讲课，又要板书，还要观察学生的听课状态，这时，如果教师对所讲内容和板书内容都已相当熟练，只有学生的表现是不确定的，需要更多注意，教师就能成功地分配他的注意，顺利完成教学任务；反之，如果教师对教学内容准备得不够充分，他就会更多地注意讲什么、怎么讲的问题，而无暇顾及学生的表现，不能有效地分配他的注意。

③同时进行的几种活动之间是有密切联系的，并且通过反复练习形成了固定的反应系统。例如，有的人能同时做到眼看歌谱，手弹钢琴，口腔发声，这时各种活动之间既有内在联系又形成了固定的反应系统，因而使注意分配得较好。

严格地说，注意的分配并非发生在同一时间内。使用复合器做的实验可以说明这一点。复合器的表面是一个印有 100 个刻度的刻度盘，有一根指针可以在刻度盘上迅速转动，当指针经过某一刻度时，同时铃声响起。要求被试在听到铃声的同时，说出指针指向的刻度。实验结果表明，谁也不确定铃响时指针在刻度盘上的准确位置，被试不是把铃响说在这个位置之前，就是说在这个位置之后。这说明既要看指针的位置，又要听铃声响起这两件事不能同时进行。人通常是先注意一个刺激，经过短暂的时间间隔后再注意另一个刺激的。

拓展学习

双耳分听实验

在一项实验中，彻里(Cherry)给被试的两耳同时呈现两种材料，让被试大声追随从一个耳朵听到的材料，并检查被试从另一耳获得的信息。前者被称为追随耳，后者被称为非追随耳。结果发现，被试从非追随耳得到的信息很少，能分辨是男音或是女音，并且当原来使用的英文材料改用法文或德文呈现时，或者将课文颠倒时，被试也很少能够发现。这个实验说明，从追随耳进入的信息，由于受到注意，因而得到进一步加工、处理，而从非追随耳进入的信息，由于没有受到注意，因此，没有被人们接收到。

1960 年，格雷(Gray)等人在一项实验中，通过耳机给被试的两耳依次分别呈现一些字母音节和数字，如左耳：ob-2-tive，右耳：6-jec-9(见图 2-2)。要求被试追随一个耳朵听到的声音，并在刺激呈现之后进行报告。结果发现，被试的报告既不是

ob-2-tive 和 6-jec-9，也不是 ob-6，2-jec 和 tive-9，而是 objective。格雷的实验证明，来自非追随耳的部分信息仍然受到了加工。

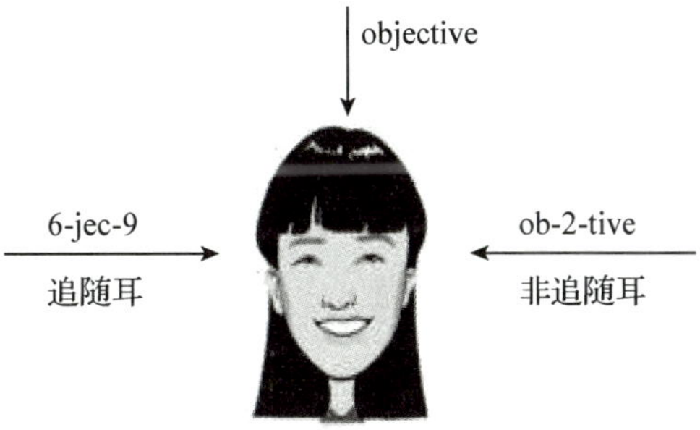

图 2-2 双耳分听实验

(四)注意的转移

1. 什么是注意的转移

注意的转移是指个体有目的地、及时地把注意从一个对象转移到另一个对象上。例如，他们刚上完一节体育活动课，玩得挺开心，马上要上心理学课，同学们就必须有目的地、及时地把注意从体育活动课转移到心理学课上来，这就是注意的转移。

注意的转移可分为完全转移和不完全转移。完全转移是指把注意力彻底地从一个对象转移到另一个对象上；不完全转移是指部分注意力转向了新对象，部分注意力还留在旧对象上，致使对新的活动任务不能聚精会神、专心致志，往往会造成学习和工作上的失误。

2. 影响注意转移的因素

①原来注意的紧张度。原来注意的紧张度越高，注意的转移越困难，越缓慢；反之，注意的转移就比较容易。

②新注意对象的特点。新注意的对象越符合人的需要和兴趣，对人的吸引力越强烈，注意的转移就越容易；反之亦然。

③对新活动任务的重要意义的认识程度。无论原来注意的紧张度有多高，也无论新注意对象有多么单调乏味，如果主体对新事物的重要意义理解得很深刻，他就会及时地把注意力从原来的对象上转移过来。

④神经过程的灵活性。注意转移的速度还与主体神经过程的灵活性有关。神经过程灵活的人，注意的转移就快些，反之就慢些。

⑤已有的注意习惯。一个人如果总是懒懒散散，没有养成良好的注意习惯，他们就很难有目的地、及时地把注意从一个对象转移到另一个对象上。

注意的转移对于人的各种活动都非常重要。当一项新的活动开始后，注意就应及时地从旧的活动转向新的活动，否则就会影响新活动的顺利进行。例如，飞行员在飞机起飞和降落的数分钟内，注意转移高达 200 多次，如果注意不能及时转移，其后果不堪设想。

注意的以上四种特性在个体之间存在一定的差异。我们在判断一个人的注意水平如何时，需要综合考虑上述四个方面。当然，每个人注意的能力都不是一成不变的，通过生活实践和专门训练可以改善和提高人们的注意力。

第二节　注意的种类及规律

根据注意是否有预定目的和是否需要意志努力，注意可分为无意注意、有意注意和有意后注意三种。

一、无意注意

(一)什么是无意注意

无意注意也叫不随意注意，它是一种没有预定目的，也不需要意志努力的注意。例如，学生正在专心听课，忽然教室外发出一声巨响，于是大家都不由自主地把头朝向发出声响的方向，这就是无意注意。无意注意是一种初级的、被动的注意，这种注意既能导致探索行为，也容易使人分心。

(二)引起无意注意的条件

产生无意注意的原因主要有两个方面，一是客观刺激物本身的特点；二是个人的主观因素。

1. 客观刺激物本身的特点

①刺激物的强度。刺激物强度的大小对于引起无意注意具有重大作用。强烈的刺激物，如强烈的光线、巨大的声响、浓烈的气味、鲜明的颜色等，都很容易引起人们的无意注意。刺激物的强度分为绝对强度和相对强度。在一定条件下，刺激物的绝对强度越大，越容易引起人们的无意注意；但一般情况下，刺激物的相对强度在引起无意注意上起着更加重要的作用。例如，在安静的教室里，教师讲课的声音虽然不大，同学们却听得很清楚；如果教室内人声喧哗或室外噪声很大，即使教师用很大的声音讲课，同学们也难以听得很清楚。

②刺激物的新异性。我们知道，新异的刺激物容易吸引人，引起人们的无意注意；而司空见惯的东西则不易引起人们的无意注意。新异的刺激物既包括那些以前从未见过、听过的事物，即绝对新异刺激物；也包括那些过去熟悉的事物的新特点或新组合，即相对新异刺激物。一般来说，相对新异刺激物更容易引起人们的无意注意。例如，你的一个老朋友突然改变了发型，会很容易引起你的无意注意。

③刺激物的活动变化。刺激物的突然出现或停止、增强或减弱以及刺激物空间位置的变化和运动，都容易吸引人们的注意。例如，大街上用五颜六色、一闪一灭或不停转动着的霓虹灯装饰的广告牌，比那些静止的广告牌更容易引起人们的无意注意。

④刺激物之间的对比。刺激物之间的任何一种显著的差别(形状、大小、强度、颜色、音调等)，都容易引起人们的无意注意。例如，“万绿丛中一点红”、“鹤立鸡群”、印刷品上的粗体字和作业批改中的红笔字等，由于它们和周围事物的差别特别明显或对比非常鲜明，因此很容易引起人们的无意注意。

2. 个人的主观因素

无意注意虽然主要由外界刺激引起，但也受个体本身状态的影响。例如，同样的客观刺激物，引起了某些人的无意注意，却没有引起另一些人的无意注意。这说明无意注意和人的需要和兴趣、过去的知识经验、情绪和情感及生理状态有着密切的联系。

①需要和兴趣。凡是能满足人的需要，符合人的兴趣的事物，都容易成为无意注意的对象。例如，美味的食物和可口的饮料就容易引起又饿又渴的人的无意注意；报刊上的“球讯”就容易引起球迷的无意注意；而“招聘广告”则容易引起那些求职人员的无意注意。

②过去的知识经验。个人过去的知识经验也影响着无意注意的内容。例如，你走在大街上，许多陌生人从你眼前经过，并没有引起你太多的注意，而一个非常熟悉的面孔一出现，就引起了你的注意。再如，一个专心学习的人，外界无关的刺激往往不会引起他的注意，而和他的经验有关的刺激，如有人叫他的名字，则可能被他注意到。那些由新异刺激物引起的无意注意，如果人们没有相应的知识经验，对它一点也不了解，则很快就会消失。

③情绪和情感。主体的情绪和情感对无意注意也有很大影响。如果一个人处在心情好、情绪高涨的状态下，很多事物都会引起他的关注；反之，如果他心境不佳，或心烦意乱，或悲观沮丧，则无心注意周围的一切。一个对学生充满爱心的教师，在不经意间就能觉察到学生的许多问题；一个关爱孩子的母亲，孩子的一举一动都会引起她的关注；一个关心环境的人，路面上的垃圾、水面上的污染就很容易引起他的无意注意。

④生理状态。一个人在疲惫不堪时，往往不容易对新事物产生注意；人在身体健康、精力充沛时很容易对外界事物产生无意注意，注意也能更集中和持久。

二、有意注意

(一)什么是有意注意

有意注意也叫随意注意，是有预定目的，并需要一定意志努力，主动地对一定对象发生的注意。例如，学生为了完成学习任务而把注意集中在听讲、看书、思考和做笔记上，在这个过程中，他们还要借助一定的意志努力来排除学习中遇到的困难和干扰，使注意一直保持在学习活动上。这种注意就是有意注意。有意注意是一种积极主动的注意，是注意的高级形式。

(二)引起和维持有意注意的条件

1. 明确的目的任务

有意注意主要是由个人的主观目的决定的。所以要产生有意注意，首先应有明确的目的和任务，即知道自己该做什么。例如，作为大学生，只有明确自己的学习目标，并清楚知道通过完成哪些具体的任务能实现这一目标，他们才能主动地把自己的注意指向相应的学习活动，产生有意注意。其次要加深对目的任务的重要性的理解，即明白自己为什么要这么做。一般来说，一个人对其要完成的目的任务的意义理解得越深刻，其完成任务的愿望就越强烈，也就越能引起和保持有意注意。

2. 组织有关的活动

在明确了目的任务、产生了有意注意之后，还需合理地组织一些有效的活动来维持有意注意。例如，可以在有意注意进行的过程中，把活动的目的、什么时候需要、注意什么等用口头的形式及时提醒自己，可以起到组织注意的作用；还可以在智力活动中组织相应的实际操作活动，如阅读时做笔记，课堂听讲时做必要的记录，思考问题时把思考的主要过程写下来等，这也能使有意注意变得更集中和持久。

3. 稳定的间接兴趣

间接兴趣是指对活动本身暂无兴趣，而对活动的结果有很大的兴趣。例如，有些同学对熟记英语单词和学习语法规则并不感兴趣，但对说好一口流利的英语感兴趣，对考上研究生之后自己的发展前景感兴趣，因此，他们也能长时间地把有意注意指向并集中在英语学习活动上。

4. 坚强的意志力

为了保持有意注意，还要尽量避免无关刺激的干扰。干扰可能来自外部，如环境中的噪声和其他活动的诱惑等；也可能是个人自身的某种生理或心理状态，如疲劳、疾病、心情不好、没有兴趣和信心等。因此，我们应设法排除这些干扰。有些干扰我们可以事先排除掉，但许多干扰是我们在注意活动过程中随时产生的，这就需要用坚强的意志力同一切干扰做斗争。可见，坚强的意志力是保持有意注意的必要条件。

三、有意后注意

(一)什么是有意后注意

有意后注意也叫随意后注意，它是指有预定目的，但不需要意志努力就能维持的注意。例如，人们熟练地阅读课文、熟练地用电脑打字、熟练地解数学题等，在这些活动中所运用的注意就是有意后注意。有意后注意是在有意注意的基础上产生的。一个人在开始做某种工作时，由于对它不熟悉，困难较大，因此要把自己的注意保持在这种工作上，既需要明确的注意目的，又需要一定的意志努力，这时的注意是有意注意。经过一段时间的锻炼，他对所从事的工作已经非常熟练、应付自如，就不再需要意志努力了。这时的有意注意就发展成为有意后注意。有意后注意是一种更为高级的注意形态，它同时具备有意注意和无意注意两者的部分特征。它有自觉的目的，通常与特定的目标、任务相关联，这与有意注意的目的性特征相符；它又无须意志的努力，这与无意注意的无须意志努力的特征相符。有意后注意能使我们更加轻松自如地完成某些任务。如果在我们的学习和工作中，尽量多地把有意注意转化为有意后注意，将会大大提高我们的学习和工作效率。

(二)发展有意后注意的条件

有意后注意是在有意注意的基础上发展起来的，所以，有明确的注意目的和具体的活动任务是发展有意后注意的首要条件；但有意后注意又不需要意志的努力，因此，培养对活动本身的直接兴趣和加强活动技能的训练是发展有意后注意的关键。

1. 培养对活动本身的直接兴趣

直接兴趣是指个体对事物或活动本身感兴趣。这种兴趣往往是由事物本身的特点引起的。例如，某个青年对唱歌很感兴趣，他参加业余歌手大赛，并非想拿个什么奖项，只是因为在唱歌的过程中他能体验到极大的放松和快乐。因此，他喜欢唱歌，这种兴趣就是直接兴趣。可见，直接兴趣能消除人的疲劳，缓解心理压力，也就帮助人们解除了活动的内部困难。

2. 加强活动技能的训练

技术上的生疏不仅是活动本身的客观困难，也容易使人产生信心不足等思想障碍。而如果技术上相当熟练就能排除这些困难，使人信心十足地顺利地完成活动任务，而且还能大大地提高活动效率。

综上所述，当人们既有明确的活动目的的任务，在活动中又不需要克服任何困难时，他们的有意注意就成功地发展成为有意后注意。有意后注意是一种更高级的注意，它既有一定的目的性，又不需要意志努力，因而在活动进行中不容易感到疲劳，这对完成长期性和连续性的工作有重要意义。但有意后注意的形成是需要付出一定的时间和努力的。

第三节 注意规律在教学中的应用

注意是心理过程得以产生和顺利进行的必要条件，也是学生进行学习活动、完成学习任务的重要保证。因此，在教学活动中，教师只有根据注意的规律，组织好学生的注意，才能取得良好的教学效果。

一、无意注意的规律在教学中的应用

无意注意主要是由刺激物本身的特点和人的主观状态引起的，它缺乏一定的目的性。无意注意的对象既可以是吸引学生努力学习的教学活动，也可以是与教学无关的其他因素。因此，教师要善于利用无意注意的规律组织教学。

(一)加强教师的基本功训练，提高教学水平和教学能力

1. 教学语言力求准确、生动、富有感染力

首先，教师的声音应该洪亮，声音太小不易引起学生的注意。其次，教师的语言要准确、生动、简洁、富有感染力，使学生产生兴趣，以引起他们的无意注意。实践证明，抽象、呆板、冗长、含糊不清的语言难以吸引学生的无意注意。另外，教师讲课的声调要抑扬顿挫，快慢适度，并伴以适当的面部表情和身段表情，这样不仅能增强语言表达的效果，更主要的是容易吸引学生的注意。

2. 教学内容力求新颖、丰富、难易适当

心理学研究表明，注意维持在陈旧、单调贫乏的内容上的时间是短暂的，而新颖、丰富的内容却能使人保持相当长久的注意。因此，教师讲课的内容应该使学生有新鲜感。但是，新的内容必须与学生已有的知识经验相联系，才能被学生理解，才能吸引学生的注意。有关研究发现，最能引起人们无意注意的是那些使人既感到熟悉，又有些陌生的内容。

3. 教学方法力求灵活多样、富于变化

心理学研究证实，长时间单调的刺激，易使大脑皮层产生抑制，让人感到疲劳，难以引起人的注意。所以，教师在课堂教学过程中一定要使用多种多样的教学方法，如既要让学生听、想，又要让他们看、读、说、写和实际操作。教学方法灵活多变，也会增强教学活动本身对学生的吸引力。

4. 教学手段力求直观、形象、现代化

在教学活动中，教师应适当使用直观教具，如实物、图片、投影、幻灯、录音、录像、电脑、实验等。因为这些手段具有生动性、形象性、活动变化性、新异性等特点，对学生有很强的吸引力。但教学手段是为教学目的服务的，就某一堂课而言，用不用现代化的教学手段，用几次，都要根据教学内容、学生的年龄特点及具体的教学任务来确定；如果只为走形式，不考虑上述因素牵强使用现代化教学手段，可能会使学生的注意力分散到无关紧要的内容上，影响教学效果。

5. 板书要条理清晰、层次分明、重点突出

教学板书也是吸引学生无意注意的重要手段之一。如果板书条理清楚、重点突出，就容易引起学生的注意，也有助于学生的理解和记忆。教师在板书时，要特别注意对象之间细微差别的比较，可巧妙地运用彩色粉笔拉大对象和背景的差别，使学生把注意自然指向重点内容。

(二)防止无关刺激物分散学生的注意力

1. 教师要善于维护课堂秩序

课堂秩序的好坏，关系着学生注意的指向。如果课堂秩序井然，学生的注意很容易指向教学活动；如果课堂秩序混乱，学生的注意就容易分散到无关的事情上，难以保证学习效果。所以，教师要特别重视维持好课堂秩序。

2. 创设安静的教学环境和良好的教学设施

教室周围的环境要安静，最好远离操场、马路、音乐教室及其他能分散学生注意的事物。教室内的布置要简朴，不要有过多的装饰。教师的衣着、发型等也要朴实大方，不要穿奇装异服，不要整过于新潮另类的发型，以免分散学生的注意。教室内的空气要清新，光线要充足。空气不好，光线暗淡，容易使学生感到头晕、视觉疲乏和心烦，这些也容易分散学生的注意力。课桌的高矮，要适合学生的身高，如果学生坐姿不适，不仅会分散注意力，还会影响其身体的健康发育。教师还应妥善安排学生的座次，特别要安排好那些视力、听力上有缺陷及平时课堂纪律较差的学生的座次，防止由于座次安排不当而引起注意分散。

二、有意注意的规律在教学中的应用

学习是有目的、有计划的活动。在学习过程中还要克服种种困难，因为有许多重要的学习内容并不生动有趣、容易理解。所以，学生要搞好学习，不能只靠无意注意和兴趣，必须依靠自己的有意注意，有目的、有计划地学习系统的科学文化知识。

(一)帮助学生明确学习目的

注意规律表明，个体对注意的目的越明确，学习就越主动，越能及时引起有意注意，越能在学习中克服各种困难，学习效果也就越好。所以，教师在教学活动中要帮助学生明确每一学科、每一章节的学习目的，以激发学生的有意注意。

(二)对学生提出具体的学习要求

教师在教学活动中要对学生提出具体的学习要求，如课前做哪些预习，课上掌握哪些知识、发展哪些能力，课堂上应遵守哪些纪律，课后做哪些书面作业和实际操作作业等。这些要求要明确而具体，严格而适当，应是学生力所能及的，但又不是轻而易举能达到的。要求太高，学生会失去信心；要求太低，学生会不重视。只有面对具体的要求，学生才能知道自己该干什么、不该干什么，才能自觉产生和维持其有意注意；只有面对适当的要求，学生才会坚定信心，克服困难，努力完成教师交给的学习任务，达到教师提出的各项要求。

(三)创设情境，引导学生积极思考

教师要想把学生的有意注意真正调动起来，最有效的手段就是在教学中善于创设一定的“问题情境”，提出一些带有启发性的问题，从而引导学生积极思考。例如，一位语文教师在讲《庄稼和蛇》这篇课文时，向学生提出了这样的问题：“同学们都知道，大部分人都很怕蛇，可是为什么却有人把抓来的蛇放到他们的庄稼地里呢？等学完这篇课文我们就知道了。”为了找到问题的答案，同学们会积极主动地把注意指向并集中于教师的讲课上。

教师的提问要面向全体学生，以引起全班同学的注意。提出问题后要给学生留

出思考时间。在个别同学回答问题时，应要求其他同学注意听，然后给予简单的评价或补充纠正。这样，全班同学都将维持较持久的有意注意。

(四)激发间接兴趣，调动学习热情

间接兴趣能帮助人们维持较持久的有意注意。所以，教师要把学生学习的学科知识与其个人的生存和发展联系起来，与国家发展的需要和社会进步的要求结合起来，使学生产生学习的间接兴趣，以引起和维持学生的有意注意。

(五)组织实际操作，利用意志努力

在教学过程中，教师适当多安排一些让学生动手动口、实际操作的活动，如课堂实验、课堂练习、课堂笔记、编写自学提纲、口头发言、口头辩论等。这些活动将会增强和保持学生的有意注意。另外，教师还要充分利用学生的坚强意志，排除学习过程中出现的各种困难和干扰，使学习活动得以顺利进行，最终完成学习任务。

三、两种注意相互转换的规律在教学中的应用

有意注意虽然有利于学生积极主动地学习系统的科学文化知识，但如果长时间使用，会使人感到疲劳，引起注意的涣散，从而影响学习质量；无意注意虽然能使人轻松愉快地学习，但只凭它又难以完成全部的学习任务，因为任何学科的内容不可能都是生动有趣和引人入胜的。因此，在教学过程中，教师要根据实际情况交替使用这两种注意，让学生的大脑有张有弛。例如，就一堂课而言，上课之初，教师可以通过组织教学引起学生对上课的有意注意；接着利用生动形象的教学活动引起学生对新课题、新内容的兴趣，使之产生无意注意；当讲到教材的重点和难点时，应向学生强调学好该部分知识的重要性，并提出具体的学习要求，使学生由被动的无意注意转为自觉主动的有意注意；在一段紧张的有意注意之后，又要通过改变教学方式、运用直观教具等来吸引学生的无意注意……这样，既能使学生保持长时间稳定的注意，又能减少学生学习时的疲劳，增强学习的效果。

拓展学习

两种注意交替的规律在教学中的应用

第二节化学课，铃声响后教室里仍叽叽喳喳、乱哄哄的。教师进教室后不急于讲课而是稍事沉默，教室迅速安静下来。接着，教师拿出一支蜡烛并点燃它，同时提出一串具有启发性的问题：蜡烛是软的还是硬的？火焰明暗部分的温度是否相同？火焰上方飘动的黑烟是什么？熄灭时烛芯冒的白烟又是什么？……一下子学生被引入一个需要探究的知识世界，就这样开始了化学课的教学，收到了良好的教学效果。

从注意的规律来分析：铃响后教室里乱哄哄的，这是因为学生的注意还分散在课间休息的各种事物上；教师进教室后不急于讲课而是稍事沉默，教室迅速安静下

来，这是由于教师的行动引起了学生的无意注意；接着，教师拿出一支蜡烛并点燃它，由于燃烧的蜡烛会对学生产生刺激作用，引起了他们的无意注意；然后，教师再围绕蜡烛的燃烧提出了几个有趣的问题，将学生的无意注意转化为有意注意，收到了良好的教学效果。

至于在不同的教学过程中如何具体交替使用这两种注意，则应视具体内容和学生的具体情况而定，需充分发挥教师个人的创造性，这里并无固定的模式。

第四节　中小学生注意力的培养

一、中小学生注意发展的特点

(一)小学生注意发展的特点

1. 无意注意占优势

刚刚进入学校，小学生注意的目的性还很弱，只能够注意自己感兴趣的事物，这时期主要是无意注意占优势，注意力不稳定、不持久，容易被一些新奇刺激吸引。低年级小学生集中注意的时间大约为 20 分钟，三至五年级的学生可以连续保持注意 30～40 分钟。在教学活动中，教师常常会用“注意听”“注意看”等来提醒学生对某一事物注意。随着学习活动的进行，注意能够很快地得到发展，在课堂上可以根据学习活动和教师的要求将注意作为教学内容，使注意的持久稳定性和范围都得到发展。但总体来说，小学生的注意水平仍然是很有限的，需要教师的指导。

2. 从无意注意向有意注意发展

无意注意是注意的初级形式，不仅人有而且动物也有，在学生个体的发展过程中，最初产生的是无意注意，之后才产生有意注意。小学生特别是低年级学生的有意注意还不占主要地位，在教学的影响下，有意注意才逐步发展起来。学生有意注意的发展表现在能注意听教师讲课、按照教师的要求复习功课等，因而小学生的有意注意主要是在活动中培养起来的。当学生能够控制自己的行为时，有意注意也就逐渐发展起来。

3. 小学生的注意品质逐渐提高

①小学生注意的选择性随年龄的增长而发展。小学二至五年级学生的注意选择性发展较快，小学生和成人显示出不同的特点。成人更倾向于把同一类别的词看作一个整体，小学生不善于利用语义关系，他们注意的选择性随着年龄的增长而增强，因此在教学中，教师对于关键问题的强调和注意的提示对低年级学生来说还是有必要的。

②小学生注意的稳定性受兴趣的影响。小学生注意的稳定性较学龄前儿童有了较大的发展。有研究表明，7～10 岁儿童能够聚精会神地注意 20 分钟，10～12 岁儿童为 25 分钟，12 岁以后为 30 分钟，可见，不同年龄的儿童，其注意的稳定性也不同。

③注意分配的能力在发展。刚进入小学的学生还不能一边听讲一边记笔记，常常注意了这件事却忘了另一件事。但在教师的要求下，学生注意分配的能力也在发展，10 岁以后的学生逐渐既能注意教师讲课也能简单记笔记。

④小学生的注意广度随着年龄的增长不断发展和扩大。注意的广度受人的知识经验的影响，和人的记忆有密切关系。研究表明，小学生 6～7 岁时只能注意 2～3 个客体，成人能够注意 4～6 个客体。

(二)中学生注意发展的特点

1. 无意注意、有意注意均在逐步深化，有意注意占主导地位

中学生的无意注意还起着至关重要的作用。很多知识和经验的获得全凭学生的兴趣，他们愿意参加自己感兴趣的活动，能保持长时间注意；而对不感兴趣或不新鲜的事就漫不经心，提不起兴趣。年龄越小，无意注意所占的成分越大。随着年龄的增长，无意注意的发展呈递增趋势，到八年级时达到成人水平，以后缓慢下降。

在无意注意发展的同时，有意注意也在发展并得到深化。有意注意是随着儿童在社会交往中对言语的掌握和使用逐渐发展起来的，并在初中阶段逐渐取代无意注意占主导地位。例如，中学生在学习中不是只凭兴趣，而是能够克服各种困难，付出艰苦劳动，用意志努力维持自己的注意。在此过程中，有意注意逐渐向有意后注意转化。开始时，初中生需要强迫自己克服困难，甚至要有顽强的意志努力才能维持有意注意。不久，这种行为慢慢转变为自觉的、不需要意志努力的注意，即有意后注意。从有意注意向有意后注意转化是中学生的有意注意得到逐步深化的体现。

无意注意虽然在中学阶段逐渐趋于次要地位，但也有进一步的深化，主要体现在以下几个方面。产生无意注意的原因由以外部为主转变为以内部为主。中学生自身的兴趣还很不稳定，也不一定有固定的兴趣中心。最初，产生无意注意主要依靠外部刺激的作用，以后他们才慢慢转变到由于自身的兴趣、爱好而产生无意注意。这种转变使得中学生的认知活动具有更多的积极主动性。

2. 注意特征存在个体差异

虽然有意注意在中学生的学习活动中占主导地位，但无意注意在学习活动中仍有较大影响。这就决定了中学生的注意发展明显存在几种不同类型：以无意注意占优势的情绪型；以有意注意占优势的意志型；以有意后注意占优势的自觉意志型，即智力型。

3. 注意品质不断改善

中学生在注意品质的四个方面都有不同程度的提高。

①随着年级的升高，中学生的注意稳定性增强。注意稳定性对七年级学生成绩的影响比学习能力对学习成绩的影响更加明显。在七年级到八年级阶段，注意稳定性的提高最为显著。注意稳定性在高中阶段的增长速度逐渐减慢，这与高中生的注意稳定性趋于成熟有关。

②初中阶段，其注意广度接近成人水平，但受学生自身知识经验和知觉对象的特点影响仍然较大。初中低年级的学生由于缺乏经验，注意广度较小，随着知识经验的积累，他们的注意广度不断提高。

③注意分配能力发生较早但发展十分缓慢，但随着年级的升高也在不断发展。

④随着年级的升高，注意转移速度在提高，但变化不明显。一般而言，初中低年级学生的注意转移还有一定困难。随着经验的日益丰富，智力得到良好的训练和发展，心理活动的有意性增强，高中生的注意转移得到较快发展，大多数学生能自觉地根据活动任务把注意从一个对象转移到另一个对象上。

二、提高中小学生注意力的方法

(一)培养间接兴趣

兴趣是人认识某种事物或从事某种活动的心理倾向，它是以认识和探索外界事物的需要为基础的，是推动人认识事物、探索真理的重要动机，是注意力的源泉。兴趣可以分为直接兴趣和间接兴趣。直接兴趣是由认识事物本身的需要引起的，譬如对看电影、打游戏的兴趣。间接兴趣是由认识事物的目的和结果引起的，它和当前认识的客体只有间接关系。譬如做一个实验，我们对数据处理不感兴趣，但是对研究的结果感兴趣。培养学生对学习活动的间接兴趣，再把间接兴趣转化为直接兴趣，可以有效地提高学生学习的注意力。

(二)养成良好的学习习惯

上课认真听讲，爱举手发言，课后自己独立完成作业，独立思考，大胆质疑，善于合作等这些都是良好的学习习惯。良好的学习习惯一旦养成，学生在学习中就能更好地保持注意力。

(三)保持良好的心理状态

能不能集中注意，自信心是关键。心情平静、愉悦有利于注意的集中。

(四)重视集中注意的自我训练

在日常生活中，调整和训练注意力的技巧有以下几个方面。

①转换学习场所。如果你在一个嘈杂的地方学习或工作，或者你身边有吸引你注意力的东西，那么就换一个地方，找一个相对安静、不会影响你注意力的场所。

②当一些小事(几分钟就能解决的事情)影响你的注意力的时候，就立即去解决它。例如，困了就起来活动一下；饿了，一直想着吃点东西，那么就立即去吃一点。

③注意力练习。像一些记忆训练软件，里面的练习对训练集中注意都有非常好

的帮助。

④多种动作协调活动。例如，在听课时，可以边听边做笔记，手、眼、耳等全部动起来，易于抑制疲劳，集中注意，增强记忆能力。

⑤适时休息。有时候学习不下去的时候，让自己再次集中注意的方法就是休息，不管任务是否需要完成。如果你给自己一点时间空闲下来，重新调整身心，如洗洗脸、活动下身体、听首歌放松下，你会发现再次集中注意会更容易。

心理自测

注意力测试

一、指导语

这是一份关于注意力的测试，题目内容是一些以第一人称描述的情况，如果你发现题目中描述的情形与自己的情况相符，请在(　)里画“√”；如果题目中描述的情形与自己的情况不符，请在(　)里画“×”。所有题目都没有“正确答案”，请凭读完每一个句子后的第一感觉填答。虽然没有时间限制，但尽可能地争取以较快的速度完成，越快越好。请不要遗漏，务必回答每一个问题。

二、测试题

1. 妈妈教导我的时候，我常常会左耳进，右耳出，不知她在说什么。(　　)
2. 做作业时，一个作业还未做完，我往往就急着做其他作业。(　　)
3. 我常常看漫画书，很少看只有文字的书。(　　)
4. 一有担心的事情，我会终日忧心忡忡，干什么事情都提不起精神。(　　)
5. 我老爱穿那一两套自己特别喜欢的衣服。(　　)
6. 上课时，我常常会想起其他事情，以致影响到听老师讲课。(　　)
7. 做作业时，我会觉得时间过得特别慢。(　　)
8. 一件事干得太久，就会很不耐烦，急切地希望快点结束。(　　)
9. 哪怕很小的事情我都担心自己做不好。(　　)
10. 被老师批评后，我始终忘不了当时的难堪情景。(　　)
11. 我做事情喜欢拖拖拉拉。(　　)
12. 期末复习时，我喜欢一会儿复习这科，一会儿复习那科。(　　)
13. 放假时，我会用几天时间把所有作业做完，其余时间尽情地玩。(　　)
14. 在等人时，我会觉得特别心烦。(　　)
15. 读书时，20分钟不到我准会分心。(　　)
16. 在看书学习时，很在意周围的声音，对周围的声音听得特别清楚。(　　)
17. 上课时，教室外无论发生什么事情都会引起我的注意。(　　)
18. 和同学聊天时，我会不知不觉地说起话题外的事情。(　　)
19. 学校集会时间稍长一点，就会不耐烦，哈欠连天，也不知道主持人在说什

么。(　　)

20. 我的兴趣爱好好像很长时间都没什么改变。(　　)

三、评分标准及结果分析

(一)评分标准

画"√"计 0 分，画"×"计 1 分。总分为 20 分。得分越高，注意力越好。0～4 分，注意力差；5～9 分，注意力稍差；10～14 分，注意力一般；15～17 分，注意力好；18～20 分，注意力很好。

(二)结果分析

1. 得 15 分以上者，具有高度集中的注意力。无论干什么事，都能排除外界干扰，整个身心都沉浸其中。这类人除了学习成绩比较好，其他方面也容易取得佳绩。但也容易误入歧途，如玩电子游戏，也会寻根究底，乐此不疲，从而使学习的注意力下降，影响到学习。因此，应该教育他们学会正确发挥注意力集中这一优点，把超常的注意力运用到最能促使自己发展的方面，如运用到学习、读课外书、科技小发明等方面，这样，才算拥有了超常的注意力，才能真正获得超常的智慧。

2. 得 9 分以下者，做事总是三心二意。做作业粗心大意，成绩也不怎么理想。这类人常常有这样的感觉：本想集中精力做一件事，可是由于各种原因，总是分心，或者其本身就是一个好动的人，静不下心来，结果浪费了许多宝贵时间，一事无成，常常后悔不已。如果不想办法提高自己的注意力，无论他们的天资如何好，做许多事情都会事倍功半。

思考与练习

一、选择题

1.“两耳不闻窗外事，一心只读圣贤书”体现了注意具有(　　)。

A. 指向性　　B. 集中性　　C. 稳定性　　D. 能动性

2. 上完一节饶有兴趣的课，学生不受该节课的影响，自觉地进入下节课的学习，这体现了(　　)。

A. 注意的分散　　B. 注意的起伏　　C. 注意的分配　　D. 注意的转移

3. 同学们正在教室聚精会神地听课，突然从外面飞进一只蝴蝶，大家都把视线转向它。从心理学角度看，这是(　　)。

A. 有意注意　　B. 无意注意　　C. 随意注意　　D. 有意后注意

4. 上课有利于吸引并保持学生无意注意的因素主要包括(　　)。

A. 教师语言抑扬顿挫　　B. 教师表情丰富而适度

C. 教师服装穿着奇特艳丽　　D. 教学方法灵活多样

5. 影响注意转移的因素主要包括(　　)。

A. 神经过程特点　　B. 已有的生活习惯

C. 原来注意的紧张度　　D. 新注意对象的特点

二、问答题

1. 阅读下列材料：为了把课上得生动形象，马老师今天带来了许多直观教具，有标本、图片，还有实物。进入教室后，他把这些教具放在桌子上或挂在黑板上，他想今天的教学效果一定会很好。可是，结果并非如此。请问这是为什么？你认为老师该如何正确使用教具呢？

2. 假如你是一名中小学老师，你认为在上课过程中如何让学生始终保持注意？

选择题参考答案：1. A　2. D　3. B　4. ABD　5. ABCD

拓展与延伸

1. 劳特，施洛特克，瑙曼．儿童注意力训练父母手册[M]．杨文丽，叶静月，译．成都：四川大学出版社，2006.

2. 心雅，元子．聪明的孩子坐得住：注意力训练趣味游戏[M]．上海：上海百家出版社，2008.

3. 让-菲利普·拉夏．注意力：专注的科学与训练[M]．刘彦，译．北京：人民邮电出版社，2016.

第三章　感觉与知觉

学习目标

1. 能够准确地辨别并分析感觉、知觉的种类及规律。

2. 能够恰当地运用感觉、知觉的规律及中小学生观察力发展的特点创设教学情境，进行教学设计。

3. 在学科教学中，能够有意识地培养和提高中小学生的观察力。

知识导图

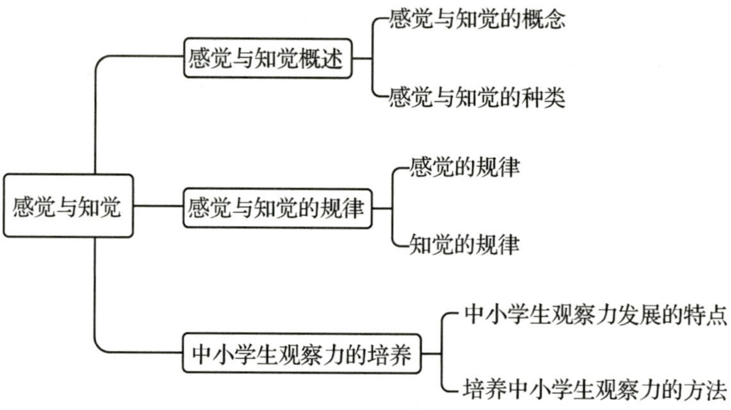

感觉是人类认识世界的开端，为有机体提供了内外环境的信息，保持着有机体与外界的信息平衡；知觉则按照一定的方式来整合个别感觉信息，对整个事物做出整体反映，并确定该事物的意义；感觉和知觉是我们对客观事物最初级、最简单的认识，又称感性认识。感觉和知觉为有机体进一步揭示事物的本质和规律，达到对事物的理性认识奠定基础。

第一节　感觉与知觉概述

一、感觉与知觉的概念

(一)感觉的概念

1. 什么是感觉

感觉(sensation)是人脑对直接作用于感觉器官的客观事物个别属性的反映。

人借助感觉可以感知事物的不同属性，如颜色、气味、声音、质地等。例如，一个苹果，我们可以用眼睛看到它的形状、颜色；用嘴巴尝到它的味道；还可以用手掂出它的重量和摸出它的光滑与粗糙等，其中对形状、颜色、味道、轻重等特性的认识均属于人的感觉。通过感觉不仅可以获得事物的外部属性，也可以使人知道自己身体所发生的变化，如躯体的运动和变化、舒适与疼痛、饥渴与寒冷等。

2. 感觉的重要意义

感觉是一种最简单的心理现象，但在我们的实际生活中却有重要的意义。

首先，感觉为我们提供了内外环境的信息。通过感觉，我们可以知道事物的形状、颜色、大小、味道、气味等外界信息，还可以认识自身的状态，如饥渴、冷暖、舒适与疼痛等，因而可以自我调节。感觉既引导我们认识世界，又提醒我们保护自己。如果没有感觉提供的内外界信息，人就不可能正常地生活。

其次，感觉保证了有机体与外界的平衡。有机体要想正常地生活，必须使自己在各方面与外界保持平衡，而这种平衡的保持必须通过感觉获得足够的信息才能实现。当感觉获得的信息超载或不足时，就会破坏平衡，给有机体带来严重的不良影响。有人认为，大城市中由于信息超载，会使人产生“冷漠”的态度，相反，由“感觉剥夺”造成的信息不足，将使人无法忍受由此产生的不安和痛苦。可见，如果没有感觉提供的外界信息，人就不能正常生存。

拓展学习

感觉剥夺实验

1954 年，加拿大心理学家赫布（Hebb）、贝克斯顿（Bexton）等人首次报告了感觉剥夺实验的结果。实验场景见图 3-1。

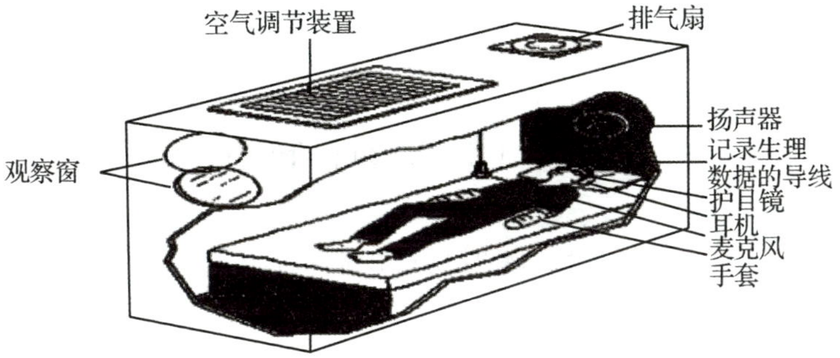

图 3-1 感觉剥夺实验

被试进入专设的与外界完全隔离的实验房间里，躺在一张舒适的床上，眼睛被蒙上眼罩，一片漆黑，看不见任何东西；耳朵戴上耳套，听不到一点声音；手也戴上套子；进食和排泄都由主试事先安排好，不用被试移动手脚。总之，来自外界的一切刺激都被剥夺了，被试只是躺在床上胡思乱想或无聊地昏睡。实验开始时，被试还能安静地躺着或睡觉。但稍后，被试开始失眠，烦躁不安，急切地寻找刺激，自言自语，用两只手套互相敲打。实验后第四天，被试的注意力不能集中，不能进行连续且清晰的思考，甚至出现了幻觉，所有被试都感觉到无法忍受的痛苦。实验中被试每天可以得到很高的报酬，但即使这样，也很少有人能在这样的环境中坚持一周。被试在实验后，要经过一段时间，才能恢复到正常水平。

实验表明，没有刺激，没有感觉，人就不能产生新的认识，也不能维持正常的心理活动。

最后，感觉是一切心理现象的基础。人的知觉、记忆、思维、想象等复杂的认识活动，必须借助感觉提供的原始资料；人的情绪、情感体验，也必须依靠人对外界环境和身体内部状态的感觉；人的需要、动机等心理现象也是在感受器对内外环境的认识基础上产生的。

总之，感觉是人获取一切知识的源泉，一切较高级的、较复杂的心理现象，都是以感觉为基础的，离开感觉，人类已有的正常心理活动就会遭到破坏。

(二)知觉的概念

无论哪一种感觉信息，它反映的都是客观事物的个别属性。然而在我们的日常生活中，事物的个别属性作为一个方面总是与整个事物同时被反映。例如，“红色”，它或者是红旗的红，或者是红花的红，或者是红衣服的红等，离开具体事物的抽象的红色是不存在的。所以感觉信息一经感受器被传到大脑，知觉也就产生了。

1. 什么是知觉

知觉(perception)是人脑对直接作用于感觉器官的客观事物整体属性的反映。

知觉和感觉一样，是事物直接作用于感觉器官而产生的，知觉以感觉为基础，但并非个别感觉信息的简单相加。还是以苹果为例，通过感觉人可以认识苹果的形状、颜色、味道、重量、软硬等个别特征，那么为什么你能认识到它是一个苹果而不是其他的东西呢？也就是说，所有圆形的、红色的、酸的或甜的东西未必就是苹果。原因是我们把苹果的形状、颜色、味道、软硬等个别特征有机地综合在一起而产生对苹果的整体认识。这种对客观事物整体属性的认识就是知觉。

2. 知觉与感觉的关系

感觉和知觉同属于认识过程的感性阶段，它们都是对客观事物的直接反映。一旦事物在我们感觉器官所及的范围内消失，感知觉也就停止了。

感觉和知觉又有所区别。首先，感觉是对客观事物个别属性的反映，而知觉是对客观事物整体属性的反映。其次，感觉是通过单一分析器的活动而产生的，而知觉是通过多个分析器共同参与、协同作用而产生的。例如，日常所说的看电影、听音乐，实际上都是视分析器和听分析器协同作用的结果，不过其中有一种分析器的活动是主要的。在许多知觉中，视分析器与听分析器起着主导作用。最后，知觉比感觉更复杂。知觉按一定的方式来整合个别感觉信息，形成一定的结构，并根据个体的经验来解释由感觉提供的信息，其本质就在于揭示作用于感觉器官的事物是什么，能叫出它的名称，并用词来标志它，如“这是一本书”“那是一张桌子”，都是知觉现象，而不是单纯的感觉。当人们将事物作为整体来反映时，就意味着他们已经确定了该事物的意义。

二、感觉与知觉的种类

(一)感觉的种类

事物具有不同的属性，它们作用于人的不同分析器而产生不同的感觉。依据产生感觉的分析器和它们所反映的特定刺激物，感觉可以分为不同种类。一般分析器都可以分为两大类，即外部分析器和内部分析器，外部分析器位于身体表面(外感受器)，接受外部刺激。内部分析器是身体的内部器官或组织中分布的各种末梢，接受有机体内部发生变化的信号。据此感觉可以分为两大类：外部感觉和内部感觉。

1. 外部感觉

外部感觉是通过外部分析器对来自外部的信息进行加工而产生的感觉，包括视觉、听觉、嗅觉、味觉和肤觉。

①视觉。视觉是可见光波作用于视分析器而产生的。视觉的适宜刺激物是波长为 380～780 纳米的电磁波，即可见光波。超过可见光波范围的光波，我们用肉眼是无法看到的，如波长低于 380 纳米的紫外线、X 射线、γ 射线，波长高于 780 纳米的红外线、雷达波、无线电波、交流电波等。视觉器官是人的眼睛，如图 3-2 所示。其中视网膜是视觉的外周感受器，视网膜上有两种基本的感觉细胞：视锥细胞和视杆细胞。视锥细胞在视网膜的中央，它是明视器官，可以感受和分辨颜色；视杆细胞多分布在网膜的边缘，它是暗视器官，不能分辨颜色，但可以感受弱光。视觉是人类重要的信息渠道，它是人类认识外部世界的主导感觉，人头脑中绝大多数的信息来自视觉，视觉对人类的生活、学习以及社会实践起着重要的作用。

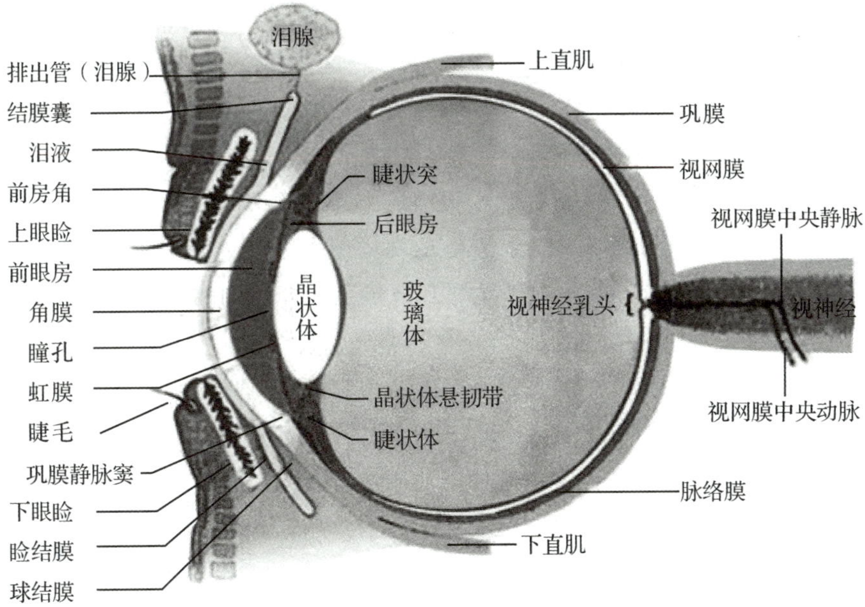

图 3-2　眼睛构造图

②听觉。听觉是声波作用于听分析器而产生的感觉。声音的适宜刺激物是 16～20000 赫兹的声波。声波是听觉的适宜刺激，它是物体振动产生的。听觉产生的过程是：物体振动对周围空气产生压力，使空气周围的分子做疏密相间的运动产生声波，声波通过空气传递给人耳，从而产生听觉。听觉的感受器是耳朵，

如图 3-3 所示。人耳由外耳、中耳、内耳三部分组成。外耳包括耳郭、外耳道和鼓膜；内耳由前庭器官和耳蜗组成，后者是人耳最重要的听觉器官。通过听觉我们可以感受声音的三种属性：音调(声音的高低)、音强(声音的强弱)、音色(不同乐器或人发出的声音的特色)。它们分别与物理学上声音的三个基本特征，即频率、振幅、波形相对应。听觉也是人获得信息的重要通道，对人的生活和学习也有着很重要的作用。

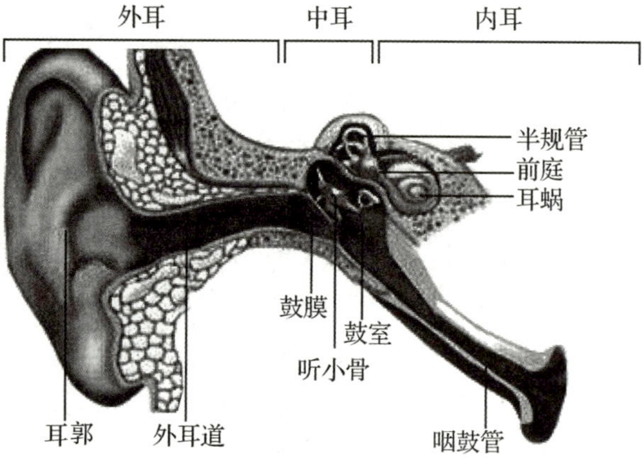

图 3-3　人耳结构图

③嗅觉。嗅觉是挥发性物质作用于嗅分析器时产生的，如花香、肉香、腐臭等。在鼻腔的鼻道内有嗅膜，嗅膜中的嗅细胞是嗅觉器官的外周感应器。嗅觉分析器的皮层部分位于颞叶区，在视觉和听觉损伤的情况下，嗅觉作为一种距离分析器具有特别重要的意义，有的聋哑人曾报告，他们运用嗅觉，正如有视力的人运用视觉一样，可以根据气味来辨别不同的人。嗅觉的发展相当稳定，如果嗅觉器官及嗅觉神经不受伤害的话，一个人在 6～94 岁时的嗅觉会保持相当高的一致性，很少有嗅觉下降的证据。

④味觉。凡是能溶于水的物质都是味觉的适宜刺激。味蕾是味觉的感受器，味蕾分布于舌表面、咽的后部、鄂及会咽上。每个味蕾含有 2～6 个味觉细胞。味分析器位于皮层部位的颞叶区。味觉也有性别的差异，女孩比男孩更喜欢甜味。味蕾的数量随年龄的增长而减少，所以老年人的味觉不如儿童。一般认为，人的基本味觉有酸、甜、苦、咸，而且舌头的不同部位对不同味道的感受性是不同的，甜味在舌尖，咸味在舌尖和舌边，酸味在舌边，苦味在舌根。

⑤肤觉。肤觉是物体的机械特性、温度特性、电特性作用于相应的外周感受器而产生的触压觉、温度觉、痛觉等感觉。这几种感觉常常混在一起，在感觉上把它们严格区分开是相当困难的。每种感觉均有自己的适宜刺激，它们的感受器以点状分布于全身体表，这些点的分布是不均匀的，各种点的数目也不相同，其中痛点最多，其次为触点、冷点、热点。从全身来看，鼻尖的压点、冷点和温点最多，胸部

的痛点最多。肤觉对人类的正常学习、生活和工作有重要意义，对维持机体与环境的平衡、保护自己的生命安全也有重要作用。

拓展学习

触觉与盲文

盲人不能看见视觉的符号，不能正常地书写与阅读，但是，他们可以利用触觉去感知一种由凹凸的点组成的特殊符号，即盲字。盲人能够通过盲字进行阅读和书写，这充分体现出触觉的代偿功能。目前国际上常用的一种盲文是由法国人布莱尔创造的，通常被称作布莱尔盲文。这种盲文是1～6个突起的圆点的不同组合，字母的大小使指尖在阅读时能够知觉到字母的所有成分，将所感觉的圆点构成统一的空间组合，即一个字母，同样也可以表示标点符号、数码和其他数字符号、音符等。

2. 内部感觉

内部感觉是通过内部分析器对来自内部的信息进行加工而产生的感觉，包括运动觉、平衡觉、内脏感觉。

①运动觉。运动觉也叫动觉，是在身体活动时由运动分析器所产生的头部、四肢、言语器官和眼球运动等感觉。运动觉的感受器在肌肉组织、肌腱、韧带和关节膜中。从一定意义上来讲，运动觉是非常重要的，因为各种感受器必须由运动器官作为配件，才能实现调节作用。运动觉保证了我们行动时的一些正确的姿势，如走路、爬高、够东西、抓握等。运动觉也可以使我们随时调整自己的动作和姿势，保证活动的顺利进行。

②平衡觉。平衡觉也叫静觉，是身体定向的感觉，它是头部和身体的位置和运动速度作用于平衡分析器所产生的有关身体位置、运动速度、超重、失重等感觉。平衡觉的感受器在内耳的前庭器官，包括半规管和前庭两部分。平衡觉与视觉、内脏觉关系密切。当前庭器官兴奋时，视野内的物体似乎在移动，产生眩晕现象；当前庭器官超强兴奋的时候，可以引起恶心和呕吐的现象。很多人出现的晕车、晕船现象就是前庭器官受到刺激引起的。前庭器官活动的稳定性经过训练可以得到改善。

③内脏感觉。也叫机体觉，它的产生是内脏器官的异常变化作用于内脏分析器所产生的感觉，如恶心、呕吐、饥渴、饱胀、便意等。内脏感觉的性质不确定，缺乏准确的定位。当内部器官工作正常时，各种感觉便融合成人的一般自我感觉，也就是没感觉。只有在内脏感觉十分强烈的时候，它才能成为明显的、占优势的感觉。虽然我们对内脏感觉习以为常，但有关这方面的机制研究却很少，还有待进一步探讨。

（二）知觉的种类

1. 根据知觉时起主导作用的分析器的不同，知觉可以分为视知觉、听知觉、嗅知觉、味知觉、触摸觉等

知觉的产生是多种分析器共同作用的结果，如学生上课听讲时是视觉、听觉、运动觉、平衡觉等多种分析器协同作用，但其中起主导作用的是听觉；而读书时起主导作用的是视觉；走路时起主导作用的是运动觉和视觉。

2. 根据知觉事物的特性的不同，知觉可以分为物体知觉与社会知觉

①物体知觉。物体知觉是指对客观事物具体特性的知觉，主要包括空间知觉、时间知觉、运动知觉。

空间知觉是反映物体大小、形状、距离、深度和方位等空间特性的知觉。包括距离知觉、形状知觉、大小知觉、方位知觉、深度知觉等。它是通过人的视觉、触摸觉、动觉等多种分析器协同作用产生的，也是个体在后天的生活实践中逐步发展起来的。在日常生活中，空间知觉随处可见，如上下台阶、穿越马路、工具操作以及在拥挤的人群中与人保持适当的距离等。

拓展学习

视觉悬崖——深度知觉

沃克和吉布森在1961年曾进行了一项旨在研究婴儿深度视觉的实验——“视觉悬崖”实验(见图3-4)。研究者制作了平坦的棋盘式的图案，用不同的图案构造以造成“视觉悬崖”的错觉，并在图案的上方覆盖玻璃板。将2～3个月大的婴儿腹部向下放在“视觉悬崖”的一边，发现婴儿的心跳速度会减慢，这说明他们体验到了物体深度。当把6个月大的婴儿放在玻璃板上，让其母亲在另一边招呼婴儿时，发现婴儿会毫不犹豫地爬过没有深度错觉的一边，但却不愿意爬过看起来具有悬崖特点的一边，纵使母亲在对面怎么叫他也一样。这似乎说明婴儿已经具备了深度知觉。但这种深度知觉是与生俱来的，还是在出生后几个月里学来的，目前还没有定论。

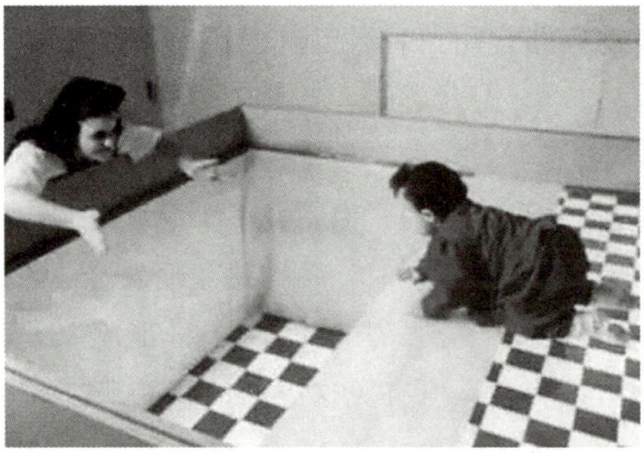

图 3-4　视觉悬崖

时间知觉是个体反映客观现象连续性、顺序性和周期性的知觉，如太阳的东升西落、月亮的盈亏、四季的变化以及星座的移动等。人总是通过各种衡量时间的媒介来反映时间，这些媒介可以是自然界的周期性现象和其他客观标志，也可以是机体内的一些生理状态——生物钟。人类发明了精确的计时工具——钟表和日历之后，人们就可以根据它们来调节自己的活动。在对时间的知觉过程中，人的个别差异和误差是很大的，容易对时间做过长或过短的估计，一般情况是对于1秒估计最准确，短于1秒容易估计过长，而长于1秒常常估计过短。在一个实验中，让被试估计1分钟的时间，结果有的被试在13秒的时候便认为到了1分钟了。时间间隔越长，估计的错误率越大，同时个别差异也越明显。对时间的估计受刺激的物理特性以及个体的态度、情绪、注意等的影响很大。时间知觉是在人的生活和活动过程中发展起来的，在我们的现实生活、工作中有着重要的意义。有些活动要求个体有精确的知觉时间的能力，如跳伞运动员要在跳出飞机的20秒内准时开伞；发令员从发令到枪响的时间间隔应该是3秒，运动员对此要做出准确的判断；在高速的宇宙航行中，时间知觉就更重要了。

运动知觉是反映物体空间位置移动的知觉。运动知觉主要与物体运动的速度、物体与个体之间的距离、个体本身的活动状态等有关。例如，太慢的运动我们觉察不到，如钟表时针的移动、头发的生长等；太快的运动我们同样觉察不出，如光速、电速等；在天空中高速飞行的飞机因离我们太远，我们感觉不到它的速度之快；而对在身边一辆正常行驶的汽车却感觉飞速而过。

拓展学习

似动现象

运动知觉十分复杂，可以分为真正的运动知觉(real movement)和似动知觉(apparent movement)。物体按特定速度和加速度，从一处向另一处做连续位移，由此引发的知觉就是真正的运动知觉。似动知觉是指在一定的时间和空间条件下，人们在静止的物体间看到了运动，或者在没有连续位移的地方看到了连续的运动。似动知觉主要包括动景运动、诱导运动、自主运动、运动后效。

(1)动景运动。当两个刺激物(光点、直线、图形或画片等)按一定的空间间隔和时间距离相继呈现时，我们会看到一个刺激物向另一个刺激物的连续运动，这就是动景运动。例如，给被试呈现两条直线，一条水平，另一条垂直，当时距为60厘米左右时，人们就会看到一条线向另一条线运动的现象，而时距过长(200厘米)或过短(20厘米)都不会看到这种现象。动景运动有时也叫最佳运动。我们看到的电影、电视、活动性商业广告，都是按照动景运动发生的原理制成的。在逼真性方面，它使人难以与真正的运动区别开来。

(2)诱导运动。诱导运动指由于一个物体的运动使与其相邻的一个静止的物体产生运动的现象。例如，夜空中的月亮是相对静止的，而浮云是运动的。可是，浮云的运动，使人们感觉月亮在动，而云是静止的。诱导运动可以在实验室内演示出来。如果在暗室内呈现一个发亮的框架和一个光点，并让框架向右运动，那么，我们似乎看到光点向左运动，而框架是静止的。一般来说，视野中细小的对象看上去在动，而大的背景处于静止的状态。

(3)自主运动。自主运动指人在注视黑暗环境中的一个微弱的、静止的光点片刻后，会感觉到光点来回移动的现象。例如，在暗室中点燃一支熏香或烟头，并注视这个光点，你会看到光点似乎在运动。在没有月光的夜晚，当我们仰望天空时，有时会发现一个细小发亮的东西在天空游动，我们以为是一架飞机，其实这是星星引起的自主运动。

(4)运动后效。运动后效指在注视向一个方向运动的物体后，如果将注视点转向静止的物体，那么会看到静止的物体似乎向相反的方向运动的现象。例如，注视瀑布的某一处，然后看周围静止的田野，会觉得田野上的一切在向上飞升。在注视飞速开过的火车之后，会觉得附近的树木在向相反的方向运动。

②社会知觉。社会知觉是指人对人的知觉，即人在生活实践中对自己、对他人以及对群体的知觉。它不仅是对人的外部特征(外貌、姿态、行为举止等)的知觉，而且要在人与人的交往当中，通过对人的外部特征的知觉，判断人的内部动机、兴趣、个性等心理状态，从而形成对人的认识、印象和评价。社会知觉包括自我知觉、他人知觉、人际知觉、角色知觉等。

社会知觉非常复杂，受很多因素的影响，如风俗文化、宗教信仰、社会舆论、自我认知等，所以要想形成正确的社会知觉并不是一件容易的事，而且在社会知觉中人们常常出现一些偏差。常见的主要有首因效应、近因效应、晕轮效应、刻板印象。

首因效应也叫“第一印象”，也就是初次打交道给人留下的印象。心理研究表明，第一印象非常重要，它会直接影响甚至决定今后的关系。第一印象鲜明、深刻而牢固，人们会形成一种固定的看法。首因效应具有泛化作用，犹如一滴墨水滴到一杯清水里，会迅速扩散到整杯水。人的大脑也会出现这种泛化意识。比如说对某一个人的第一印象非常好，你以后就容易从积极的方面去看待对方，以至于他的一些缺点，你可能就看不到或在你看来很可能就不是缺点，甚至会认为是优点。反之，如果对他的第一印象极差，你可能就会对他抱有某种偏见，在今后的交往中很难改变对他的看法。仅仅凭借第一印象很难真实地反映一个人的全貌。所以我们在人际交往中应该全面地、客观的观察一个人，尽量克服首因效应的局限性和盲目性。

近因效应是指最近获得的信息给人留下的深刻印象，它对以后的交往会产生一定影响。这种效应多发生在对熟人的知觉中，它会改变对人的第一印象。例如，对于常在一起、比较熟悉的同学，一旦他做出了一件出乎所有人意料的事情，就会使了解他的人改变以往对他的认识和看法，产生新的认识。近因效应也是人们在交往中常出现的心理表现，它往往左右我们对人的看法，要正确、客观地看待一个人，我们不仅要看他的过去，还要看他的现在，也要看他的将来。

晕轮效应又称成见效应或光环效应，是指对他人的某些品质、特征形成清晰鲜明的印象后从而掩盖了其他的品质、特征的知觉。即“以点盖面”“以偏概全”“一白遮百丑”“一好百好，一坏百坏”的效应。晕轮效应往往悄悄地却强有力地影响着我们对人的知觉与评价，如看到某人的某些缺点或不喜欢某个人，就可能看不惯他的言谈举止、穿着打扮，甚至会把他看得一无是处。晕轮效应的极端化就是推人及物，从喜欢一个人的某个特征推及喜欢他整个人，进而喜欢一切与他有关的事物，正如“爱屋及乌”，所以在人际交往中，我们要尽量避免晕轮效应带来的负面影响，多侧面、多角度、客观地评价别人。

刻板印象是指对社会上的各类人群所持有的固定的、概括而笼统的看法。其形成的过程就是按预想的类型把人分为若干类别，然后按类贴上标签。于是我们在对人的知觉中，往往按某个人的一些显著特征，如年龄、性别、种族、国籍、职业、文化和教育背景等，把他简单地归入某一群体中去。例如，人们普遍认为北方人诚实、正直、身材魁梧，南方人聪明、能随机应变、身材小巧；女人柔弱、温柔、贤惠，男人坚强、大度、豪爽。这就是一种刻板印象。刻板印象并非先天就有的，主要是后天因素，如教育、文化背景等的影响。所以，我们要善于从每个人的具体行为中去认识他，不可以凭刻板印象简单地给某个人下定论。

社会知觉中发生的偏差主要是一些主观因素造成的，但其发生均有一定的客观原因，只要认真对待是可以克服的。在人际交往中，人们可以合理地利用其原理进行相互了解，改善人际关系。

在教学过程中，教师如何正确运用社会知觉的偏差，是教师需要关注的问题。在教学过程中主要的人际关系就是师生关系，师生关系的好坏会直接影响教学质量的高低和教学效果的好坏，良好的师生关系是保证教学顺利进行的必要前提。由于人际交往中容易出现偏差，教师在教育过程中也难免会受到这些偏差的影响，因此教师在教书育人过程中，应善于利用这些偏差给教育教学带来的积极影响，同时也要尽量避免这些偏差带来的消极影响，建立良好的、融洽的、和谐的师生关系。

第一，认真对待第一印象。良好的开始是成功的一半，教师要注意给学生留下良好的第一印象。为此要把握好几个第一：认真对待第一次与学生见面；上好第一节课；开好第一次班会；批改好第一次作业；组织好第一次班团队活动等。这就要求教师注意自己的形象，如衣着要整洁、大方、得体，行为端庄有度，言语表达简洁、准确、流畅，尽量给学生留下良好的第一印象。与此同时，教师不能只凭借对学生的第一印象简单地得出某种不客观的结论，要用发展的眼光来看待学生。

第二，防止发生晕轮效应。在教育教学过程中，教师如果不注意很容易对学生产生晕轮效应，进而影响学生的健康发展及师生关系，表现在有的教师偏爱学习好的学生，或简单地把学习好作为好学生的唯一标准，用有色眼镜去看待所谓的“差生”。教师要看到每个学生身上都有优点，也都有缺点，尤其是不要轻易地把“差生”这样的词用在学生身上，客观、公正地评价每一个学生，全面地了解学生，不可形成“一好百好、一坏百坏”的效应。保护好学生的自尊心和上进心，帮助学生扬长避短，共同进步。

第三，消除刻板印象。学校和教师不可凭借刻板印象简单、轻易地把学生归入某个群体当中去，或只根据学习成绩把学生分成几个等级。应该通过对学生长期的观察和了解，对学生做出具体、客观的评价。

第四，重视运用近因效应。教师在教育教学过程中要善于获取学生的最新信息，清楚地了解每个学生的发展情况，及时发现学生身上的变化，有了进步及时鼓励，发现问题及时解决，使学生时时处在发展进步之中。

3. 根据知觉的准确性程度的不同，知觉可以分为精确知觉、模糊知觉、错觉和幻觉

①精确知觉。精确知觉是指人脑对直接作用于感觉器官的客观事物或现象的知觉映像符合客观实际的知觉。只有精确知觉才能使我们客观地认识世界，为改造世界、促进人类社会的进步奠定基础。

②模糊知觉。模糊知觉是人脑对直接作用于感觉器官的客观事物的知觉映像不清晰的或不准确的知觉。虽然它不够精准，但能够以较小的代价传送更多的信息，可以提高认知的效率。

③错觉。错觉是在特定的条件下对客观事物产生的不正确的歪曲的知觉。例如，早上的太阳和中午的太阳，与我们的距离是不一样的，早上离我们远，中午离我们近，按照视网膜成像规律，离得远的物体成像小，近的物体成像大。所以早上太阳应该小，中午太阳应该大，但人们的知觉经验正好相反，早上的太阳较大，中午的太阳较小。这就是生活中的“太阳错觉”。

错觉种类很多，常见的有大小错觉、形状和方向错觉、形重错觉、运动错觉、时间错觉等。例如，坐在行驶的车里，感到路边的树木、房屋在移动是运动错觉；“一日三秋”“度日如年”“时光飞逝”等是时间错觉；用手掂量一千克的棉花和一千克的铁块，感觉铁块比棉花重一些是形重错觉。其中大小错觉、形状和方向错觉被统称为几何图形错觉，如图 3-5 所示。

错觉看似荒谬，但却是人人都会体验到的正常现象。错觉没有个体差异，即使个体主观努力也避免不了。错觉有时会给生活和实践带来麻烦，造成损失，如飞行员在海上飞行时，由于远处海天一色，失去了环境中的视觉线索，容易产生

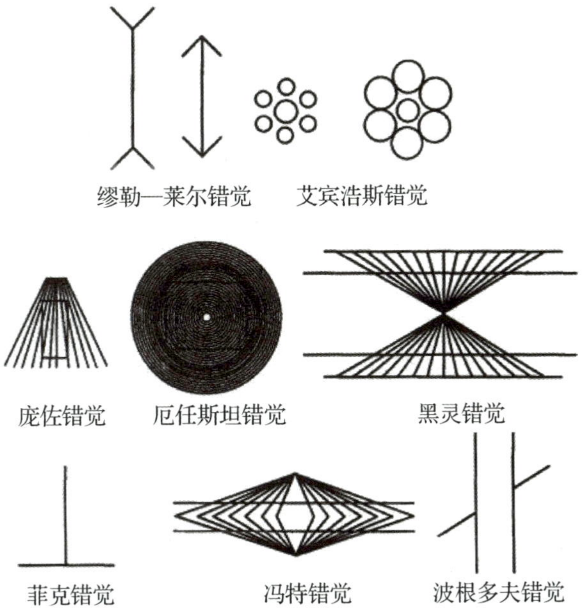

图 3-5 几何图形错觉

“倒飞”错觉，可能会引发严重的飞行事故。在训练飞行员时增加有关训练，有助于消除错觉，避免事故的发生。有时可以利用错觉为我们的生产生活等方面服务，如军事上的伪装和隐蔽、广告艺术设计、着装搭配、美容化妆、舞台的灯光和背景的设置等。

④幻觉。幻觉是人在没有外界条件刺激物作用于感觉器官的情况下产生的一种虚幻的知觉。最常见的幻觉是幻听、幻视。身心健康的人很少出现幻觉，只有在特殊状态下，如疲劳过度、入睡前、刚睡醒后、身体虚弱等，才偶尔出现幻觉，且时间很短暂。对精神分裂症患者而言，幻觉则是一种常见的严重的知觉障碍。

第二节 感觉与知觉的规律

一、感觉的规律

感觉的发生和发展有共同的规律，感觉的规律就是其感受性变化的规律。

(一)感觉的感受性

感受性(sensitivity)是感觉器官对客观刺激的感觉能力，即对刺激的感觉灵敏程度。感受性的高低主要是通过感觉阈限(sensory threshold)来测量的。每种感觉都有两种感受性和感觉阈限：绝对感受性和绝对感觉阈限、差别感受性和差别感觉阈限。而且感受性和感觉阈限成反比关系。

1. 绝对感受性和绝对感觉阈限

绝对感受性(absolute sensitivity)是人刚刚能察觉出的最小刺激量的能力。不是任何强度的刺激都能引起感觉，过弱的刺激我们感觉不到，只有当刺激物达到一定强度才能引起人的感觉。例如，我们看不见空气中的灰尘，当它落在我们的皮肤表面上时，我们也感觉不到它的存在。但是，当灰尘的数量很多并成为尘粒时，我们不但能看见它，而且还能感觉到它对皮肤的压力。绝对感受性的高低是通过绝对感觉阈限来衡量的。

绝对感觉阈限(absolute sensory threshold)是刚刚能引起感觉的最小刺激量。绝对感觉阈限值越大(能够引起感觉所需要的刺激量)，感受性就越弱；绝对感觉阈限值越小，感受性就越强。因此两者成反比关系，用公式表示为：$E=1/R$(E 代表绝对感受性，R 代表绝对感觉阈限)。当然，这个阈限值并不是固定不变的。在不同条件下，同一感觉的绝对阈限可能不同，人的活动性质、刺激强度和持续时间、个体的注意、态度及年龄等，都会影响阈限的大小。

2. 差别感受性与差别感觉阈限

差别感受性(difference sensitivity)是人对客观刺激最小差异量的感觉能力。在刺激物引起感觉之后，如果刺激的数量发生变化，并不是所有的变化都能引起感觉的变化，只有它们的强度达到一定的差异，才能引起差别感觉，即人们能够觉察出它们的差别。例如，几百人参加的大合唱，如果增减 1 个人，人们听不出声音的差别；如果增减 10 个人，差别就可以被感觉到。差别感受性的高低是通过差别感觉阈限来衡量的。

差别感觉阈限(difference threshold)是刚刚能引起差别感觉的刺激物间的最小差别量。差别感受性与差别感觉阈限在数值上也成反比关系，即差别感觉阈限值越小，差别感受性就越强；差别感觉阈限值越大，差别感受性就越弱。

3. 韦伯定律

德国生理学家韦伯曾系统研究了触压觉的差别阈限，他让被试用手先后举起两个重量不同的物体，并判断哪一个重些，用这种方法研究差别感受性。结果发现，对刺激物的差别感觉，并不取决于刺激物的绝对数量，而取决于新刺激量与原刺激量的比值。例如，手上的原有重量是 100 克，新增的刺激量至少是 2 克，人们才能感觉到两个重量的差别；如果是 200 克，新增的刺激量至少是 4 克，人们才能感觉到差别；如果是 300 克，新增的刺激量至少是 6 克，人们才能感觉到差别。可见，为了引起差别感觉，新增的刺激量与原有刺激量之间存在某种关系，这种关系可用公式 $K=\Delta I/I$ 来表示，其中 ΔI 代表差别感觉阈限，即引起差别感觉的刺激增量，I 代表原刺激量，K 为一个常数。即在中等刺激强度范围内，差别感觉阈限(ΔI)与原刺激量(I)的比值是一个常数 K。这种关系最初是由韦伯提出的，后来被称为韦伯定律。对不同的感觉来说 K 值是不同的，见表 3-1。

表 3-1　不同感觉的 *K* 值

感觉类别	*K* 值
重压(400 克时)	1/77≈0.013
视觉明度(在 100 光量子时)	1/63≈0.016
举重(在 300 克时)	1/53≈0.019
皮肤压觉(在每平方毫米 5 克重时)	1/7≈0.143
咸味(在每千克 3 克分子量时)	1/5=0.200

韦伯定律虽然揭示了感觉的某些规律，但是只适用于中等强度的刺激，刺激过弱或过强，比值均会发生改变。

(二)感觉适应

感觉适应(sensory adaptation)是由于刺激物对感受器的持续作用从而使感受性提高或降低的现象。在各种感觉中，除痛觉外，几乎所有的感觉都有适应现象。但感觉适应在不同的感官中的表现与速度各不相同。

1. 视觉适应

视觉适应在视觉范围内可以分为明适应与暗适应两种。明适应是指照明开始或由暗处进入亮处时人的视觉感受性发生变化的现象。例如，中午从电影院看完电影出来，外面阳光明媚，开始觉得光线耀眼，但是很快就能恢复常态。明适应进行得很快，时间很短暂，5 分钟左右明适应就能完成，明适应说明视觉感受性降低了，这是因为视网膜上的视锥细胞在起作用。暗适应是指照明停止或由亮处进入暗处时人的视觉感受性发生变化的现象。例如，从明亮的室外进入电影院，电影已经开演，最初是漆黑一片，什么也看不清，过一会儿就能够逐渐地看清黑暗中的物体，说明视觉感受性提高了。暗适应进行的时间较长，一般需 30～40 分钟，人的视觉感受性可以提高 20 万倍。形成暗适应的原因是视杆细胞中的视紫红质在白天被分解，突然进入暗室得不到恢复，故不能看清物体。

2. 嗅觉适应

嗅觉适应是由于刺激物对嗅觉感受器的持续作用而引起嗅觉感受性发生变化的现象。嗅觉适应特别明显，多数情况下为感受性降低，甚至消失。例如，“入芝兰之室，久而不闻其香；入鲍鱼之肆，久而不闻其臭”，就是典型的嗅觉适应现象。

3. 其他感觉适应

触压觉、温度觉、味觉、听觉等均可出现适应现象。其中触觉不仅有高度的适应性，而且会很快适应。大家都有这样的体验：穿上大衣不觉得沉；戴眼镜时间久了也不觉得碍事；刚进游泳池觉得水很凉，过一会儿就不觉得凉了，这是温度觉的适应。但是痛觉适应较难或根本不能适应，它是有机体受到伤害性刺激的信号，可以引起相应的防御和保护性反应。如果痛觉也能适应，就会危及有机体的生存。

研究感觉适应现象有重要的意义。例如，对于在矿井下被困的工人，在抢救出来时要注意保护他们的眼睛；对于值夜勤的飞行员和消防员，在执勤前最好带上红色眼镜在室内灯光下活动，以便他们在面对紧急情况时，可以加快视觉的适应过程。又如，厨师做菜，应该研究人们进食时口味的变化，决定哪道菜在前、哪道菜在后。

（三）感觉对比

感觉对比(sensory contrast)是由于不同刺激物作用于同一感受器，从而使人的感受性发生变化的现象。它可以分为同时对比和先后对比。

1. 同时对比

同时对比是指两个或两个以上的刺激物同时作用于某一特定感受器而使感受性发生变化的现象。如图 3-6 所示，从同一张灰纸上剪下两个小的正方形，分别放在一张浅色纸和一张黑色纸的背景上，这时人们看到，放在浅色背景上的小正方形比放在黑色背景上的小正方形要暗得多。

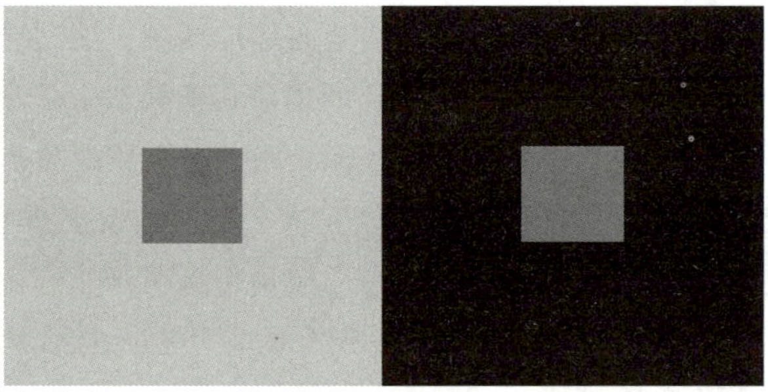

图 3-6　同时对比

再如，用白色粉笔在黑板上写的字就很清楚，在白墙上写的字就看不清；用红笔批改作业比蓝笔批改作业清楚。

研究同时对比有重要的实践意义。据说，18 世纪初，在法国巴黎的一家制造毛毯的工厂里发生过这样一件事情，工人抱怨织进毛毯的黑色毛线的颜色，怀疑是黑色染料造成的。后来请教一位化学家，经过研究发现，问题是由于黑色毛线周围的颜色对比引起的，而与黑色染料的质量无关。直到今天，在纺织工业、印染工业和编制工艺中，考虑视觉对比具有重要意义。

拓展学习

马赫带现象

1868年，奥地利物理学家马赫发现的一种明度对比现象，即马赫带现象（见图3-7）。它是一种主观的边缘对比效应。当观察两块亮度不同的区域时，边界处亮度对比加强，使轮廓表现得特别明显。

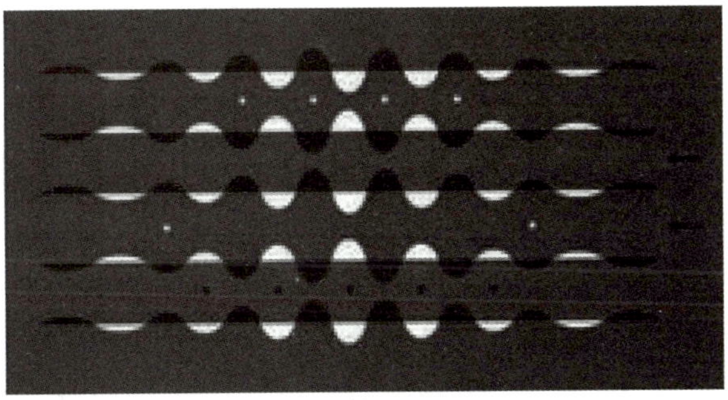

图3-7　马赫带现象

例如，将一个星形白纸片贴在一个较大的黑色圆盘上，再将圆盘放在色轮上快速旋转。可看到一个全黑的外圈和一个全白的内圈，以及一个由星形各角所形成的不同明度灰色渐变的中间地段。而且还可看到，在圆盘黑圈的内边界上，有一个窄且特别黑的环。由于不同区域的亮度的相互作用而产生明暗边界处的对比，使我们更好地形成轮廓知觉。这种在图形轮廓部分发生的主观明度对比加强的现象，被称为边缘对比效应。边缘对比效应总是发生在亮度变化最大的边界区域。

在日常生活中，只要我们留心，经常可以观察到马赫带现象。观察影子的时候，在轮廓线的两侧也会看到马赫带现象，暗的地方更暗，亮的地方更亮。再如，当我们凝视窗棂子的时候，会觉得木条两侧各镶上了一条明亮和浓黑的线，即在木条这边出现一条更明亮的线，在木条那边出现一条更暗的线。

2. 先后对比

先后对比也叫继时对比，是指两个或两个以上的刺激物先后作用于某一特定感受器而使感受性发生变化的现象。例如，吃过苦药后再吃糖觉得糖很甜；而先吃糖后吃苦药，就会觉得苦药更苦。

研究感觉的对比现象有实践意义。例如，在工业生产中各种色彩的设计、装饰、装潢、服装设计、教学中的板书设计等诸多方面都要考虑到颜色搭配产生的对比效果；在饮食行业要考虑到味觉的对比等。

（四）联觉

联觉是指由一种感觉引起另一种感觉的心理现象。色彩感觉最容易引起联觉。红、橙、黄等颜色容易使人产生温暖的感觉，因而被称为暖色；青、蓝、绿等颜色容易使人产生寒冷、凉快的感觉，因而被称为冷色。

联觉现象在其他方面也非常普遍。尖锐的声音使人起鸡皮疙瘩，产生寒冷的感觉，肮脏的东西使人产生呕吐的感觉，敲击声使牙痛患者加重疼痛等。

在生产劳动和日常生活中，人们常常运用联觉的规律。例如，在劳动工地播放优美动听的音乐可以提高劳动效率；在产房里播放轻音乐可以减轻产妇的疼痛；在音乐歌舞厅利用灯光效果可以提高演奏效果；在教学中教师利用教学方法的改变可以减少学习疲劳，提高学习效果等。

（五）后像

刺激物对感受器的作用停止以后，感觉现象并不立即消失，而是逐渐减弱直至消失，这种感觉存留的现象叫作感觉后像(afterimage)。在各种感觉中，都存在后像现象。痛觉后像特别明显，视觉后像也很显著。

视觉后像在我们生活中非常普遍。例如，我们手里拿着一个点燃的烟头，以一定速度快速转动，我们看到的会是一个火圈；电扇转动时，我们看到的不是一个个单独的叶片，而是一个圆面。电影、电视利用的就是视觉后像的原理。

视觉后像分为两种：正后像和负后像。后像性质与刺激物的性质相同叫正后像，后像性质与刺激物的性质相反叫负后像。例如，在注视发光的灯泡几分钟后，闭上眼睛，就会感到眼前有一个同灯泡差不多的光源出现在黑暗的背景上，这是正后像。正后像出现之后，我们把视线转向白色的背景上，就会感到在明亮的背景上有黑色的斑点，这是负后像。如果刺激是彩色的，负后像就是该颜色的补色，如一个黄色的刺激对象，它的后像是蓝色的。视觉后像存留的时间与刺激的强度和作用的时间有关，一般来说，刺激的强度越大，时间越长，后像呈现的持续时间越长。

由于视觉后像作用，人会对一定频率断续的光产生连续的感觉，这种现象叫作视觉的闪光融合现象。例如，日光灯的光线每秒闪动 100 次，我们看不见闪动的光，而把它看成是连续而不闪动的光。对于高速转动的电风扇，我们看不清每片叶子的形状，这些都是闪光融合的结果。刚刚能引起融合感觉的最小频率，叫闪光融合频率(critical flicker frequency)，它是视觉系统分辨时间能力的极限。例如，我国城市民用电灯的闪光融合频率是 50 次/秒，我们才能看到连续而不断的灯光；过去放电影用的电影胶片放映的底片速度是 24 格/秒，我们才能看到连续的画面。

（六）感觉补偿

感觉补偿(sensory compensation)是指人的某种感觉能力丧失后，为适应生活的需要，使其他感觉的能力获得突出的发展，以资补偿。例如，盲人丧失了视觉，但其听觉、触觉和振动觉却得到了特别的发展。

综上所述，感觉的规律性普遍存在于我们的日常生活中，只要我们善于观察和利用，感觉规律可以更好地服务于我们的生活。

二、知觉的规律

(一)知觉的选择性

人在知觉客观世界时，总是有选择地把少数事物当成知觉对象，而把其他事物当成知觉背景，以便更清晰地知觉一定的事物与对象。例如，上课时，教师的声音或黑板上的字会成为学生的知觉对象，而周围环境中的其他因素则成为知觉背景。知觉对象与背景并非固定不变的。在一种情况下，我们选择某一事物为知觉对象，其他事物成为知觉背景；在另一种情况下，我们选择另一事物为知觉对象，先前的对象就成为知觉背景。我们可以用双关图对知觉对象和背景的相互关系加以说明，如图 3-8、图 3-9 所示。

图 3-8 少女与老妇双关图

图 3-9 花瓶与人面双关图

影响知觉选择性的因素很多，但归纳起来有两大方面。

1. 刺激物本身的因素

①对象与背景的差别。对象和背景的差别越大，对象越容易从背景中分离出来。例如，在晴天、阳光照射的情况下，白色的物体容易被发现，但在阴天或有雾的情况下，黑色的物体容易被分辨。因此，足球、灯塔、栏杆、路标常漆上黑白相间的颜色。

②对象的运动。在相对静止的条件下，运动着的刺激物易成为知觉对象。例如，黑夜里的流星、交通信号灯、夜晚城市里闪烁变幻的霓虹灯广告等易被人发现。

③空间上接近、连续，形状上相似的一组刺激容易成为知觉的对象，如图 3-10、图 3-11 所示。

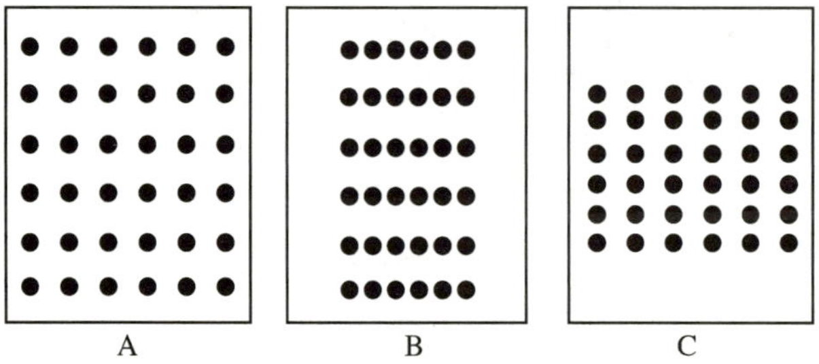

图 3-10　空间上接近

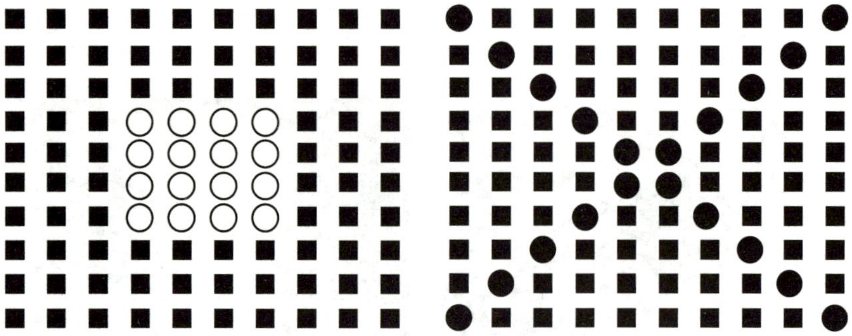

图 3-11　形状上相似

2. 知觉者的主观因素

个体的需要、兴趣、动机、知识经验等也是影响知觉选择性的因素。凡是与人的需要、兴趣、动机、目的等有关的事物，容易被选择为知觉对象，其他的无关刺激物就成为知觉背景。

(二)知觉的整体性

知觉对象由不同部分组成并具有各自的属性，当部分属性作用于人的感官时，人并不把它知觉为孤立的部分而总把它知觉为一个统一的整体。例如，教师站在讲台后面讲课，学生只看到老师身体的一部分，但仍认为老师是一个完整的整体。

我们对个别部分的知觉又依赖事物的整体性。如图 3-12 所示，图片的中间是数字 13，还是字母 B，这取决于它所在的整体。

图 3-12　知觉的整体性

知觉之所以具有整体性，是因为人在知觉时有过去经验的参与。人脑对来自各感官的信息进行加工时就会利用已有经验对缺失的部分进行整合，将事物知觉为一个整体。知觉的整体性提高了人的感知能力，但同时由于知觉的整体性，人们有时会忽略部分或细节的特征。例如，对一个词组的感知，会忽略其中个别的错字；常年搞文字校对的人，由于对整个句子的感知往往会很难发现个别错字。这是由于知觉的整体性反过来也会抑制事物的个别成分。

(三)知觉的理解性

知觉的理解性是指人们依据已有的知识经验对感知的新事物进行加工处理，并用言语把它揭示出来的特性。

在知觉的理解性中，人的知识经验在对事物进行感知的过程中起着重要作用。表现在知识经验越丰富，对事物的理解越透彻；一个内行比外行所能知觉的要多得多；知识经验还能使知觉更正确、更清晰。另外，词在知觉理解性中有重要作用，它有助于对知觉对象的理解，使知觉更迅速、更完整。我们可以用图来加以说明，如图 3-13 所示，图上画的只是一些线条和斑点，我们凭过去的经验可能一时看不出是什么，但当“雪地里的狗”这句话一出现时，我们就会恍然大悟。在我们解题过程中的提示，往往起的就是这样的作用。

图 3-13　知觉的理解性

(四)知觉的恒常性

当知觉的客观条件，如距离、角度、光线等在一定范围内改变时，我们的知觉映像在相当大的程度上保持恒定不变，这就是知觉的恒常性。例如，从不同的角度看某教室的门，门在视网膜上的成像是不同的，可能是长方形、平行四边形，也可能就只看到门的一个侧边，但我们还是按门的原有形状去感知它，这就是知觉恒常性的表现，如图 3-14 所示。再如，白灰在阳光下和月光下看，但我们仍认为它是白色的；而煤块在阳光下和月光下，亮度是不一样的，但我们仍认为它是黑色的。知觉的恒常性主要受人的知识经验的影响，它对于人的正常生活和工作有重要意义。

图 3-14 知觉的恒常性

第三节 中小学生观察力的培养

一、中小学生观察力发展的特点

观察是有目的、有计划、持久的、有思维参与的高级感知觉过程。人们通过观察，可获得丰富的感性材料，并在此基础进行深入思维，达到理性认识，从而对事物本质和规律进行认识。观察力是感知能力的核心和重要表现，其发展水平直接影响着学生的学习，也与思维能力等其他心理的发展息息相关。所以学生观察力发展的特点在某种程度上代表了其感知能力发展的总体趋势。

(一)小学生观察力发展的特点

1. 观察的目的性逐渐增强

初入学的小学生，其观察的目的性较弱，他们一般还不会独立给自己提出观察任务，也不能很好地排除干扰，观察事物比较随意，抗干扰能力差，集中注意时间短，观察的差错较多。所以他们经常写错别字、多写或漏写笔画。中高年级小学生会有所改善，但提高不多。

2. 观察的精确性逐渐提高

低年级小学生观察的精确水平很低，他们观察事物不细心、不全面，常常笼统、模糊，只能说出客观的个别部分或颜色等个别属性，不能表述细节，所以他们看汉字，看到的只能是一幅图画，不能细致地观察到汉字的组成部分——每个基本笔画的具体特点和位置关系。通过分析讲解每个笔画的特点和位置关系，可以提高学生细致的观察力。中年级学生观察的精确性明显提高。高年级小学生的观察略优于中年级小学生。

3. 观察的顺序性逐渐系统

低年级小学生观察事物凌乱，不系统，没头没尾，看到哪里算哪里，中高年级小学生观察的顺序性有较大的发展，一般能系统观察，能从头到尾边看边说，而且在表述前往往能先想一想再表述，即能对观察到的材料进行加工，使观察到的内容更加系统化。

4. 观察的概括性和深刻性逐渐提高

低年级小学生对所观察的事物难以从整体上做出概括，他们往往较注意事物表面的、明显的、无意义的特征，看不到事物之间的关系，更不善于揭露事物的有意义的本质特征。中年级小学生观察的深刻性有较大的提高。随着抽象思维的发展，高年级小学生观察的深刻性更有显著发展，表现为观察力中的分辨力、判断力和系统化能力有明显提高。

(二)中学生观察力发展的特点

1. 观察的目的更明确

中学生能使观察服务于一定的目的，并持续较长时间。但他们的观察目的仍有很大一部分依赖成人的要求，带有被动性。

2. 观察的时间更持久

中学生随着年龄的增长和注意力的发展，在观察的目的性、自觉性方面明显提升。

3. 观察的内容更精细

随着年级的增长，中学生比小学生在观察精确性、完整性和系统性方面有明显提高。这是中学生对观察对象本质属性的理解不断深化、语言表达能力不断增强的结果。

4. 观察的角度更概括

研究表明，八年级是观察力概括性发展的一个转折点。

二、培养中小学生观察力的方法

良好的观察力是创造型人才的重要标志，而人的观察力并不是天生的，而是在实践活动中培养和发展起来的。我们教育的一个重要的任务就是让学生学会学习，培养他们的观察能力。

(一)明确观察目的和任务

1. 教师给学生提出明确的观察目的和任务

提出明确的观察目的和任务是良好观察的前提条件。如果一个人的观察没有明确的目的性和计划性，就不能很好地组织自己的注意力，更不能有效地控制自己的注意力，因为观察是需要耐心和毅力的。观察的目的越明确具体，越有一定的计划性，观察的效果就越好；反之，就会对观察的事物熟视无睹，不能看出事物之间微小的差别，更不能全面地掌握事物各方面的特征。小学低年级学生不善于主动地提出观察目的和任务，如果教师只提出“好好看”“仔细看”之类的笼统的要求，收效并不大。要使学生明确观察目的和任务，只有教师细致具体地引导，如问“这是什么地方？人物面部表情如何？”等，才能使学生的注意指向观察对象，进行全面、细致的观察，才能收到预期的效果。

2. 教师培养学生主动提出观察目的和任务的能力

对于小学高年级及中学生，教师要有计划地培养学生主动地给自己提出观察目的、任务的能力。发展学生观察的主动性，而不是处处依赖教师的引导。当然，开始教师可以先提出总的要求，让学生自己设计观察步骤，然后再过渡到学生自己独立地提出目的、任务，并进行独立的观察。

(二)丰富学生知识储备

一个知识丰富的人要比一般的人在同一事物上能多看出更多问题。观察力的高低与学生的知识面有关，看到同样一个现象，有的学生能说出很多，有的学生却说不上几句。观察依赖知识储备。如果学生对要观察的事物缺乏必要的了解，就不知从何入手进行观察，也不能产生观察的兴趣，从而影响观察的效果。只有理解了的东西才能更好地感知它。因此，教师组织学生观察或参观之前，要向学生介绍相关的知识，在初步了解的基础上进行观察，才能达到深入了解的目的，否则走马观花，收效不大。所以，在孩子小的时候，家长就要多给他讲故事、看书，并教给他一定的生活经验。丰富的知识、经验不仅能使人深入地思考，而且能够使人更精确地去感知、观察事物。

(三)学习观察方法，培养观察技能

1. 观察要有步骤、有计划地进行

观察的步骤对整个物体来说，是先由整体到部分，再由部分到整体。对各部分的观察也要有一定的步骤，即从上到下、从左到右或由表及里，这样才能做到全面、精确、细致的观察。观察的计划是要明确为什么观察，在什么时间、什么地点观察什么等问题。例如，一位语文教师为了让学生写好以“春天”为题目的作文，先组织学生“忆春天”；然后在初春时，带学生“找春天”——冰雪开始融化，树枝和小草开始发芽；再过几周带学生“看春天”——冰河完全融化，碧波荡漾，鸟语花香，田野里人们开始播种；最后回来“写春天”。这样有计划的训练，大大地促进了学生的观察力和写作能力。

2. 运用多种感官，勤于思考

在观察中，要把视觉、听觉、嗅觉和运动觉等多种感官结合起来，做到观其形、辨其色、闻其声、触其体、嗅其味。只有这样才能获得丰富全面的信息，提高观察的敏锐性和深刻性。在此基础上引导学生，根据观察的目的、任务，对观察到的事物的具体的个别特征，进行思维分析、综合，进而揭露事物的本质和内在联系。古今中外，许多创造发明都是观察与思考结合的成果。观察春天，启发学生思考：季节的更替，以及春天与生命活动的关系等规律性的东西。这不仅有利于学生观察力的培养，也有利于学生思维能力的发展。

3. 培养观察兴趣，激发观察的主动性

孩子的好奇心特别强，新鲜的事物很容易引起他们的注意，喜欢提问，这是我们培养孩子观察力的最佳契机，但他们的注意力、观察力的稳定性较差，很难维持较长时间，这需要家长有意识地加以帮助和引导。例如，孩子拿到新玩具喜欢拆，家长切不可简单粗暴地加以阻止，而应引导他们学会边拆边观察每一部分的结构特点，然后再组装起来，让孩子学会观察。家长还可以有意识地提出问题让孩子观察，如冰糖放到温水里到哪里去了呢？让孩子满怀好奇心地去观察，每次观察既满足了好奇心，渐渐地又会使孩子对观察实验活动产生浓厚的兴趣。但是，观察活动有时是枯燥的，特别是单调的、变化慢的、需要长时间连续观察的事物，孩子即便开始有兴趣，也往往会半途而废，这时家长的鼓励和表扬就显得尤为重要。“表扬”时如果不论好坏一味夸好，这样就会给孩子留下“表扬不值钱”的印象，起不到鼓励的效果。当孩子有进步时，我们一定要毫不吝啬地给予表扬，这会对孩子的观察热情产生巨大的推动作用。

4. 让学生学会比较的方法

观察的精确性是观察力的重要品质之一。只有观察细致，才能发现细微差别，以及隐蔽的特征和复杂事物之间的关系。有比较，才有鉴别。比较是对两种或两种以上同类的事物辨别异同，即在相似的事物中找出它们的不同点，在似乎无关的事物中发现它们的联系。例如，学生在学习三角形的面积时，教师引导他们观察三角形、矩形、平行四边形，并进行比较。结果学生发现，任何一个平行四边形都可以看成是由两个相等的三角形构成的，任何一个矩形都可以看成是由两个相等的直角三角形构成的，任何一个三角形都可以看成是平行四边形的二分之一，任何一个直角三角形都可以看成是矩形的二分之一。这样通过比较得出的三角形面积公式，不仅便于理解和记忆，也促进了学生观察力的发展。

5. 观察时要运用言语

言语这种第二信号系统活动参与观察，有利于更好地对事物进行分析和概括，同时通过言语活动，还可以把所观察到的结果保存起来，并纳入已有的知识系统之中。

(四)重视对观察结果的处理

在教学中，要注意引导学生将观察的结果用言语进行表述。人的知觉形象通常是用词来表示的，是与词密切联系的。词本身具有概括的特性和揭示事物本质特征的属性，通过词可以把所观察的事物同化进已有的认知结构中。因而，将观察的结果以语言的形式进行表述，就能更好地对事物进行分析与概括，提高观察的质量。可以让孩子写观察日记，在一次观察活动结束后，训练孩子写观察日记，把这次观察的过程记录下来，包括观察了什么、用什么方法进行的观察、有哪些发现等。坚持写观察日记，不仅可以提高孩子的观察力，还可有效地训练孩子的思维能力、语言表达能力，促进其智力的全面发展。

(五)养成持之以恒的观察习惯

马克思主义哲学告诉我们：运动是物质的根本属性。世界上的一切事物每时每刻都处在运动变化之中。因此观察不能只从静态的角度进行，还要从动态的角度进行，只有对事物的发展变化进行跟踪观察，才能掌握事物的特点和规律，这就需要在较长时间内持之以恒的观察。另外，持之以恒的观察，还能够培养学生的观察兴趣和观察习惯，对学生观察力的提高也会有很大帮助。这一点比观察本身的收获更为重要。

总的来说，培养一个人的观察力必须从儿童做起，让孩子从小学会观察的方法，掌握观察的策略，接受更多的外部刺激。这样从小的方面来看有利于孩子智力的发育，从大的方面来看有利于整个社会的发展。

思考与练习

一、选择题

1. 在张老师组织的百人大合唱中，如果增加一至两个人，小红感觉不到音量的变化。如果增加到十个人左右时，小红就能明显地感觉到音量的变化。这种刚刚能使小红感觉到音量变化的最小差异被称为(　　)。

A. 绝对感觉阈限　　B. 绝对感受性

C. 差别感觉阈限　　D. 差别感受性

2.“入芝兰之室，久而不闻其香”属于感觉的(　　)现象。

A. 同时对比　　B. 后像　　C. 适应　　D. 继时对比

3. 明适应与暗适应有不同的特点，下列表述正确的有(　　)。

A. 明适应使视力降低，暗适应使视力提高

B. 明适应使视力提高，暗适应使视力降低

C. 明适应需要的时间长，暗适应需要的时间短

D. 明适应需要的时间短，暗适应需要的时间长

4. 当孩子看到鲜艳的紫色的大樱桃时，下列所说的话中最直接体现“知觉”活动的是(　　)。

A. 我要吃　　B. 真甜

C. 颜色好漂亮　　D. 哇，大樱桃

5. 在英文阅读中遇到生词时，教师一般要求学生联系上下文猜测词义，而不是急于查字典。这体现了知觉的(　　)。

A. 整体性　　B. 理解性　　C. 选择性　　D. 恒常性

二、问答题

1. 生活中的俗语“人不可貌相，海水不可斗量”说的是什么意思？你是怎样理解

的？对我们今后的教学有何启示作用？

2. 举例说明在现实生活中的错觉现象。你认为怎样利用错觉为我们的生活服务？

选择题参考答案：1. C　2. C　3. AD　4. D　5. A

拓展与延伸

谢明. 感知觉统合的理论与实践[M]. 天津：新蕾出版社，2017.

第四章　记　忆

学习目标▶

1. 能够初步辨别学生在不同学习情境中的记忆的种类及特点。

2. 能够有意识地利用记忆的规律组织教学，提高学生的学习效果。

3. 在学科教学中，能够有意识地对学生进行记忆力的训练并努力提高学生的记忆力。

知识导图▶

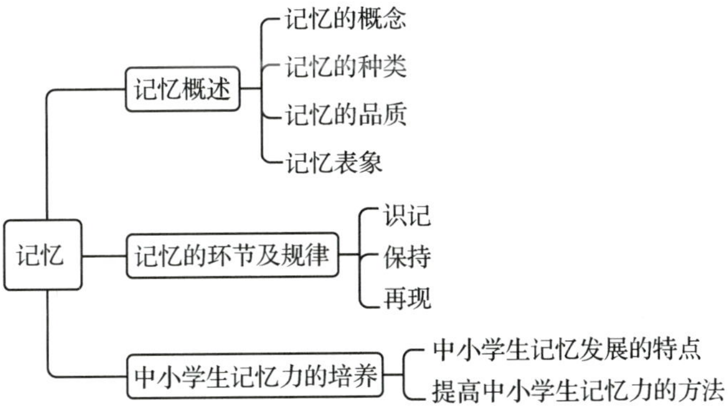

记忆力是人类与生俱来的自然属性，是我们每个人保存和积累个体经验的过程。记忆作为一种基本的心理过程，和其他心理活动有着密切的联系。在知觉中，如果没有记忆的参与，人就不能分辨和确认周围的事物。在解决复杂问题时，由记忆提供的知识经验起着重要作用。我们从事的任何一种活动都离不开记忆，如学生需要凭借记忆才能获得知识与技能，增长才干。因此，作为智力的重要因素之一，记忆连接着人们心理活动的过去和现在，是人们学习、工作和生活的基本技能。

第一节　记忆概述

一、记忆的概念

(一)什么是记忆

记忆(memory)是人脑对过去经历过的事物的反映。从信息加工的观点来看，记忆就是人脑对所输入的信息进行编码、储存和提取的过程。人们在生活实践中经历过的事物，如感知过的事物、思考过的问题、体验过的情感、从事过的活动等都会在头脑中留下或多或少、或深或浅的痕迹，在一定条件下一部分痕迹还会以各种形式在头脑中重新出现，这个过程就是记忆。

记忆与感知觉不同，感知觉是对当前直接作用于感觉器官的客观事物的反映，它相当于信息的输入，离开了当前的客观事物，感知觉也就不复存在了；而记忆是一种比感知觉更为复杂的心理过程，它总是指向过去，是对经历过的信息进行主动编码、储存和提取的过程。例如，很长时间没见面的老同学，即使现在不在面前，我们仍然能够想起他的一颦一笑、一举一动，当再次见到他时也能认得出来，这就是记忆。

(二)记忆的基本过程

记忆从字面意思来看，是由“记”和“忆”两个方面构成的。可见，记忆不只是储存，它还包含识记、保持、再现(再认或回忆)三个基本过程。记忆的这三个基本过程，恰好可以与计算机的信息加工过程相类比，即信息的编码、储存和提取。

1. 编码—识记

编码是记忆的第一个基本过程，它把来自感官的信息变成记忆系统能够接收和使用的形式，相当于识记过程。有时，对于刚刚介绍给你的人，转瞬间就忘了他的姓名，是因为你忙着和他寒暄，没有注意去记，也就是没有来得及将他的姓名编码就转入谈话了。编码的强弱直接影响信息在头脑中保持时间的长短。当然，也有另外一种情况，假如你无意间目睹了一场车祸的发生，尽管你没有注意，那个可怕的情景也会长期保存而不能忘掉，即强烈的情绪体验会加强记忆效果。总之，如何对信息进行编码直接影响到记忆的储存和提取。一般情况下，对信息采用多种方式编码会收到更好的记忆效果。

2. 储存—保持

储存是将已经编码的信息以一定的形式保存在头脑中，相当于保持过程。储存的时间可长可短。信息的保存并不都是自动的，在大多数情况下是一个主动加工的过程，为了日后的应用，我们必须想办法努力地将信息保存下来。即便如此，已经储存的信息还可能受到破坏，出现遗忘。

3. 提取—再现(再认或回忆)

提取是指从记忆中查找已有信息的过程，是记忆过程的最后一个阶段，相当于再现过程。保存在记忆中的信息，只有被提取出来加以应用才是有意义的。提取(再现)有再认和回忆两种水平。

二、记忆的种类

(一)根据记忆内容的不同，记忆可以分为形象记忆、动作记忆、情景记忆、情绪记忆和逻辑记忆

1. 形象记忆

形象记忆也称表象记忆，是以感知过的事物形象为内容的记忆。形象记忆保持的是事物的感性特征，具有鲜明的直观性。例如，我们看到的一幅画、听过的一首乐曲、闻过的一种气味的记忆都属于形象记忆。根据各个感觉通道在记忆过程中占主导地位的不同，形象记忆分为视觉记忆、听觉记忆、嗅觉记忆、味觉记忆、触觉记忆等。正常人的视觉记忆和听觉记忆通常发展得较好，在生活中起着主要作用。虽然一般人的嗅觉记忆、味觉记忆、触觉记忆等也都有一定程度的发展，但从一定意义上来讲，我们可以把这些称为职业形式的记忆，因为只有从事某种特殊职业的

人由于职业需要，这些记忆才得到独特的发展，如按摩师、品酒师、厨师等。而对于缺乏视觉记忆、听觉记忆的人，如盲人或聋哑人，其嗅觉记忆、味觉记忆、触觉记忆等也会得到惊人的发展以弥补视觉记忆和听觉记忆所造成的不足。

2. 动作记忆

动作记忆也称运动记忆，是以做过的运动或动作为内容的记忆。例如，对体操、舞蹈、开车等动作的记忆都属于动作记忆。动作记忆是生活、运动、劳动技能形成及熟练的基础，对形成各种熟练的技能技巧是非常重要的。动作记忆的特点是：识记时较慢，但记住后容易保持，不易遗忘。在动作记忆中，大肌肉的动作不易遗忘，小肌肉的动作则易遗忘。例如，学会骑自行车的人虽然长期没有骑车，但动作技能大体不会忘，练习一段时间后就会熟练如初。

3. 情景记忆

情景记忆又称情节记忆，是以个人亲身经历的、发生在一定时间和地点的事件或情景为内容的记忆。例如，我们在电影院看过电影的记忆、我们到某地游玩产生的有关记忆都是情景记忆。情景记忆具有情境性，与自我体验密切相关，所以受到一定时间和空间的限制。信息的储存容易受到各种因素的干扰，因此记忆不够稳定，也不够确定。

4. 情绪记忆

情绪记忆也称情感记忆，是以曾经体验过的情绪或情感为内容的记忆。例如，我们对第一天上大学时愉快心情的记忆就属于情绪记忆。情绪记忆的印象有时比其他记忆的印象表现得更为持久、深刻，甚至终生不忘，如“洞房花烛夜”“金榜题名时”等愉快情绪，“一朝被蛇咬，十年怕井绳”“谈虎色变”等恐惧情绪。情绪记忆的作用具有两面性，它既可以鼓舞人的意志，成为人们活动的动力，也可以削弱人的意志，成为人们活动的阻力。

5. 逻辑记忆

逻辑记忆又称语词—逻辑记忆或语义记忆，是以语词、概念、原理和逻辑关系为内容的记忆。例如，我们对感觉、知觉的概念和规律的记忆都属于逻辑记忆。逻辑记忆反映的是客观事物的本质和规律，即定义、公式、规律、定理、法则等，这种记忆以抽象逻辑思维为基础，随着抽象思维的发展而发展，具有高度的理解性、逻辑性。逻辑记忆在我们掌握知识的学习中起着主导作用，是人类特有的记忆形式。

（二）根据记忆材料保持时间的长短，记忆可以分为瞬时记忆、短时记忆和长时记忆

1. 瞬时记忆

瞬时记忆也称感觉记忆或感觉登记，是指当作用于感觉器官的客观刺激停止作用后，它的映像能在脑中保留一瞬间的记忆。瞬时记忆的储存时间极短，图像信息储存的时间为 0.25～1 秒，声像信息储存的时间为 2～4 秒，但它却是记忆系统的开始阶段，是信息处理过程的第一站。瞬时记忆最明显的例子就是视觉后像，电影就

是由于视觉后像这种瞬时记忆才使一系列断续的画面被看成是连续的画面的。

瞬时记忆储存的信息是未经任何加工处理的、以感觉痕迹的形式存在的，具有鲜明的形象性特点。虽然瞬时记忆保持的时间非常短暂，但容量较大。一般来说，凡是进入感觉通道的信息都能被登记，几乎没有容量限制。瞬时记忆的内容如果不加以注意，很快就会消失，如果加以注意就转入短时记忆。

2. 短时记忆

短时记忆是指记忆信息在头脑中的保持时间一般为 30 秒左右不超过 1 分钟的记忆。感觉记忆和长时记忆的信息是我们意识不到的，这两种信息只有被传送到短时记忆中才能被检测到，因此，短时记忆也称工作记忆或操作记忆。短时记忆在人们的日常生活、学习和工作中有着重要的意义。我们上课时边听课边记笔记依靠的就是短时记忆。

短时记忆的容量是有限的。米勒通过实验在 1956 年发表了一篇著名的论文《神奇的数字 7±2：我们信息加工能力的限制》，明确提出了短时记忆的容量为 7±2 个组块。后来人们利用数字、单词、字母、无意义音节等各种实验材料得到的结果都和米勒的结果一致。组块，就是记忆的单位。米勒认为，短时记忆容量是以组块来计算的，一个组块可以是一个或几个数字、一个或几个汉字、一个或几个英文字母，也可以是一个词、一个短语、一个句子，甚至是更庞大的组块，这样短时记忆的容量就提高了。例如，呈现一系列的数字"1851192118391937"给被试，让他听一遍或读一遍之后立刻回忆，他只能回忆起 5～9 个数字。但如果把上边的一系列数字分成 1851、1921、1839、1937 这样四个组块呈现给被试，他就很容易使这 16 个数字保持在短时记忆中，使记忆内容的量扩大。由此可见，短时记忆的容量往往不是取决于记忆的项目数，而是取决于其组块数。尽管短时记忆的容量很有限，但组块的大小是可以改变的，因此可以提高短时记忆的广度。研究表明，在汉字材料的组块记忆中，以 4 字组块的记忆效果最好，而数字材料则以 4 字和 6 字组块的记忆成绩最优。

拓展学习

个体的知识经验对组块有着很大的影响

蔡斯和西蒙对象棋大师、一级棋手和业余新手的棋局记忆能力进行了研究。结果发现，对一个随机设置的棋局，大师、一级棋手和业余新手的回忆正确率没有差别；而对一个真实的棋局，大师的记忆准确率为 64%，一级棋手的记忆准确率为 34%，业余新手的记忆准确率只有 18%。研究者认为，之所以产生这种差别是因为在真实的棋局中，高水平的大师和一级棋手可以利用丰富的经验发现和建立棋子之间的关系，形成组块，而在随机摆放的棋局中，大师和一级棋手的经验就很难发挥作用了。由此可见，个体的知识经验对组块有着很大的影响。

短时记忆保持的时间也比较短，一般为 30 秒左右，不超过 1 分钟。短时记忆的信息如果经过复述、运用或进一步加工，就会被转入长时记忆。

3. 长时记忆

长时记忆又称为永久记忆，是指记忆信息在脑中储存超过 1 分钟以上，乃至终生的记忆。从它的信息来源看，大部分是对短时记忆内容的加工复述，也有些信息因印象深刻而从瞬时记忆进入长时记忆。与感觉记忆和短时记忆相比，长时记忆的容量没有限制，有人估计是 50000～100000 个组块。

长时记忆以语义的方式编码，简称义码。例如，给被试呈现洗衣机、狗、运动员、电视机、老虎、演员、电冰箱、羊、主持人、空调等单词，他们在回忆时，往往不是按原来的词出现的先后顺序，而是按其意义加以归类，如家用电器类、职业名称类、动物类等。

瞬时记忆、短时记忆、长时记忆之间的关系可以用下图表示，如图 4-1 所示。

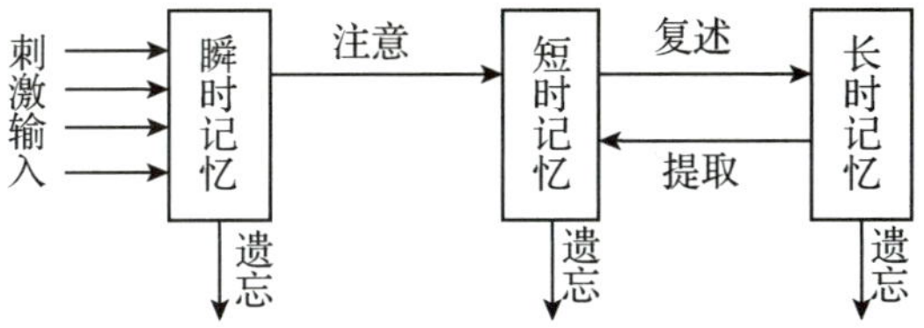

图 4-1　记忆系统模式图

(三)根据获得和提取条件的不同，记忆可以分为陈述性记忆和程序性记忆

1. 陈述性记忆

陈述性记忆是对有关事实和事件等陈述性知识的记忆。陈述性知识即事实类信息，包括字词、定义、人名、时间、概念和观念等。它可以通过语言传授一次性获得。它的提取往往需要意识的参与，如我们在课堂上学习的各种课本知识和日常的生活知识都属于这类记忆。陈述性记忆的记忆内容可用言语表达。

2. 程序性记忆

程序性记忆又称技能记忆，是指我们对如何做事情或如何掌握技能等程序性知识的记忆。它包括对知觉技能、认知技能和运动技能的记忆，通常包含一系列复杂的动作过程。这类记忆往往需要通过多次尝试才能逐渐获得，而且在利用这类记忆时往往不需要意识的参与。例如，骑车、游泳和打网球等，都涉及一系列连续的动作过程，而对于其中各个动作之间的协调配合我们往往只能意会不能言传。即使你是一个骑车和游泳的高手，也不可能精确地描述出在某个时间的某个动作是什么样的。以打篮球做分析，你所知道的规则和方法是储存在陈述性记忆中的，但你擅长篮板和远投，这些运动技巧则储存在程序性记忆中。

（四）根据提取信息时意识的参与程度，记忆可以分为外显记忆和内隐记忆

1. 外显记忆

外显记忆是指个体有意识地或主动地收集某些经验用于完成当前任务时所表现出来的记忆。外显记忆是有意识地提取信息的记忆过程，其突出特点是强调信息提取过程的有意识性，而不是信息识记过程的有意识性。外显记忆能够用语言进行比较准确的描述。例如，有人问你："在众多的心理学流派中，被看作第三势力的心理学流派是什么?"为了回答这个问题，你必须有意识地回忆以前学过的内容，从而得出正确答案"人本主义"。回答这个问题的时候，你完全能够意识到自己搜索答案的过程，这时你使用的就是外显记忆。

2. 内隐记忆

内隐记忆是指在不需要意识参与或不需要有意回忆的情况下，个体的已有经验自动对当前任务产生影响所表现出来的记忆。内隐记忆的特点在于个体并没有意识到它的存在，也没有有意识地去提取，但它却在完成具体操作任务中发挥着作用。例如，我们进商店逛了一圈回来，当时并没有有意识地记住自己看到的东西，但是当事后朋友提起某种货物时，你可能对它有更多的好感，这就是内隐记忆在起作用。

在人的各种实践活动中，不同类型的记忆都是相互联系的。有时需要两种或更多种类的记忆共同参与。不过每个人一般都有占主导地位的记忆类型。

三、记忆的品质

记忆的品质是构成记忆力的稳定因素，是衡量记忆力强弱的重要标准。

（一）敏捷性

记忆的敏捷性指识记速度的快慢，通常以单位时间内记住内容的多少来衡量。能够在较短的时间内记住较多的东西，就是记忆敏捷性良好的表现。记忆的敏捷性存在很大的个体差异，对同一内容，有的人记得快，有的人记得慢。2019 年被评选为"最美奋斗者"的著名桥梁专家茅以升，据说他小时候旁观祖父抄写古文《东都赋》，他的祖父刚抄完，他就能把全文背出来。

（二）持久性

记忆的持久性是指记住的事物所保持时间的长短，它是记忆巩固程度的体现。能够把知识经验长时间地保留在头脑中，甚至终生不忘，这就是记忆持久性良好的表现。有的人能把识记过的内容长久地保持在脑海中，而有的人却能很快地将其遗忘。有些人记忆的持久性是非凡的。例如，马克思能成段地背诵歌德、莎士比亚、但丁和塞万提斯等人的作品；巴金也曾谈到有 200 篇文章一直储存在他的脑子里。

（三）准确性

记忆的准确性是指对所识记的材料记得是否正确，它是记忆的正确性和精确性的体现。有的人对识记的材料能正确无误地加以再现，而有的人在再现时经常出现

歪曲、遗漏、增补或臆测，这是记忆准确性上的差异。我国汉末著名学者蔡邕的著作在兵荒马乱中丢失，他也被杀害了，流传至今的蔡邕的作品，乃是他女儿蔡文姬准确无误地背诵出来，才得以保存下来的。记忆的准确性是记忆的重要品质，如果缺乏记忆的准确性，即便记得再快、再持久，也是没有什么价值的。

(四)准备性

记忆的准备性是指能否根据需要，及时地从记忆中提取所需要的信息。在知识竞赛中，有的人反应很快，有的人反应较慢，虽然他们中不少人都掌握了回答某一问题的有关知识，但在记忆中提取信息的速度却存在快慢的差别，这就是记忆准备性上的差异。

记忆的这四种品质是有机联系、缺一不可的，其在个体身上的表现也是有差异、不平衡的。因此，判断一个人记忆力的强弱，不能单看某一方面的品质，必须同时兼顾这四种品质去全面衡量。

四、记忆表象

(一)记忆表象的概念

表象是指事物不在面前时，浮现在脑海中的关于事物的形象。表象有记忆表象和想象表象两种，我们主要研究的是记忆表象。记忆表象是指感知过的事物不在面前而在头脑中再现出来的形象。朋友的音容笑貌、旅游胜地的自然风光、悦耳动听的美好旋律，不时展现在我们的脑海中或萦绕在我们的耳边，这就是记忆表象。

记忆表象和知觉映像不同。知觉映像是由事物本身直接引起的，而记忆表象是其他事物，特别是在有关词语的作用下引起的。例如，一个熟人当时虽然不在场，可在别人谈到他，或收到他的短信时，你就会在脑中浮现出熟人的形象，即记忆表象。

记忆表象和后像也不同。后像是由刺激作用的后效直接形成的，而记忆表象是记忆的效果，是在再现时引起的；后像一般不受意识的控制，记忆表象通常是有意地回忆起来的；后像的持续时间很短，记忆表象的持续时间可以由意识来控制。

(二)记忆表象的特征

1. 形象性

记忆表象是在感知的基础上形成的，是保持在人脑中的过去感知的形象，因此它具有直观、形象的特点。记忆表象又不同于感知的形象，主要区别在于：感知的形象鲜明生动，而记忆表象的形象较为模糊；感知的形象稳定持久，而记忆表象的形象不稳定，易动摇；感知的形象完整，而记忆表象的形象不够完整，带有片面性。

2. 概括性

记忆表象一般不是一次感知就形成的，而是多次感知的结果。人们多次感知同类或同一物体，但在记忆表象中留下的只是这类事物的主要特征，而非事物的个别特征，这就是记忆表象的概括性。例如，我们关于一元硬币的表象，就是一个概括的形象，而不是我们某一次看到的硬币形象。从这个意义上说，记忆表象接近思维的概念。但是，两者又有所不同，记忆表象概括的是事物的形象，其中混杂着事物的本质和非本质的属性，而思维的概括性是借助词语实现的，反映的是事物的本质属性。

3. 可操作性

记忆表象在头脑中不是凝固不动的，是可以被智力操作的，在头脑中可以被分析、综合，可以放大、缩小，可以移动、翻转。例如，不看时钟，借助记忆表象的可操作性，我们也能比较出 12：04 与 6：35 的时针与分针的夹角哪个大。正因为记忆表象具有可操作性，形象思维和创造思维才成为可能。

(三)记忆表象的种类

1. 根据记忆表象来源的主要感知通道的不同，记忆表象可以分为视觉表象、听觉表象、嗅觉表象、味觉表象、触觉表象、动觉表象等

视觉表象是比较鲜明、最常发生的表象形式。由于人的遗传素质、生活经验以及所从事的社会实践活动等因素的不同，在表象类型上也存在一定的个体差异。一般而言，画家具有较丰富的视觉表象，音乐家具有较丰富的听觉表象，而体操运动员具有较丰富的动觉表象。

2. 根据记忆表象的概括性程度的不同，记忆表象可以分为个别表象和一般表象

个别表象是指对某一特定对象在感知基础上产生的表象，是关于某一个特定的人或物的形象，如自己母亲的表象。一般表象反映的是一类事物共有的、重要的特征，如我们脑中的中年女性形象反映的是中年女性的一般形象。一般表象具有较强的概括性，反映的是同一类事物的一般特点和主要特征。

(四)记忆表象的作用

1. 记忆表象是由感性认识向理性认识过渡的桥梁

人对客观世界的认识是从感性认识开始的。感性认识反映的是事物的具体特征和外部联系，是认识的低级阶段。要完成高级的认识过程，进行思维与想象，即由感性认识向理性认识过渡，必须借助记忆表象。这是由于记忆表象既有与感知相似的直观性，又有与思维相似的概括性，但记忆表象既不是感知觉，也不是思维，而是介于两者之间的中间环节。由于记忆表象的存在，人的认识才有可能摆脱当前事物直接影响的局限，使认识更趋于概括化，从而为思维、想象等心理过程提供感性基础。因此，记忆表象是认识过程的一个重要环节，是由感知向思维过渡的中间环节，是由感性认识向理性认识过渡的桥梁。

2. 表象是记忆的重要内容

人记忆的知识有两类：感性知识和理性知识。感性知识的主要内容是表象，理性知识的主要内容是概念、原理。储存在大脑中的知识大多数是以表象的形式出现的。据研究推测，在人的记忆中表象的信息量与词语的信息量的比例约为 1000∶1，知识的重现也大多以表象的形式进行。

第二节 记忆的环节及规律

记忆是一个复杂且不断变化的过程，包括识记、保持和再现三个基本环节，再现又可以分为再认与回忆两种水平。记忆过程的三个环节是相互联系、相互制约的。识记是保持的前提和基础，没有保持也就没有再认和回忆，而再认和回忆又是检验识记和保持效果的指标。记忆过程中每个环节的进行和效果的取得都会受到多种因素的影响，从而形成自己的特点与规律。

一、识记

(一)识记的概念

识记就是人们识别并记住事物的过程。从信息加工的角度看，识记是信息的输入过程。

(二)识记的种类

1. 根据识记有无明确的目的、是否需要意志努力，识记可以分为无意识记和有意识记

无意识记也叫不随意识记，是指事先没有明确的识记目的，也不需要意志努力的识记。在我们生活中很多识记属于无意识记，如看完一场电影、参加完一次聚会之后，虽然我们事先没有给自己提出什么识记的任务，但电影和聚会的很多情节被我们无意记住了。无意识记具有很大的选择性，只有那些对人的生活有重大意义的、符合人的活动需要的、与人的兴趣密切相连的、有深刻的情绪体验的事物，才容易在头脑中留下较深刻的印象，所以无意识记具有很大的偶然性和片段性，仅通过无意识记难以获得系统的、完整的知识。

有意识记是指有预定的识记目的，并运用一定的方法，有时还需要一定意志努力的识记。例如，对于今天老师上课讲的内容明天要进行考试，学生要想取得好成绩，就要特意地进行复习，这就是有意识记。人类掌握系统的知识，主要靠有意识记来完成，有意识记在学习、工作中占有重要的地位。

2. 根据识记材料有无意义以及对材料是否理解，识记可以分为机械识记和意义识记

机械识记是指识记的材料本身无内在的意义联系，或虽有意义但学习者不理解，仅依靠机械重复的方法进行的识记。例如，记忆人名、地名、电话号码、不理解的公式等在很大程度上靠的是机械识记。机械识记具有被动性，但对学生而言也是非常必要的，如幼儿学习古诗，小学一、二年级的学生背诵乘法口诀，因为局限于个人的知识经验，他们不可能真正理解其中的意义及内在联系，只能进行机械识记，但这些知识对以后的学习是非常重要的。

意义识记是指在理解识记材料的基础上，依靠材料本身的内在联系进行的识记。

例如，在理解的基础上对科学概念、定理定律、计算公式等材料的识记就属于意义识记。意义识记的效果在全面性、准确性、持久性上都优于机械识记。

(三)影响识记的主要因素

识记是记忆过程的开端，是保持和回忆的前提。要想提高记忆的效果，首先必须研究识记的规律，提高识记的质量。研究发现，识记效果与下列因素存在内在的、规律性的联系。

1. 识记的目的性及时间要求

识记的目的性是影响识记效果的首要因素。大量实验表明，有明确目的的识记比无目的的识记效果好，即有意识记的效果要优于无意识记的效果。苏联教学论专家赞可夫曾以成人为被试做实验，他把成人分成甲乙两组读课文，要求甲组尽可能完全地记住课文，而对乙组则不提出任何要求。结果甲组平均记住了课文的 125 个句子，而乙组只记住了 87 个句子，甲组的识记效果明显好于乙组。

识记任务的时间要求也会影响识记的效果。在一个实验中，让被试识记两段难易程度相同的语文材料，事先说明：第一段次日测验，第二段在一周后测验。实际上两段都是在两周后才进行测验的，结果表明，第一段只记住了 40%，第二段却记住了 80%。可见，提出长久识记的要求对识记效果有积极影响。日常经验也证明了这一点，只是为了应付考试的学生，在考试之前突击复习，等考完之后，很快就忘了；为了长久掌握知识去识记，保持的时间也长久。

2. 对记忆材料的理解

在识记过程中，对记忆材料进行理解的识记比不理解的识记效果好，识记效果随着理解的加深而提高，即意义识记的效果要优于机械识记的效果。

拓展学习

意义识记优于机械识记

下面三组材料都是 42 个字。

(1)共台甫马哈那坤奔他哇劳狄希阿由他亚马哈拉底陆浦改劝辣塔尼布黎隆乌冬帕拉查尼卫马哈洒坦(泰国首都全名)。

(2)旱稻、机车、体育、时间、及格、燃料、可耻、止渴、诊断、开水、看戏、煤油、外衣、公园、母牛、轮胎、自制、打球、公正、木床、相声。

(3)不费劲就能解答的问题，往往很快就忘记了；而那些绞尽脑汁才能解答的问题，能长时间地留在头脑里。

将上述材料依次逐一呈现给学生看，两分钟后要求他们写出记住的字。结果第三组材料测试的成绩最佳，有的人一字不差；第二组材料测试的成绩居中，每人都能写对一部分；第一组材料测试的成绩一塌糊涂。

在上面的拓展学习窗口中，为什么三组数量相同的材料识记的效果大不一样呢？用识记的规律来分析，道理很显然：第三种材料是有内在联系的有意义材料，我们可以在理解的基础上进行识记；第一种材料无内在意义，我们只能靠机械识记；在第二种材料中，虽然每个词是有意义的，但前后不连贯，意义孤立，所以测得的成绩高于第一种材料，但低于第三种材料。这个测验的结果说明意义识记的效果优于机械识记的效果。所以，我们在各门学科的学习上，要尽可能地应用意义识记，加强理解，反对“读书不求甚解”和单纯的死记硬背。

意义识记的效果固然优于机械识记，但也不能因此否认机械识记的作用。儿童的年龄越小，越需要机械识记，因为他们缺乏知识经验，很难找出材料间的内部联系，如让小学低年级的学生复述课文，他们大多数会逐字逐句地背课文，而高年级学生则可以用自己的语言来组织材料进行复述。年龄越大，意义识记越占优势。

3. 识记材料的数量

识记材料的数量对识记效果有很大影响。一般来说，要达到同样的识记水平，材料数量越多，识记所用的平均时间和次数也就越多。所以一次识记的材料不宜过多，一般来讲，数量少的材料适合整体识记，数量多的材料适合分段识记。

4. 识记材料的性质

识记材料的性质对识记的效果也有一定的影响。一般来说，直观形象的材料比抽象的材料的识记效果要好些，视觉的材料比听觉的材料好些，如记忆同样数量的文言文比白话文要慢得多，同样的材料看一遍比听一遍的识记效果要好。此外，有意义的材料比无意义的材料容易识记，有韵律的材料比无韵律的材料容易识记。

5. 主体的情绪状态

主体的情绪状态也是影响识记效果的一个因素。一般认为，积极情绪状态下的识记效果要优于消极情绪状态下的识记效果。

除了上述几个方面，人的主观需要、知识经验、性格特点、能力类型等都对识记效果有一定的影响。

二、保持

（一）保持的概念

保持是经历过的事物在头脑中储存和巩固的过程。保持是记忆系统的中间环节，是再认和回忆的前提。

（二）保持的规律

记忆的保持不是一个消极、静止的状态，而是一个富有变化的动态过程。在这个过程中，主体要对输入的信息加工、编码，旧经验要对新知识主动整合，使识记过的材料在量与质上都产生变化。

1. 保持的量变规律

保持在数量上的变化，一般表现为识记的内容随着时间的推移呈减少的趋势，部分内容提取不出或提取错误，便产生遗忘。例如，对于教师讲课的内容，当天回忆得可能很清楚，但过了一周或一个月后再回忆，可能有很多就都记不住或记不清了。保持在数量上的变化还表现为记忆的恢复。记忆恢复又称记忆回涨，是指识记某种材料，经过一段时间后测得的保持量大于识记后立即测得的保持量。记忆恢复的现象最早是由英国心理学家巴拉德发现的。有研究表明，儿童期的记忆恢复现象比成人更普遍，但随着年龄的增长逐渐趋于消失；学习难度大的材料比学习难度小的材料更容易出现记忆恢复现象；掌握得不够熟练的材料比熟练的材料更容易出现记忆恢复现象。

2. 保持的质变规律

随着时间的推移，不仅记忆的保持量会发生变化，而且记忆内容也会发生变化。保持的内容在质的方面的变化体现了人脑对记忆信息的重构，主要表现在两个方面。一方面，记忆内容中不重要的细节部分逐渐消失，而主要内容及显著特征部分得到较好的保持，从而使记忆内容简略、概括和合理，保证记忆资源得到高效利用。另一方面，记忆内容中的某些特点和线索有选择地被保留下来，同时增加一些特征，使记忆内容成为更加容易理解的“事物”。记忆内容的质的变化，常常受到个人的知识经验、心向、动机等因素的影响。例如，让许多人读一篇关于印第安人和鬼打仗的故事，过一段时间让他们回忆故事，结果，经常阅读鬼怪故事的人对鬼的内容增加了许多细节，而无鬼论者和逻辑性强的人则大大删去了鬼的内容，把故事编得更合乎逻辑。

(三)遗忘及其规律

1. 遗忘的概念

遗忘是对识记过的材料不能再认或回忆，或者表现为错误再认或回忆的现象。遗忘并不是所记忆的信息完全丧失，而是所保持的信息不能在使用时顺利地提取出来。按照信息加工论的观点，遗忘就是信息提取不出来或提取错误。遗忘和保持是两个性质相反的过程，但实质上是同一记忆活动的两个方面，保持住的东西说明没有遗忘，而遗忘的东西说明没有保持住。

遗忘有两种表现形式：暂时性遗忘和永久性遗忘。暂时性遗忘是以前经历过的事物需要再现的时候，一时想不起，但过后能再认或回忆的现象，如提笔忘字；永久性遗忘就是以前经历过的事物永远不能再认或回忆的现象。

人们常常抱怨遗忘是一种不良的心理品质。确实，过于健忘的确是一种不良的心理品质，但一般性遗忘也是一种正常的心理现象。如果没有对次要的或无关内容的遗忘，就不可能有对重要内容或相关内容的记忆；如果没有对错误联系、错误反应及干扰现象的遗忘，就不可能有对错误记忆的纠正及正确记忆的尽快巩固。人们沉浸在美好的回忆中时感觉更好，同时为了减轻心理的不安，人们也能有意识地逼迫自己不去回忆那些引起痛苦体验的事件，或者有意地歪曲它们，使之不再出现。这种有意识地不使某些信息再现的记忆效应被称为有意遗忘(motivated forgetting)。人脑能储存大量有用的信息，也应归功于遗忘。因此，从某种意义上说，遗忘是必要的。但是，我们学过的知识、重要的事情等不想遗忘的东西有时也会遗忘，这就需要研究遗忘的规律，据此有效地去克服遗忘。

2. 遗忘的原因

对遗忘的原因一般有两种解释：消退(decay)和干扰(interference)。消退理论认为，遗忘是记忆痕迹得不到强化而逐渐减弱以致最后消退的结果。这种说法接近常识，容易被人们接受，因为某些物理的、化学的痕迹会随时间的推移而消退甚至消失。干扰理论认为，长时记忆中信息的遗忘主要是因为在学习和回忆时受到了其他刺激的干扰。一旦干扰被解除，记忆就可以恢复。干扰又分为前摄抑制和倒摄抑制两种。前摄抑制是指学过的旧信息对学习新信息的抑制作用，倒摄抑制是指学习的新信息对已有旧信息再现的抑制作用，如当我们最初学习英语单词时，以前学习过的汉语拼音对我们的记忆有干扰作用，这就是前摄抑制；当我们能熟练使用英语单词时，英语单词又对我们回忆汉语拼音有干扰作用，这就是倒摄抑制。

3. 遗忘的一般规律

德国心理学家艾宾浩斯首先系统地对长时记忆和遗忘进行了研究。他的目标是研究“纯”记忆，即既不受个人情绪反应的污染，也不受其他一切以前学过的保存在长时记忆中的知识干扰的记忆。为了消除新学习的材料与记忆中的知识的可能联系，他创造了无意义音节(nonsense syllable)，即一种由两个辅音和一个元音组成的字母串，如 POF，XEM 和 QAZ 等。实验中他自己做被试，大声地朗读一串串无意义音节，并且用节拍器有规律的节奏控制朗读速度，然后再努力地回忆它们。

为了测量遗忘，艾宾浩斯设计了节省法(saving method)，即学习材料到恰能成诵时，间隔一段时间再重新进行学习，达到同样能背诵的程度，然后比较两次学习所用的时间和诵读的次数，就可以得出一个节省值，节省的时间或次数越多，表明记忆保持的信息越多，遗忘量越少。通过下列公式可以计算出记忆节省率(保持率)：

$$\text{节省率(保持率)}=\frac{\text{初学时所用的时间或次数}-\text{重学时所用的时间或次数}}{\text{初学时所用的时间或次数}}\times 100\%$$

艾宾浩斯用无意义音节作为材料，共识记 7 组(每组 13 个音节)材料。初次测试和再次测试的间隔时间分别为 20 分钟、1 小时、9 小时、1 天、2 天、6 天、31 天。测试结果见表 4-1。

表 4-1　不同间隔时间的成绩

间隔时间	重学时节省诵读时间的百分比/%	遗忘的百分比/%
20 分钟	58.2	41.8
1 小时	44.2	55.8
9 小时	35.8	64.2
1 天	33.7	66.3
2 天	27.8	72.2
6 天	25.4	74.6
31 天	21.1	78.9

根据表 4-1 中的数据，以纵坐标为保持的百分比，横坐标为间隔时间，可制成曲线，被称为艾宾浩斯遗忘曲线，如图 4-2 所示。

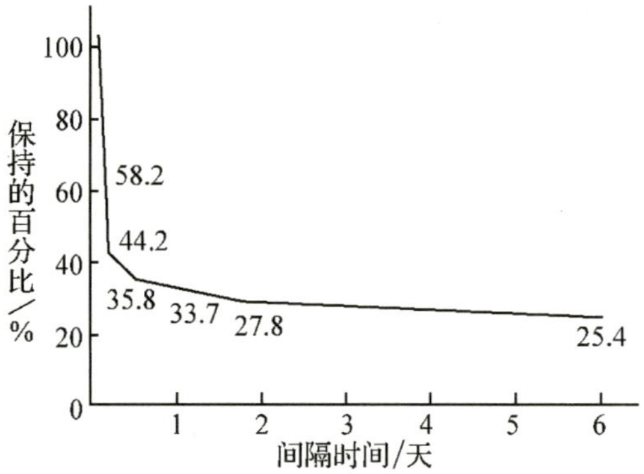

图 4-2　艾宾浩斯遗忘曲线

艾宾浩斯遗忘曲线表明，遗忘在学习之后立即开始，而且在最初的时间里遗忘速度很快，随着时间的推移，遗忘的速度逐渐缓慢下来，经过相当长的时间，几乎不再发生遗忘。由此可见，遗忘是有规律的，即遗忘的进程是不均衡的，遗忘的速度先快后慢，遗忘的数量先多后少，并且到了一定程度就几乎不再遗忘了。

4. 影响遗忘的主要因素

①学习态度。学习者对识记材料的需要、兴趣等，对遗忘的快慢有一定的影响。在个体的生活中没有重要意义、不占主要地位的内容，不能引起个体的兴趣、不符合个体需要的事情，首先被遗忘。而符合个体需要、兴趣的材料，能激起强烈的情绪体验，在个体工作、学习、生活中具有重要意义的材料，一般不易被遗忘。经过人们的努力、积极加以组织的材料遗忘得较慢，而单纯地重述材料，识记的效果较差，遗忘得较快。

②学习材料的性质。有意义的材料比无意义的材料遗忘得慢，形象、直观的材料比抽象的材料遗忘得慢，比较长的、难度较大的材料遗忘得快，熟练的技能遗忘

得慢，如图 4-3 所示。

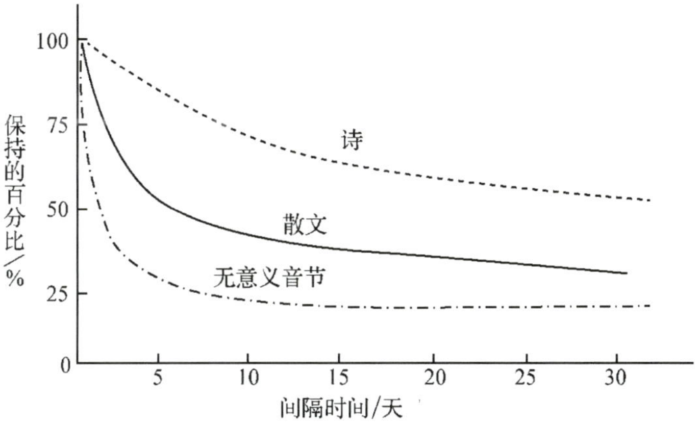

图 4-3　不同性质材料的遗忘曲线

③学习程度。学习程度对保持和遗忘有较大影响。一般把学习程度分为三级：低度学习（识记后达不到背诵的标准）、中度学习（识记后恰能背诵）和过度学习（识记后超过刚能背诵的程度）。在一定限度内，学习程度越高，保持效果越好。当过度学习程度达到 150%时，记忆效果最好。德国心理学家克鲁格研究了各种过度学习与记忆的关系，如图 4-4 所示。他让被试识记 12 个名词，学习程度分别为 100%、150%、200%，并在 1 天至 28 天后测其保持量。实验结果表明，过度学习超过 150%以后，记忆效果不再有显著增长。可见，把握好过度学习的“度”，是非常重要的，既能避免遗忘，又不浪费精力和时间。

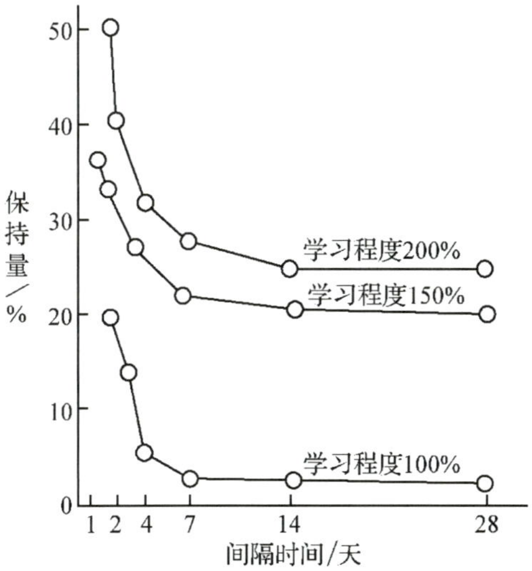

图 4-4　不同学习程度的学习材料保持量的比较

④材料在序列中的位置。识记材料的序列位置不同，遗忘的情况也不一样。一般是排列在序列首末两端部位的材料容易记忆，不易遗忘，而排列在中间部位的材

料则容易遗忘。例如，学习一篇课文，一般总是开头和结尾部分容易记住，而中间部分则容易遗忘，这主要是受到了前摄抑制和倒摄抑制的影响。课文的开始部分只受倒摄抑制的影响，不受前摄抑制的影响；结尾部分只受前摄抑制的影响，不受倒摄抑制的影响；中间部分则受两种抑制的影响，因而最容易发生遗忘。

⑤记忆任务的长久性。一般来说，长久的识记任务有利于记忆的保持而不易遗忘。日常生活中人们都有这样的体验，只要求临时记住的材料，保持的时间就很短，容易遗忘；而要求长期记住的材料，就不易遗忘。这一点也得到了实验的证实。在一项实验中，主试将甲、乙两种难度相当、字数相近的短文写在黑板上，待学生背出后把两篇文章擦去，然后宣布第二天检查甲文，一周后检查乙文。但实际上甲、乙两文同在两周后检查。结果发现，学生对乙文的保持率为 80%，而对甲文的保持率为 40%。

⑥识记的方法。以理解为基础的意义识记比机械识记的效果好得多。

三、再现

再现即信息的提取，是记忆过程的最后一个环节。它有再认和回忆两种水平，再认和回忆没有本质上的区别，只有保持程度上的不同。一般来说，再认比回忆要容易、简单些，能回忆的，一定能再认，而能再认的，却不一定能回忆。

(一)再认

1. 再认的概念

再认是指过去经历的事物再度出现时，人能够识别和确认出来的过程。例如，我们能够认出过去交往过的人、学习过的公式、看过的风景等。

2. 影响再认的主要因素

①原有经验的巩固程度。如果过去的经验很清晰、准确地被保持，当再次出现时，一般能迅速、准确地予以确认。如果过去的经验已经出现了泛化现象，就容易出现再认错误。

②原有事物与重新出现时的相似程度。相似程度越高，再认越迅速、准确；相似程度越低，再认越困难、缓慢，出现再认错误的可能性越大。

③个性特征。个性特征不同，人的心理活动速度和行为反应的快慢也不同。心理学家曾通过实验证实，独立性强的人和依附性强的人的再认有明显的差异。

当再认出现困难时，人们常常要寻找再认的线索，通过线索达到对事物的再认。线索是再认的支点，个别部分的出现可能唤起对整体的再现。例如，再认一个人时，他的性格、姓名、面貌、举止、腔调、职业等都可以成为再认的线索，认出其中的一部分，就有助于对这个人的再认。

再认有时会出现错误，对熟悉的事物不能再认或认错对象。出现错误的原因是多方面的。例如，接收的信息不准确；对相似的对象不能分化；有时错误是情绪紧张或病理原因等造成的。

拓展学习

真实的谎言——法庭作证的可信度

法庭判案重视人证和物证。一直以来大家都认为目击证人依据记忆所做的证词是可信的。但事实真的如此吗?

1979 年的夏天对彼那德神父来说，是难以忘记的痛苦经历。他涉嫌参与了美国惠明顿地区的几件持械抢劫案。尽管在整个审讯过程中，他都坚持称自己是无辜的。然而有 7 名目击者指证了彼那德神父是那个“儒雅的歹徒”，因为抢劫者举止文雅，衣着得体。万幸的是，真正的抢劫者在关键时刻自首了，神父才终获清白。为什么彼那德神父会差点被误判? 实际上这两个人的长相并不是很像，然而有一些因素使得目击者的记忆和判断出现了偏差。

从 20 世纪 70 年代以后的心理学研究结果看，法庭作证的可信度不高。为了证明当时所见与事后所记的不一致现象，近年来心理学家做过很多实验研究。当前心理学的应用研究在法律中受到重视，心理学家的研究贡献是主要原因。

(二)回忆

1. 回忆的概念

回忆是指经历过的事物虽不在面前，但个体能在头脑中把它重新呈现出来，并对其加以确认的过程。回忆是记忆的最高表现，是比再认更为复杂的一种恢复经验的形式。

2. 回忆的种类

根据回忆时是否有预定的目的和意志努力的程度，回忆可以分为无意回忆和有意回忆。

①无意回忆。无意回忆是指没有预定目的，也不需要意志的努力，自然而然发生的回忆。例如，有时偶然想起某件往事，有时“触景生情”或“睹物思人”，有时“想入非非”，这些都是无意回忆。

②有意回忆。有意回忆是指事先有预定目的，并且常常需要一定的意志努力的回忆。例如，课堂上学生回答教师的提问、考试时的苦思冥想都是有意回忆。

根据是否需要中介性联想的参与，有意回忆可以分为直接回忆与间接回忆两种。

直接回忆是指不需要中介性联想的参与而产生的回忆。例如，我们看到 4×4，立刻就想到 16；看到“π”，立刻就想到 3.14159。这种回忆仿佛是突然在脑中产生的，而且个体并不能清楚地意识到是如何想起来的。直接回忆产生的先决条件是对回忆的事物十分熟悉。

间接回忆是指在中介性联想的参与下实现的回忆。例如，对部分遗忘的物理公式或数学公式的回忆，往往需要许多中介性联想的参与，如通过回忆有关的实验、图表、有关的例题及做过的练习题等。间接回忆有时需要很大的意志努力，并在积极的思维参与下才能实现，这种回忆又叫追忆。

3. 影响回忆的主要因素

在生活中常常有许多记忆信息不能被回忆，主要是因为受到一些因素的干扰，如旧的知识经验和主体的情绪状态等，使信息的提取失败，但记忆中信息间的联系依然存在。所以要想提高回忆的速度和准确性，就需要借助一些特殊的提取线索，如何寻找线索、寻找怎样的线索直接影响回忆的效果。

①编码信息联系的紧密程度。在长时记忆中，信息经常是以语义方式组织的，因此与信息意义紧密联系的线索，往往更有利于信息的提取。例如，我们都有这样的经历，当故地重游时会想起许多往事，甚至触景生情。我们之所以浮想联翩，往日情形依稀可辨，是因为故地的一草一木都紧密地与往事联系在一起，它们激发了人们对昔日的回忆。然而在另一个时间和地点，即使看到同样的草木，也会视而不见，没什么联想出现。又如，当突然遇到一位老同学却想不起他的名字时，我们常常会有意识地去想他曾经常与谁在一起、他有什么习惯等，即努力地寻找有关的线索。

②情境和状态的依存性。一般来说，当努力回忆在某一环境下学习的内容时，人们往往能回忆出更多的东西。因为事实上，我们在学习时不仅将要记的东西予以编码，也会将许多当时的环境特征编入长时记忆。这些环境特征在以后的回忆中就成为有效的提取线索。环境的相似性有助于或有碍于记忆的现象，叫作情境依存性效应。一项研究表明，让学生在一个房间里学习，并在同一个房间测试，其记忆效果比在别的房间接受测试要好。尽管情境依存性效应并不总是很强，但对某些学生来说，在考试的教室里复习会对成绩有所帮助。

③主体的思维灵活性。思维要有灵活性，当依靠某一线索不能重现时，我们应及时改用其他线索进行重现，同时还要在众多线索中善于找出和解决问题有必然联系的线索。即主体应善于发散思维，善于联想，充分利用中介事物，利用中介事物多方面的联系去寻找线索。

④主体的主观状态。首先，主体的情绪状态和学习内容的匹配也影响记忆。例如，在一项研究中，让一组被试阅读一篇包含各种令人高兴和令人悲伤事件的故事，然后在不同条件下让他们回忆。结果显示，当人感到高兴时，回忆出来的更多的是故事中的快乐情境，而在悲哀时则反之。已有研究表明，心境一致性效应既存在于对信息的编码中，也存在于对信息的提取中。一般来说，人们常会因故事中主人公的悲哀而悲哀，因主人公的死里逃生而激动不已，情绪上的共鸣促进了与情绪有关的信息的加工。其次，主体的毅力和求索精神也直接影响回忆的进行。

第三节 中小学生记忆力的培养

一、中小学生记忆发展的特点

(一)小学生记忆发展的特点

1. 小学生的有意识记随年龄的增长明显增强

从以无意识记为主转变为以有意识记为主，是小学生记忆质的发展的第一个特点。刚入学的小学生无意识记占主导地位，他们记忆的目的性较弱，对一些有趣的事情能很好地记住，而对老师交给的学习任务却常常忘记。老师叫背课文他才去背，老师叫记单词他才去记，缺乏记忆的自觉性。但是，学习是有目的、有计划的活动，小学生不能只学习自己感兴趣的东西，还需要学习一些不一定感兴趣但也必须掌握的知识。在这样的条件下，小学生的有意识记就逐渐发展起来了。从小学三年级起，小学生的有意识记逐渐取代无意识记并占主导地位。小学高年级的学生识记的自觉性有了进一步的提高，他们不仅能努力去识记记不住或难记的东西，还能主动地检查识记的效果。

2. 小学生的意义识记迅速发展

从以机械识记为主转变为以意义识记为主，是小学生记忆质的发展的第二个特点。小学低年级学生更多运用机械识记的方法，但随着学生年级的升高、知识经验的丰富，意义识记所占的比例越来越大。到了三、四年级，小学生的识记方法从机械识记占主导地位向意义识记占主导地位发展。在小学阶段，机械识记和意义识记的效果均随着年龄的增长而提高。在小学生学习的过程中，机械识记和意义识记都是必需的。

3. 小学生的抽象逻辑记忆水平逐步提高

从具体形象记忆向抽象逻辑记忆的方向发展，是小学生记忆质的发展的第三个特点。小学低年级学生对事物的具体形象容易记住。但是学生入校以后，虽然仍需要记忆一些具体的事物或形象，但对于抽象材料的记忆任务越来越重，这是学习活动的客观要求，也是促使小学生的记忆水平向抽象逻辑方面发展的一种动力。所以，小学生记忆的主要方式是形象记忆。到了中高年级，学生掌握的词量不断增加，他们的抽象记忆逐渐占主导地位。但对小学生来说，他们在记忆抽象的材料时，主要还是以事物的具体形象为基础，即形象记忆仍起着重要作用。

(二)中学生记忆发展的特点

1. 有意识记占主导地位

中学生能自觉地、独立地提出较长远的识记任务，选择相应的识记方法，自我检查识记效果，总结经验教训，提高记忆水平。尽管中学生的有意识记占主导地位，但无意识记仍是不可缺少的，许多东西是通过无意识记获得的。

2. 以意义识记为主要识记方法

意义识记是借助思维的力量，在理解事物意义和本质的基础上进行的识记。随着思维的成熟和语言的发展，意义识记成为中学生主要的记忆方法。

3. 抽象记忆占优势

随着语言和抽象思维的发展、学习内容的加深，学生要掌握大量科学概念，抽象记忆也随之发展起来，并在中学阶段居于优势地位。

二、提高中小学生记忆力的方法

记忆是信息加工的前提，是一切智力活动的基础，记忆力是中小学生的一种重要能力，对学生的学习和发展有着重要作用，因此教师在教育教学中要根据中小学生记忆发展的特点、学习内容和记忆力规律，采用一定的方法和策略对其进行培养和训练，从而促进中小学生记忆力的发展与提高。

(一)加强学习目的的教育

进行学习目的的教育，是培养学生记忆力的首要条件。学生只有明确了为什么而学后，才能自觉学习，主动去记，积极思考。在教学过程中，教师要以学习目标为导向，学生要以学习目标为引领，知道课堂上应当“记什么”“怎样记”和“为什么要记”。在教师的引导下，学生的注意、感知觉、思维以及情感过程都处于积极的活动当中，从而不断加深对知识的理解，有效运用有意识记和意义识记，达到良好的记忆效果。

(二)注意教学安排的合理化

1. 要合理安排课程

教师应尽可能避免把性质相近的课程经常安排在一起。例如，不要把文科类课程或理科类课程都连排在一起上，最好做到文科类与理科类课程交叉安排，其间若再插入音、体、美、劳等课程则更好，因为这样能减少由于材料相似性引起的前摄抑制和倒摄抑制对记忆的干扰作用。

2. 要保证课间休息

教师不要延长课堂教学，占用学生的休息时间。因为课间休息几分钟，有利于学生巩固上一节课中记忆活动所留下的“痕迹”，提高保持效果。同时，也有助于减少由于前后课上的记忆材料的间隔时间过短引起的前摄抑制和倒摄抑制对记忆活动的影响。

3. 要适当调节教学进度

教师应控制每堂课的信息投入量，注意避免教学中比较普遍的“信息量越大越好”的错误倾向，这不仅有利于学生课上的消化、吸收，也会因识记材料数量的适当控制而提高识记的效率。

4. 要结合教学内容进行记忆力训练

提高记忆力必须通过实践进行积极的训练。设计科学合理的记忆训练方案，长期开展有针对性的训练，对提高中小学生的记忆能力至关重要。例如，语文课上进行的背诵词语、成语、唐诗宋词、经典文章等文字记忆的训练，就是提高记忆力的直接、有效的方法。再如数学课上进行的数字记忆训练，也可以刺激大脑，使脑细胞活跃起来，增强记忆力。著名的桥梁专家茅以升就经常背诵圆周率，用记忆数字的方法刺激大脑，锻炼大脑的灵活性。

(三)掌握有效的记忆术

记忆术(mnemonics)指为了便于记忆而将信息加以组织的技巧，其基本原则是使新信息同熟悉的已编码的信息相联系，从而便于回忆。科学的记忆方法能增强记忆，防止遗忘，收到事半功倍的效果。常用的记忆术有以下几种。

1. 地点法

地点法又称位置法，是一种传统的记忆术。这种技术在古代不用讲稿的讲演中被广泛使用，而且沿用至今。地点法的原理是将一组熟悉的地点与要记的东西之间建立起联系，主要利用视觉表象，把地点位置作为以后的提取线索。采用什么地点是任意确定的，因人而异。但所选定的位置必须是个人熟悉的场所。例如，在校园中，有一条由书店到图书馆的路线你非常熟悉，我们就可以利用它来识记一系列东西。方法只是在想象中沿着这条路线走，把所要识记的每一件东西和这条路线上的一个确定位置联系起来，建立生动的表象。例如，要记牛奶、鸡蛋、面包、番茄、香蕉和茶叶这六个名字，你可以首先将牛奶和书店联想在一起，可以想象书店门前人很多，挤倒了送牛奶的车，撒了满地的牛奶还有几本书。第二个位置是招待所，可以想象招待所门前有人在卖鸡蛋。然后到了小吃部，可以想象那里摆着各式各样的面包特别诱人。然后，又到了交叉路口，要把番茄和这里联系在一起，可以想象有一辆运菜的车在这里翻倒了，到处都是番茄。然后又到了教学楼门前，看见树上挂满香蕉。最后来到图书馆，发现进门处新添了一个茶座，有各种茶叶，很多同学在那里兴高采烈地招呼你喝茶。要回忆这个词语单时，我们所需要做的只要在想象中走一遍这条路线，把与路线上各个位置的联想恢复起来就行。一般来说，在将地点与要记的东西联系起来时，想象越夸张、越离奇，形象就越鲜明，回忆的效果就越好。

另一种与位置法具有相同的原理，但形式不同的传统记忆术是字栓法(peg word method)。其特点是形象和语言的线索并用。在使用字栓法时，首先要记住一组词，将其作为“栓”，然后将要记的单词或其他材料与字栓一个个地挂上钩。

位置法、字栓法以及其他类似的方法具有一个共同点，这些技术使支离破碎的信息有了组织，在各个地点或字栓与各个要记的项目之间建立联系，经过对材料的深入加工产生了许多额外的线索，这种自我生成的联想过程非常重要。一般来说，这类方法用于记忆讲演的要点、人名、电话号码、外语单词等散乱的信息时非常有效，而且在要记忆的信息很多时效果更好。

2. 韵律法

对一些纯语言的材料，最明显有效的记忆方法是靠韵律(rhythm)去记忆内容，也称口诀法。它在民间和在教学中被广泛应用。例如，你是否能清楚地背出中国农历的二十四个节气？如果不能，你不妨试一试韵律法。首先学会背诵下列四句七绝诗句："春雨惊春清谷天，夏满芒夏暑相连，秋处露秋寒霜降，冬雪雪冬小大寒。"背熟以后，再把每一个字词加以讲解，整个内容就完全出现了。英语中也有类似的做法。例如，为记忆一年四季里有哪几个月份是 30 天，他们背"Thirty days hath September，April，June and November"。在教学过程中，有意识地利用口诀和押韵，可以大大提高记忆效果。

3. 谐音法

谐音法是利用谐音来帮助记忆的方法。也就是对要记忆的材料加上某种外部联系，这样就便于贮存，易于提取。特别是可以利用一些方言的谐音来帮助记忆。例如，有人利用谐音来记忆圆周率 3.1415926535897932384626，编成谐音是：山巅一寺一壶酒，尔乐苦煞吾，把酒吃，酒杀尔，杀不死乐尔乐。

4. 笔记法

在大学里，举办各种讲座是司空见惯的事。研究发现，学生对讲座中重要细节的记忆往往不如对不重要细节的记忆好。人们经常对讲座中的笑话记忆犹新，而将讲座中的主要观点抛之脑后。毫无疑问，记笔记有助于记住讲座或课堂上所讨论的问题。然而，有效地记笔记并不是一种容易掌握的技能。许多学生往往在考试前才意识到自己的笔记记得是多么糟糕。

就记笔记而言，重要的是要认识到并非记得越多越好。不管是重要的还是不重要的，将讲演者所讲的内容都记下来的做法往往是不明智之举。因为这样，不仅要求注意力高度集中，而且很少能留出时间对所讲的内容进行思考。事实上，在记笔记时，思考远比书写更为重要。思考为我们提供了安排事实的框架。这也是为什么看别人的笔记不如看自己的笔记效果好。因此用相对精练的字句记下主要的观点往往比记录每一个细节对学习更有帮助。总之，记笔记的最好方法是对所听到的内容进行思考，找出各种材料间的关联，清晰准确地总结主要的观点和例证。

5. PQ4R 法

根据学习和记忆原理，心理学家提出了许多用于教材学习的记忆技术。其中最流行并取得公认的技术是 SQ3R 法和 PQ4R 法。其他一些技术也十分相似，基本上都是对这两种技术的改编。下面主要介绍 PQ4R 法。

PQ4R 的名称是由 6 个英文单词首字母组成的，代表学习任意一章内容应遵循的 6 个步骤。

①预习（preview）。在开始新一章的学习时，一个最好的做法是不要马上读，而是先花几分钟大略地看一遍。注意一下各节标题、大写的或黑体的术语，形成一个总体的认识。同时，也要考虑这一章讨论的是什么问题，材料是怎样组织的以及它与前几章有什么联系等。

②提问（question）。在阅读每一节之前，停下来先问问自己它都包含什么内容以及应当抽取哪些信息。例如，本章中有一小节的标题是"语义代码"，你可以改成这样一些问句："什么是语义代码?""语义代码有什么作用?"

③阅读（read）。阅读课文，并试着回答自己前面提出的问题。

④复述（rehearsal）。在阅读课文时，试图理解内容，默读并想出一些例子，把教材和已有的知识联系起来。

⑤回忆（recall）。在学完一段内容后，试着回忆其中所包含的要点，回答自己提出的问题。对不能回忆的部分再阅读一遍。

⑥复习（review）。在学完一章内容后，复习所有内容，找出各节内和各节间的联系。目的是考查作者如何组织材料。一旦掌握了篇章的组织结构，单个的事实就容易记住了。

在学完所有内容以后进行休息、放松。研究表明，采用这种方法不仅可以更好地记忆材料，而且会节省大量时间。

(四)组织复习，避免遗忘

对于中小学生来说，学过的知识随着时间的推移不可避免地会发生遗忘，避免遗忘、提高记忆效果最好的方法就是复习。早在两千多年前孔子就提出"学而时习之""温故而知新"的学习原则。当然，复习的质量并不单纯取决于复习次数的多少，而且还取决于复习方式是否科学、合理、高效。遗忘有规律可循，为了减少遗忘，巩固所学知识，应利用遗忘的规律进行复习。

1. 及时复习

艾宾浩斯遗忘曲线表明，识记后遗忘很快就会发生。因此，对于新学习的材料，为了防止遗忘，必须"趁热打铁"，及时进行复习。及时复习就是在初期大量遗忘开始之前就进行复习。心理学实验有力地证实了及时复习的重要性。斯必曳给两组被试学习一段课文，甲组在学习后不久进行一次复习，乙组没有复习，一天后甲组保持98%，乙组保持56%；一周后甲组保持83%，乙组仅保持33%。

2. 分散复习

正确分配复习时间对复习效果有着重要影响。复习时间的分配有两种方式：集中复习与分散复习。集中复习是把要复习的材料集中在一段时间内进行复习，而分散复习则是把复习的材料分配到几段相隔的时间内进行复习。一般来说，分散复习的效果优于集中复习的效果，因为分散复习可以减少疲劳感，减少前摄抑制和倒摄抑制的影响。但分散复习的时间间隔要视材料的性质、数量、难度以及记忆已经达到的水平而定。分散复习的时间安排一般是“先密后疏”，即开始的时间间隔短一些，随着所学的知识不断地得到巩固，以后可逐渐增加时间间隔。

3. 尝试重现与反复识记(阅读)相结合

在还没有记住材料前，就积极地试图重现，重现不起来的再识记(阅读)，这种复习方法比简单地一遍又一遍地阅读直至熟记为止的方法要好得多。它在识记的时间上花得少、识记的速度来得快，保持的时间也更长。在一个实验中，让学生识记课文的内容，一种是让学生连续阅读四次进行识记，另一种是阅读两次、重现两次，结果一小时后测定两者保持的百分比分别为 52%和 75%，一天后保持的百分比分别是 30%和 78%，十天后分别是 25%和 75%。可见阅读和重现交替进行是保持记忆的好办法。

尝试重现与反复识记相结合能提高学习的效果，其原因在于：尝试重现，能使任务更明确、更具体，大脑皮层注意活动的兴奋性更强，留下的印记更深刻；通过尝试重现，能及时地发现重现材料中的难点，从而想方设法集中力量解决；通过不断地自我检查，学生不断地发现取得的成绩和进步，增强学习的兴趣和信心。

4. 多样化复习

复习方法单调，容易使学生厌倦、疲劳，降低复习效果；而多样化的复习方法使学生感到新颖，能引起和加强学生的注意并激发兴趣，调动学生的积极性，从而提高复习的效果。为此，要注意采取多样化的复习方式。例如，对同一问题的复习，可用填空、判断、问答等多种方法。

5. 多种感官参与复习

多种感官参与复习是提高记忆效率的重要条件之一，可以更好地提高记忆效果。多种感官参加复习之所以能取得良好的记忆效果，是因为在信息通过多种感觉通道传到大脑皮层时，会对同一内容建立广泛的暂时神经联系，这样的联系不但较为巩固，而且也容易接通和恢复。因此，在复习时应尽量运用多种感官，要眼看、耳听、口述、手写相互配合。

(五)采用联想进行回忆

联想就是由一种事物想到另一种事物的心理活动。联想之所以有助于回忆，是因为在具有某种联系的事物在大脑皮层建立较稳定的神经联系以后，只要某一事物出现，个体自然会联想到另一事物，联想成了回忆的线索。联想主要有接近联想(时空上)、相似联想(形式或性质上)、对比联想(性质或特点上)、因果联想(因果关系上)等。

(六)讲究记忆卫生

记忆卫生也是影响记忆效果的一个重要因素。愉快的心情、清新的空气、适当的营养、合理的作息制度和科学用脑等，都能增强记忆效果，提高记忆能力。营养不良、不良嗜好、疾病缠身，均可影响大脑功能的发挥，使正常的保持和回忆能力受到阻碍，产生遗忘的现象。所以，保证脑和心理卫生是提高记忆力的必要前提。

思考与练习

一、选择题

1. 一个人学过某个舞蹈，过了一段时间，她又在另一个地方应邀为观众表演了这段舞蹈。她的表演凭借的是(　　)。

A. 运动记忆　　B. 形象记忆　　C. 逻辑记忆　　D. 情绪记忆

2. 闭卷考试时，学生在头脑中呈现填空题、简答题答案的心理活动属于(　　)。

A. 识记　　B. 保持　　C. 再认　　D. 回忆

3. 下列选项中体现记忆敏捷性品质的是(　　)。

A. 死记硬背　　B. 出口成章　　C. 过目成诵　　D. 博闻强记

4. 小明发现他在背诵李白的《将进酒》时，文章的开头和结尾部分容易记住，中间部分容易遗忘，这是因为中间部分呈现的材料受到的干扰是(　　)。

A. 前摄抑制　　B. 单一抑制

C. 倒摄抑制　　D. 前摄抑制与倒摄抑制

5. 科学有效的复习方法包括(　　)。

A. 及时复习　　B. 集中复习

C. 分散复习　　D. 多种感官参与复习

二、问答题

1. 从艾宾浩斯遗忘曲线上可以看出遗忘有什么规律？应如何复习才能有效地克服遗忘？

2. 结合中小学生的记忆特点，谈谈提高学生记忆力的方法与策略。

选择题参考答案：1. A　2. D　3. C　4. D　5. ACD

拓展与延伸

1. 心理电影：《初恋 50 次》.

2. 心理电影：《记忆碎片》.

3. 陈泊菡．心理学与记忆术[M]．北京：中国法制出版社，2015.

4. 贡特·卡斯滕，马丁·孔茨．记忆王中王[M]．王乾坤，译．天津：天津教育出版社，2008.

第五章 思维与想象

学习目标▶

1. 能够初步辨别学生在不同学习情境中的思维形式与特点。

2. 能够有意识地利用想象理论知识去创设学习情境，提高教学效果。

3. 在学科教学中，能有意识地激发学生的创新意识并努力培养学生的创新思维能力。

知识导图

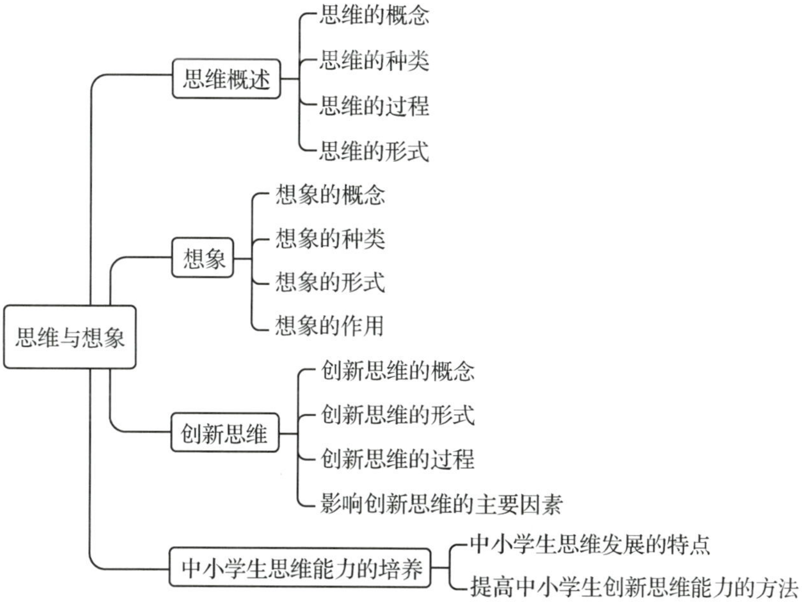

在日常学习生活中，人们每时每刻都离不开思维。学习知识、解决问题需要借助思维，辨别真伪、识别美丑需要借助思维。思维不同于感觉、知觉和记忆等心理活动，它是在感觉、知觉和记忆的基础上发展起来的更复杂、更高级的认知活动，它摆脱了感知的局限性、表面性和肤浅性，使人类对世界认识更加高级、广阔和深远，使我们人类了解过去、探索新知和创造未来变为可能。

第一节　思维概述

思维是人类智力的核心构成要素，是人们认识世界、改造世界活动中的智慧明珠。由于它的重要性，许多心理学家对其进行了长期不懈的研究，为我们了解思维活动的奥秘留下了宝贵财富。

一、思维的概念

(一)什么是思维

思维(thinking)是人脑借助动作、表象和语言实现对客观事物间接和概括的反映。思维有十分复杂的脑机制，它能揭示事物的本质特征和事物之间的内在联系，是认识活动的高级形式。它主要表现在概念的形成和问题解决的过程中。

思维与感觉、知觉、记忆不同。感觉与知觉是人脑对客观现实直接的反映，对输入的客观刺激信息进行初级的加工。记忆是人脑对输入的客观刺激信息进行编码、储存和提取的过程。而思维则是对输入的刺激信息进行更深层次的加工，揭示客观事物的本质规律和事物之间的关系，从而获得概念，再运用概念进行判断和推理的过程。但思维离不开感觉、知觉和记忆提供的丰富信息材料，否则思维将成为无源之水、无本之木。如果没有大量的感性信息材料，思维是无法对客观事物和现象进行理性认知的。

(二)思维的特征

1. 间接性

思维的间接性是指在思维过程中，必须借助已有的知识经验或其他信息来认识事物。思维所借助的已有经验或其他信息叫作“媒介”。例如，天正在下雨，我们看见了这种现象是对现实的直接反映，不需要什么媒介，属于感知觉范畴；但是，如果早上起来，推开窗户，看见地面和房顶都湿了，便推测“昨天夜里下过雨”。夜里下雨，我们并没有直接感知到，而是通过地面和房顶都湿了和以往的经验这些媒介，用间接的方法推断出来的，这就是思维的间接性。

由于思维具有间接性，因此借助思维我们可以间接地认识到当前不能直接感知的或无法直接感知的事物特性。在生活、学习、工作以及发明创造中，有许多事物是不能被直接感知的，却可以通过思维间接地认识到。例如，我们可以借助教材、历史资料和历史文物等媒介，间接地了解我国几千年的灿烂文化和世界文明历史；再如，法医通过对被害人尸体的检查、化验等，推断出被害人的死因，为侦破工作提供可靠的依据；人们还可以根据当前的某些资料，预测未来的形势，如天气变化的趋势、天文现象的出现、国际政治经济形势的走向等。

2. 概括性

思维的概括性是指借助思维能认识到一类事物共同的本质特点和事物间内在的规律性联系。例如，把钢笔、铅笔、圆珠笔、蜡笔、粉笔等放在眼前，利用感知只能认识到它们的大小、形状、颜色、制作材料等外在的表面特征，而利用思维却可以把它们的共同特征在思想上抽取出来并加以概括，得出“它们都是人发明并专门用来书写的工具”的结论。

思维的概括性使人类在认识上大大超越了感知单个事物的表面特征的局限，突破了时间、空间的限制，能够认识某一类事物内在的本质特征和事物之间的规律性的联系，从而上升到理性认识。正因为人类具有理性认识的能力，人才得以总结并积累了大量的理论知识，即自然科学知识和社会科学知识，从而扩大了认识的范围，加深了认识的深度。

思维的间接性和概括性是相互联系、不可分割的。人之所以能间接地认识事物，是因为人们掌握了相关概括性的理论知识，如原理、法则、公式等；人之所以能概括出一类事物的本质特点或内在规律，是因为人能摆脱直接感知的局限，能利用已有的知识经验间接地认识事物。

二、思维的种类

(一)根据解决问题方式的不同，思维可以分为动作思维、形象思维和逻辑思维

1. 动作思维

动作思维是一种依赖实际动作去解决操作性问题的思维活动。例如，体育运动项目的技能改进、书法绘画技艺的学习与训练、汽车与电器的修理等，都需要借助直观动作思维来完成。3 岁以前幼儿的思维活动基本属于动作思维，他们主要依赖动作适应环境和认识客观世界。例如，他们常常一边拆卸玩具一边思考，一边自言自语一边思考，一边数手指头一边算数等，当动作停止了，他们的思维也立刻停止了。成人也会运用动作思维，如技术工人一边检查机器一边思考发生故障的原因，但成人的动作思维与幼儿的动作思维有本质区别。

2. 形象思维

形象思维是运用脑中已有的表象去解决形象化问题的思维活动。例如，作家、画家、音乐家、雕塑家等经常运用形象思维进行艺术构思，塑造出鲜明生动的艺术形象。这种思维在幼儿期和小学低年级儿童身上表现非常突出。例如，儿童在计算 $2+3=5$ 时，主要是在头脑中用两个指头加上三个指头，或用两个苹果加上三个苹果等实物表象相加计算出来的。中学生也需要经常运用形象思维来理解文学、历史、地理、数学、物理、化学等方面的知识。形象思维在解决问题过程中具有重要意义。

3. 逻辑思维

逻辑思维是利用概念、判断、推理去解决理论性问题的思维活动，又称抽象思维。例如，科学家利用逻辑思维发现事物的客观规律，教师利用逻辑思维传授各种理论知识，学生运用逻辑思维学习各科理论知识等。逻辑思维是人类思维的典型形式。

以上三种思维水平具有相对高低之分，其中动作思维水平最低，逻辑思维水平最高。儿童思维的发展一般都经历动作思维、形象思维和逻辑思维三个阶段。但在成人领域无论是哪一种思维，都是在经验基础上、在理论渗透和指导下进行的较高级的思维活动。同时在实际学习活动中，三种思维是不可分割、互相补充、共同参与问题解决的。

(二)根据凭借物的不同，思维可以分为经验思维和理论思维

1. 经验思维

经验思维是人们凭借日常生活经验进行的思维活动。例如，儿童凭自己的经验认为“鸟是天上飞的动物，鱼是水里游的动物”。人们通常认为“太阳从东边升起，从西边落下”等都属于经验思维。有时由于经验不足，这种思维易产生片面性，甚至得

出错误或曲解的结论。

2. 理论思维

理论思维是根据科学概念和论断进行的思维活动。例如，中学生运用所学的科学概念、定理、公式等解决练习题的思维活动，教师利用理论思维传授科学知识，科学家用理论思维发现客观事物的规律等。这种思维活动往往能抓住事物的本质，使问题得到真正的解决。

(三)根据严密程度的不同，思维可以分为直觉思维和分析思维

1. 直觉思维

直觉思维是迅速对问题答案做出合理猜测与设想的思维活动，也叫灵感或顿悟。这是一种直接的领悟性的思维活动，常常是非逻辑的。例如，科学家对某些偶然出现的现象提出猜测或假设；警察在证据不足的情况下凭直觉判断某人是犯罪嫌疑人；中学生在解题过程中，未经分析快速猜想答案的思维等。直觉思维具有感性、直接性、快速性、跳跃性和模糊性等特点。

2. 分析思维

分析思维是经过逐步分析对问题答案做出合理与明确结论的思维活动，又称逻辑思维。例如，中学生在解几何题时的多步推导和论证，医生面对疑难病症的多种检查、会诊分析等思维活动，主要运用的就是分析思维。分析思维具有理性、间接性、缓慢性、渐进性和明确性等特点。

(四)根据探索问题方向的不同，思维可以分为发散思维和辐合思维

1. 发散思维

发散思维也叫求异思维，是针对一个问题沿着不同的角度加以思考并寻求多种答案的思维活动。例如，数学中的“一题多解”、语文中的“一个故事有多个结局”、教育改革中的“提出多个方案”等思维都属于发散思维。

2. 辐合思维

辐合思维也叫求同思维，是指人们将已知的信息集中起来，通过分析比较找到最佳答案的思维活动。例如，学生从各种解题方法中筛选出最佳解法，俗话说“条条大路通罗马”，从中选出最近、最佳路径等思维活动都属于辐合思维。它是一种有方向、有范围、有条理的思维方式。例如，已知 $A>B$，$B>C$，其结果必然是 $A>C$。

以上两种思维是相辅相成的，发散思维是辐合思维的前提基础，辐合思维是对发散思维结果的总结、检验与升华。

(五)根据新颖程度的不同，思维可以分为常规思维和创新思维

1. 常规思维

常规思维是人们运用现成的方案和程序直接解决问题的思维活动，又称惯性思维或再造思维。例如，学生运用已学会的公式解决同一种类型的习题。常规思维的

创新水平低，对原有知识不需要进行明显的改组，也没有创造出新的思维成果。

2. 创新思维

创新思维是以独特新颖的方式去解决问题，从而产生独到的、有价值的、新的思维成果的思维活动，又称创造性思维。它需要重新组织已有的知识经验，提出新的方案或程序，并创造出新的有价值的思维成果的思维活动。创新思维的创新水平高，如技术革新、科学发明、艺术创作、教学改革等所运用的思维都是创新思维。许多心理学家认为，创新思维是多种思维的综合表现，是人类思维的高级形式。

三、思维的过程

思维是通过一系列比较复杂的操作过程来实现的，是人们在头脑中运用已有的知识经验，对外界输入的信息进行分析、综合、比较、抽象和概括的过程，即思维的过程是一个复杂的信息加工过程，是高级的认知过程，是将概括后的原理结论应用于解决具体实际问题的过程。思维的过程也是分析问题、解决问题的过程。

（一）分析与综合

分析是指在头脑中把事物的整体分解为各个部分或各个属性来分别加以思考的过程。例如，为了深入了解一篇文章的结构，我们常常把文章分成几个段落，再把每个段落分成几个层次，还可以把每个层次分成几个句子，分别思考每个段落、层次和句子的具体特点。通过分析，我们可以把实际上不能分解的事物在头脑里进行分解，以便逐一进行思考。再如，为了深入了解一个人，我们可以在头脑里把他分解为外貌、才能、品行、个性特征等几个部分来加以思考。因为有了分析，人对事物的认识才会由表及里。可以说，分析是思维过程的开端。

综合是指在头脑中把事物的各个部分、各个属性等结合起来，了解它们之间的关系，从而形成一个整体印象的过程。例如，我们把某个段落中的各个层次结合起来，理解它们之间的内在联系，从而对整个段落形成一个整体印象，总结出段落大意；再把文章的各个段落结合起来，理解各段之间的内在联系，总结出文章的中心思想，获得对文章的整体认识。

分析与综合是彼此相反的过程，同时又彼此密切地联系着。分析是在综合指导下的分析，即分析是对事物的整体进行的，没有事物的整体，分析就无法进行；而综合又是在分析基础上的综合，即只有通过对事物各个属性、各个部分的深入思考，才能获得对事物更全面、更准确的整体认识。分析与综合是思维过程的两个侧面，在实际思维活动中两者互相依存、互为条件、不可分割，共同构成了人类思维的基本过程。思维过程中的其他环节，都是在分析与综合的基础上进行的。

（二）比较与分类

比较是指在头脑里把某些事物或现象加以对比，确定它们之间的异同点和相互关系的思维过程。比较可以在同中求异，也可以在异中求同。即人们可以从看似相同的事物中找出它们的不同点，也可以从看似不同的事物中找到它们的相同点。例如，有两个同学的考试成绩都不理想，均得65分，那么，他们成绩不好的原因是否也一样呢？经过比较发现：一个同学原本很聪明，只是太贪玩，学习不用心；而另一个同学不是很聪明，但学习很用功，只是原来的基础不好，学习方法不当。

比较可以横向进行，也可以纵向进行。例如，我们可以和他人进行比较，找出自己比别人强的地方，树立自信，再找出自己不如别人的地方，加强学习，这是横向比较；我们更要重视自我前后的对照比较，从中看到自己的进步或退步，从而进一步明确今后的努力方向，这是纵向比较。

分类是按照事物的异同把它们区分为不同种类的思维过程。分类的依据不尽相同，可以按种类、等级、性质等进行归类。例如，图书可以按科目归类，生物可以按等级归类；再如文章既可以按体裁分、按文体分，还可以按语体分等。分类可以条理清晰地说明事物，是将复杂事物表达或描述清楚的重要方法。

比较与分类对于学生的学习和教师的教学都有十分重要的意义。比较是分类的基础，有比较才有鉴别。教师通过比较与分类，对所教的知识讲解更加清晰；学生通过比较与分类，对所学知识的掌握更加准确和牢固。

(三)抽象与概括

抽象是指抽出一类事物或现象的共同特征和属性，舍弃其个别特征和属性的过程。例如，我们通过对各种钟表的分析，发现每种钟表都有大小、颜色、形状、制作材料、能计时、一种工具等特征；再通过对各种钟表的比较发现“能计时”“一种工具”是所有钟表的共同特征，至于颜色、大小、形状、制作材料等则各不相同，属于每种钟表的个别特征，于是我们在思想上就把所有钟表的共同特征抽取出来，舍弃其他个别特征，这个过程就是抽象过程，可见，抽象是以分析、比较为基础的。

概括是指在思想上把抽象出来的事物的共同特征和属性联合起来，对一类事物或现象进行表征的过程。例如，把上述抽象出来的钟表的共同特征联合起来，推广到所有钟表当中去，总结出“钟表是一种能计时的工具”，这就是概括过程。可见，概括是在抽象和综合的基础上进行的。没有抽象和综合，就不可能进行概括，而科学的抽象与概括才是人类思维过程的最主要特征。任何科学的概念、理论都是抽象和概括的结果。概括有初级概括与高级概括之分。一般认为初级概括是在感知、表象水平上的概括，如“鸟是天上飞的”“鱼是水里游的”，这种水平概括出来的概念、原理往往是不科学的，是日常概念。高级概括是根据事物的本质特征和事物间的内在联系进行的概括，如一切科学的定理、定义、公式、规律等都是高级概括的产物。

(四)系统化与具体化

系统化是指把所学知识分门别类地按一定程序整理成层次清晰的、比较完整的知识体系或认知结构的思维过程。系统化的方法有划分、分类、编写提纲、绘制图表等。系统化是思维过程中不可缺少的环节，它有助于人们更好地理解知识和巩固知识，有助于人们对知识的提取和运用，有助于人们吸纳新知识，还有助于增强学习迁移。

具体化是指用抽象和概括出来的一般原理解决具体实际问题的思维过程。例如，学生用所学的数学公式解数学题，用所学的心理学理论分析某些具体的心理现象等。具体化在思维活动中也占有重要位置。首先，具体化本身也是认识事物的重要环节，通过具体化，人才能更好地理解一般规律，使认识不断深化；其次，具体化可检验学生对基本原理掌握得是否准确与牢固，也可检验科学结论是否正确。

总之，思维的过程是对客观世界认识不断飞跃的过程。从分析与综合到抽象与概括实现了认识的第一次飞跃，从抽象与概括到系统化与具体化实现了认识的第二次飞跃。学生学习的过程也是思维的过程，学生不仅通过分析与综合、比较与分类、抽象与概括掌握科学的理论知识，还应通过系统化与具体化去分析问题和解决问题。思维的过程也是思维的方法，在教育教学过程中，教师和学生要善于运用分析、综合、比较、分类、抽象、概括、系统化和具体化等思维方法。

四、思维的形式

思维形式是思维借以实现的形式，它主要包括概念、判断和推理。在具体思维活动中，思维形式和思维内容总是结合在一起的，既不存在没有思维形式的思维内容，也不存在没有思维内容的思维形式。但思维形式对于思维内容具有相对的独立性，所以逻辑学将思维形式抽取出来作为自己的研究对象。

(一)概念

概念是具有共同属性的一类事物的总称。例如，花、鸟、树木、海洋等都是概念。事物的本质特征是决定事物的性质，并使一类事物区别于其他事物的特征。如前所述，“钟表”这个概念的本质特征是能计时，而其大小、颜色、形状等则不是本质特征。当人们掌握了概念，认识就能超越感知范畴，人们就能透过现象看本质。

概念是从同一类事物中抽取出本质特征并加以概括而成的。例如，我们把布娃娃、木枪、小汽车等多种物品共有的本质属性抽取出来加以概括，就形成了“玩具”这个概念。当对某类事物的抽象概括达到一定程度时，就需要有一种能够代表和表示这一类事物的东西，即符号，我们在这里说的符号指的就是词语。因此，当事物的一般特征和本质属性的抽象和概括程度达到可以用词语的形式表示它们时，这个词语的内容或意义就是概念。

概念包括内涵和外延两个方面，内涵是指概念的质，即事物的本质特征；外延指概念的量，即概念的范围。通常内涵越少，外延越大，内涵越多，外延越小。概念有不同等级或层次之分，即上位概念、基本概念和下位概念。例如，植物、树、柳树等概念分别处在不同的层次上。概念是用词语来表达的，但概念不等于词语。因为词语是一类事物总的名称，是一个符号，而概念指的是词语所表达的内容或意义。例如，“动物”这个概念指的是一类有神经、有感觉、能运动的生物。概念与词语也不是一一对应的关系。概念只能用实词表达，虚词不能表达概念。同一概念可以用不同的词语来表达，同一个词可以表达不同的概念。例如，“医生”与“大夫”不同的词表达同一概念，而“千金”一词却表达了“女儿”“珍贵”“许多钱”等不同的概念。

概念是在思维活动过程中经过抽象与概括形成的，是思维的结果与产物。然而，概念一旦形成，就成为思维活动得以凭借的单元，人类的思维活动主要以概念的形式进行。

(二)判断

判断是指明确事物是否具有某种属性或事物之间是否存在某种关系的思维形式。判断是由概念组成的句子来表达的。概念是用词语来揭示事物本质的，而判断则是用句子来表达事物之间的关系的，如“人有两只手”“正义必胜”等。前者表达了“人”和“手”的关系，后者表达了“正义”和“胜利”的关系。判断有肯定式、否定式。前面的例子都是肯定判断；“鲸鱼不是鱼”“纽约不是美国的首都”等是否定判断。判断有正确与错误之分，即有真有假。例如，与客观事实相符的判断自然是正确的真判断，反之则是错误的假判断。判断用语句来表达，但是判断不等同于语句，语句是判断的语言表达形式，判断是语句表达的思维内容。判断既是思维的产物，又是进一步加深认知并把认知结果固定下来的形式和手段。

(三)推理

推理是由一个或几个已知的判断推出一个新结论的思维形式。推理的作用是由已知的知识得到未知的知识，特别是可以得到不可能通过感觉经验掌握的未知的知识。例如，“客观规律是不以人们的意志为转移的，经济规律是客观规律，所以，经济规律是不以人们的意志为转移的”，这段话就是一个推理。其中“客观规律是不以人们的意志为转移的”“经济规律是客观规律”是两个已知的判断，从这两个判断推出“经济规律是不以人们的意志为转移的”这样一个新的判断。任何一个推理都包含已知判断、新的判断和一定的推理形式。作为推理的已知判断叫前提，根据前提推出新的判断叫结论。前提与结论的关系是理由与推断、原因与结果的关系。

推理具有一个突出特点，即它总是涉及逻辑问题，或者以明显的逻辑形式出现，推理是一种重要的思维形式，它为正确推理提供一系列原则或规则。但人们在实际推理过程中，往往偏离逻辑规范，表现为不合逻辑。所以心理学的研究将人的实际推理与逻辑规范进行比较，以查明推理是否偏离逻辑规范，即心理学侧重研究推理的心理过程及影响推理准确性的因素，从而深入了解推理过程。

推理通常包括归纳推理、演绎推理和类比推理。归纳推理是由具体事物即特殊的前提推出一般规律即普遍的结论的推理，其本质是概念的形成。演绎推理是由一般原理即普遍的前提推出特殊的新结论的推理，其本质是解决问题的过程。演绎推理一般包括三段论推理、线性推理和条件推理。类比推理是由特殊的前提推出特殊的结论的推理。

第二节 想象

想象是一种特殊的形象思维，属于高级认识过程，它主要依赖具体形象认识世界和改造世界。想象有助于解决问题，想象是创新性或创造性的重要组成部分，丰富的想象力会为我们插上创造的翅膀。

一、想象的概念

(一)什么是想象

想象是指人脑对已有表象进行加工改造，形成新形象的过程。这是一种高级的认识活动。形象性和新颖性是想象活动的基本特点。

想象最突出的特征是在已有表象的基础上产生有关事物的新形象。例如，学生根据老师对诗歌的讲解，头脑中会产生相应的情景或人物；艺术家可根据时代需要，创造出新时代的艺术形象等都是属于想象。这些新形象不同于具体的感知形象，也不同于储存在头脑中的记忆表象，它超越现实，甚至是个体从未亲身经历过的、现实中尚未存在或者根本不可能存在的事物的形象。例如，“千手观音”“玉皇大帝”“妖魔鬼怪”等，虽然离奇古怪或荒诞无稽，但它们仍有现实依据，即想象同其他心理现象一样，是对客观现实的反映，是在感性材料的基础上形成的。如果脱离客观现实，就不能产生想象。

(二)想象与表象的关系

表象是事物不在面前时，人们在头脑中出现的关于事物的形象。例如，如果一个人看过电视剧《西游记》《红楼梦》，当有人提起“猪八戒”“孙悟空”或“贾宝玉”“林黛玉”等人物时，他的头脑中就会再现看过的电视剧中的相应的人物形象，这些形象就是表象。

依据表象创新程度的不同，想象分为记忆表象和想象表象。记忆表象是在记忆中储存的客观事物的形象；想象表象是对记忆表象进行加工改组后形成的新形象，这些形象可能是我们从未见过的，或世界上根本不存在的，所以想象表象具有新颖性。

想象是改造旧表象、创造新形象的过程。记忆表象为想象提供了丰富的原材料，想象以记忆表象为基础，而想象的结果即新形象便是想象表象。总之，想象离不开表象，它以加工改造记忆表象为开始，以形成新的想象表象为结束，但两者不能等同。

(三)想象与思维的关系

想象和思维同属于高级认识过程，它们都产生于某种问题的情境中，并按照个体的需要，对问题情境所提供的信息进行分析综合，进而预测问题的结果。也可以说思维和想象是同一种认识过程，当人们面对某种问题情境或体验到某种需要时，头脑中常会出现问题得到解决或需要得到满足的情境，这种情境是对现实的一种超前反映，是通过思维或想象对未来的一种预见。但思维和想象并不完全是一回事，两者存在一定的区别。思维的预见通常是以概念的形式出现的，而想象的预见都是以具体形象的形式出现的，也就是说，当人们面对问题情境时，头脑中可能存在两种超前系统，一种是概念系统，另一种是形象系统，这两种系统是密切配合、协同活动的。

二、想象的种类

(一)根据是否有预定目的，想象分为无意想象和有意想象

1. 无意想象

无意想象是没有预定目的、不由自主地产生的想象，又称不随意想象。例如，听音乐、听歌曲时不由自主地产生的各种联想；看文学作品、绘画作品、雕塑作品时不由自主地产生的各种联想，都属于无意想象。人在睡眠时做梦的过程，也是一种无意想象的过程。因为梦是人在没有意识的控制下对已有表象进行加工改造(大多是无原则、无逻辑的)而形成的，所以它属于无意想象的极端情况。

2. 有意想象

有意想象是按一定目的、自觉地进行的想象，又称随意想象。例如，学生根据特定的作文题目有目的地构思等。

(二)根据有意想象新颖程度的不同，想象分为再造想象和创造想象

1. 再造想象

再造想象是根据言语的描述或图样的描绘，在头脑中形成相应的新形象的过程。例如，根据古诗“孤舟蓑笠翁，独钓寒江雪”，在头脑中浮现出一位老人头戴斗笠、身披蓑衣，蹲在江边一条孤零零的小船上钓鱼的情景，这就是再造想象。一个没有看过真正沙漠的人，可以根据看过的影视资料或者别人对沙漠的描述“再造”沙漠的形象；我们没有见过古人，却可以根据有关文字或图画“再造”古人的形象。

再造想象对于学生掌握知识技能具有重要意义。因为学生学习的知识，大部分都是无法亲身经历的，需要凭借教师的讲解或书本上的描述，通过再造想象来理解和掌握。例如，学习历史，同学们没有见过原始社会人们的生活和劳动场景，但可以根据历史资料的描绘，在头脑中想象出有关原始人的住宅、劳动工具、猎食方式等；学生在阅读文学作品时，也必须借助再造想象来达到对作品的理解；学生学习抽象的数理化概念和理论时，更需要再造想象的支持，如学习有关点、线、面、体的概念时，必须通过再造想象才能理解。

2. 创造想象

创造想象是不依据现成的描述而独立地创造新形象的过程。作家创造典型的人

物、艺术家塑造新的作品形象、工程师设计新机器等都是创造想象。

创造想象具有首创性、独立性和新颖性等特点，它与再造想象是有区别的。例如，人们依据鲁迅的描述，在头脑中再造出“祥林嫂”“孔乙己”等的形象，这是再造想象；而作为鲁迅本人来说，他塑造“祥林嫂”“孔乙己”等形象的过程则是创造想象。创造想象的特点是创造出别人从未创造过的新形象。

创造想象在人类生活中具有重要意义，它是一切创造活动的必要条件。没有创造想象，生产劳动、技术发明、艺术创造中的一切创造活动就无法顺利进行，没有创造想象，人类也就无法发展和进步。

创造想象的特殊形式——幻想。幻想是与个人愿望相联系的、指向未来的想象。幻想体现了一个人的向往和追求。例如，有人幻想将来坐上宇宙飞船遨游太空，幻想登上月球、火星，幻想成为有突出贡献的英雄人物等。由于幻想不必通过别人的语言或符号的描绘，是个人独立进行的想象，因此，它也属于创造想象。但幻想又与一般的创造想象不同，因为幻想总是与个人的愿望相联系，而一般的创造想象所产生的新形象不一定是个人所期望的形象，如鲁迅创作的“阿 Q”“祥林嫂”等形象；幻想一般是指向未来事物的，而一般的创造想象所产生的新形象可以是现在的，甚至是历史性的，如原始人的形象、恐龙的形象等。所以，一般认为，幻想是创造想象的一种特殊形式。

幻想可以分为科学幻想、理想和空想。

科学幻想是有一定科学成分的幻想。例如，人们幻想将来到另一个星球上居住，幻想在海底建立城市等。科学幻想是与个人愿望相联系的，有一定的科学成分，虽然目前不能实现，但将来是有可能实现的。科学幻想是科学预见的一种形式，是创造想象的准备阶段，可以鼓舞人们向科学进军，激励人们去发明创造。有人幻想过能腾云驾雾，遨游太空，也幻想过拥有千里眼、顺风耳，这些幻想推动人们去发明创造，在今天已逐步变成了现实。

理想是符合社会发展规律并可能实现的幻想。例如，同学们将来想当科学家、艺术家、教育家、政治家等，这些幻想就是符合社会发展规律，经个人努力是可能实现的理想。

空想是违反客观规律的和不能实现的幻想。例如，有人不想努力学习却希望取得好成绩；有人不想劳动却想发大财；或高估自己的能力制定自己不可能实现的行为目标等，这些都是不切实际的、不可能实现的空想。一个长期陷入空想的人，只能碌碌无为、一事无成。

三、想象的形式

想象的过程是对旧形象进行分析综合、构思新形象的过程，其综合形式主要有以下几种。

(一)黏合

黏合是把客观事物从未结合过的属性、特征、部分在头脑中结合形成新的形象。许多神话传说或童话中的形象都是通过黏合的形式创作出来的，如美人鱼、猪八戒的形象就是黏合的结果。在科技发明中也会用到黏合的方式，如航空母舰就是飞机和舰艇的某些特征的结合。

(二)夸张

夸张又称强调，是通过改变客观事物的正常特点，或突出某些特点略去另一些特点而形成新的形象。例如，哪吒三头六臂，千手观音夸大了手臂和眼睛，这些形象就是夸张的产物。

(三)典型化

典型化是根据一类事物的共同特征创造新形象的过程。它是文学艺术创作的重要形式，如鲁迅笔下的祥林嫂是中国旧社会农村妇女的典型。

(四)联想

联想是由一个事物想到另一个事物而创造新形象的过程。它不同于记忆联想，想象联想是打破日常联想习惯，变得异乎寻常的一种联想。例如，由对鸟的联想发明了飞机，由对人的联想发明了机器人等。

四、想象的作用

(一)预见作用

想象能预见活动的结果，指导人们活动进行的方向。例如，学生在准备元旦联欢会的时候，他们首先会想象会场布置后的场景，然后根据想象再去购买相关装饰品，并按照想象的样子去布置。所以学生的学习和生活离不开想象。同时，科学发明、艺术创作、技术创新等也都离不开想象，因为想象的新颖性、形象性是人们创造活动中不可缺少的因素。

(二)补充作用

想象可以补充人们无法直接感知或亲身经历的知识和经验。在实际生活中，人的生活时空是有限的，有许多事物是人们不可能直接感知到的，如宇宙中的星球、原始人类生活的情景、数学中所描述的问题情境、古典小说中的人物形象等，但想象可以超越时空，来弥补我们自身知识经验的不足，并帮助我们去理解这些事物和现象。

(三)代替作用

想象可以代替人们在现实生活中无法获得的事物，达到满足自己需要的目的。例如，幼儿想当一名汽车司机，但由于他们的能力限制而不能实现，于是他们就在游戏中，把排列起来的小板凳想象成小汽车，手握方向盘开起了小汽车。成人有时也用想象来满足自己的某些暂时或永远无法得到满足的愿望，以维持心理的平衡，如阿 Q 把自己挨别人打想象成“儿子打老子”，暂时满足了自尊心，平衡了心态；有些残疾人在小说里把自己描写成健康而美丽的人，让自己的美好愿望在小说里得到实现，其心理得到了补偿和升华。

（四）调节作用

想象对人的生理活动具有调节作用。近年来，人们通过对生物反馈的研究，证明了想象对人体生理活动的调节控制作用。多年前，有人对一位具有丰富想象力的人进行了研究。结果发现，只要这个人说他想象出什么事物，就可以观察到他的机体发生的奇特变化。例如，当他想象“看见右手放在炉边，左手握着冰”时，就可以观察到他的右手温度升高 2 摄氏度，左手温度则下降 1.5 摄氏度；当他想象“看见自己跟在电车后奔跑”时，就可以观察到他的心跳加快；当他想象“看见自己安静地躺在床上”时，就可以观察到他心跳减慢。

此外，想象还有助于学生学习理论知识，有助于人们解决问题，更有助于人们发明与创造。

第三节　创新思维

创新是出现频率非常高的词汇，它不仅被引入经济领域，而且被扩展到了社会各个领域，如理论创新、制度创新、技术创新、教育创新、方法创新等。创新是改进或创造新事物，并获得一定社会效益的行为活动。创新的水平通常分三个层次。第一个层次是从人类社会层面来说的创新，如科学发明；第二个层次是针对社会某一特定群体来说的创新，如科技竞赛的优胜者；第三个层次是对于个体来说的创新，如学习方法的改进。由此说明人人都可创新、人人都能创新。人要想进行创新行为活动，就需要有创新能力，而创新能力的核心要素就是创新思维。所以我们学习和了解创新思维显得尤为重要。

一、创新思维的概念

（一）什么是创新思维

创新思维是指人们运用新的方式解决问题，并产生新的有社会价值的思维成果的心理过程。创新思维不仅体现在它的新颖性、独特性，更体现在思维成果的价值性。价值可表现为应用价值、理论价值、认知价值和艺术欣赏价值等，如哲学家创造出一种新的学说，作家写出一部新的作品，工程师设计出一台新的机器，科学家研究出一个新的理论公式等，都属于创新活动，这些人的思维活动都属于创新思维。

拓展学习

你能用六根火柴棒摆出四个等边三角形吗？

问题要求：用六根火柴棒摆出四个等边三角形，三角形的每条边都由一根火柴棒构成。

解决过程：

(1)在平面内尝试各种摆法，问题始终不能得到解决。

(2)分析问题的条件：四个等边三角形，每个三角形需三条边，四个三角形共需12条边，现在只有六根火柴，说明每根火柴都必须是两个三角形的公共边，而这在平面内是无法实现的。

(3)提出新的设想：用立体的办法是否能解决问题？

(4)动手尝试，果然解决了问题。

这是一个典型的用新的思路发现问题并解决问题的创造性思维过程。

(二)创新思维的特征

创新思维既具有一般思维活动的某些特点，又具有不同于一般思维的独特特征，主要表现在以下几个方面。

1. 独立性

一个人的思维要想具有创新性，必须做到思维独立，即摆脱思维的依赖，避免人云亦云。如何做到独立呢？首先要敢于怀疑，敢于怀疑古人、敢于怀疑权威。其次要具有抗压能力。因为独特新颖、与众不同常常会面临来自环境的压力，只有扛得住压力才能做到坚持真理。最后要具有自变性，即敢于自我否定。如果只知道怀疑并坚持自我，不顾客观实际，便会作茧自缚。

2. 突破性

当人思考问题时，要有意识地抛弃头脑中以往思考类似问题所形成的思维程序和模式，对那些默认的假设、陈腐的观点和固化的模式提出挑战和质疑，跳出原有的思维框架，用新的思考程序和模式进行新的尝试和探索，就可能取得意想不到的成功。

3. 灵活性

创新思维的灵活性表现为善于变换角度看待同一个问题，善于变通和转换，善于随着环境条件的变化而转变，因为不同的视角会有不同的结论。例如，当众人都为成功而欢呼时，你采用“肯定视角”就没有太大意义，而如果当众人因失败而气馁叹息时，你能采用“肯定视角”，这本身就是一种创新思维。

4. 综合性

创新活动总是在前人基础上进行，必须综合利用他人的思维成果。科学技术的发展历史表明，谁能高度综合利用前人的思维成果，谁就更能突破创新，对社会做出贡献。例如，日本松下电视就是综合了全国 400 多项技术的基础上发展起来的。

5. 独特性

新颖与独特是创新思维的核心特点，主要表现在思路的选择和思考的技巧要与众不同，个体敢于开拓，不满足于现状，不盲从权威，不循规蹈矩，学会用新的眼光和从新的视角去思考问题，从而产生新的思维成果。

二、创新思维的形式

（一）发散思维

美国心理学家吉尔福特把思维分为发散思维和辐合思维两种，并认为发散思维是创新思维的核心形式，具有流畅性、变通性和独特性三大特征。通常衡量一个人创新能力的高低，主要从发散思维的这三个特征来进行。

流畅性是指在一定的时间内对问题所能给出的解决方案数量的多少。创新能力强的人，心智活动少阻滞，多流畅，能在短时间内想出数量较多的项目，亦即反应迅速而众多。对所给定的问题产生可供选择的解决方案越多，问题解决的可能性就越大。

变通性是指发散的维度。维度越多，变通性越强。创新能力强的人，其思维的变通性较强，他们在解决问题时能触类旁通，举一反三。吉尔福特通过非常用途测验来测量思维的变通性。例如，他要求被试在一定时间之内写出“你不喜欢的声音”。结果一类被试的答案只局限在令人不舒服的生活噪声范围之内，如工厂的机器声、汽车的鸣笛声、孩子的哭声、警报声、战争中的噪声等，这些答案只是在同一维度内发散，说明被试的变通性较差。而另一类被试则表现出较强的变通性，他们的答案除了通常被认为的噪声之外，还包括了虽令人不快但并不总被认为是噪声的声音，如钻牙的声音、足球场上对方啦啦队的叫声、睡得正香时电话的铃声、骨折声、当你希望喝彩时的寂静无声等，这样，思维就在不同的维度内发散，其变通性就强多了。思维的变通性越强，独特的有价值的答案就越容易出现。

独特性是指对问题能提出超乎寻常的、独特新颖的见解。吉尔福特采用命题测验来测试思维的独特性。具体做法是：提出一段故事情节，要求被试按照自己的意思给予一个适当的题目，题目越奇特越好。例如，有这样一个故事：一对夫妻，妻子是个哑巴，经医生治疗后能像常人一样说话了。但是妻子说话太多，整天与丈夫吵，丈夫非常痛苦。最后，丈夫只好要求医生设法把他自己变成了聋人，家中才又恢复了安宁。对这样的一段故事，一类被试命题为《丈夫与妻子》《医学的奇迹》《永不满意》；另一类被试命题为《聋夫哑妻》《无声的幸福》《开刀安心》等。吉尔福特认为，后一类被试比前一类被试的命题更有独特性。

任何科学理论的创立和艺术作品的产生，无不建立在发散思维的基础上。没有发散思维，人类的创造活动也就不复存在了。现代心理学认为，一个人的创新能力与他的发散思维能力成正比。辐合思维也是创新思维的一种形式，因为仅有发散思维，人们不可能从众多的可能方案中找到最佳方案。通常在一项活动中，人们需要从发散到辐合，又从辐合到发散，经过多次循环才能完成。

(二)直觉思维

直觉思维是指个体对某一问题未经逐步分析，仅依据内因的感知迅速对问题答案做出判断、猜测和设想的思维活动。直觉思维是创新活动不可缺少的重要成分，虽然直觉思维所产生的想法尽管还是一种未经检验与证明的猜想、假设，但它能推动人们继续深入思考，从而成为发明、创造的先导。直觉思维有以下特点。

1. 直接性

直觉思维是一种直接领悟事物的本质或规律，不受固定逻辑思维规则的束缚，不依赖严格的证明过程，是以问题全局把控为前提，以直接跨越的方式获取问题答案的思维过程，所以直觉思维的基本特征就是思维过程与结果的直接性。

2. 快速性

直觉思维的过程极短，稍纵即逝，其所获得的结果是突如其来和出乎意料的。人对某一问题苦思冥想却不得其解，反而往往在不经意间突然顿悟问题的答案，或瞬间闪现有创新性的设想。例如，牛顿的“万有引力定律”的发现就是在苹果砸到自己的瞬间完成的。

3. 或然性

直觉思维是非逻辑的，也是非必然的，它既可能正确，也可能错误，这对任何人来说都是如此。直觉思维能力再强的科学家也可能出错，所以直觉思维在创新活动中有重要作用，但不能将它看成是万能灵药。

4. 整体性

在直觉思维过程中，思维主体并不着眼于细节，而是对事物和现象形成一个整体的“智力图像”，从整体识别事物的本质和规律。

直觉思维虽然重要，但如果不经过分析思维，不运用严密的逻辑规律逐步推导，最后也难以得出合乎逻辑的结论。所以，在创新活动中，直觉思维和分析思维同等重要，它们必须相互配合、协同活动。

(三)灵感思维

灵感思维是指思维主体对某问题长期思考不得其果，当受到某些诱因的启发时，忽然得到答案的思维形式。灵感思维与创新休戚相关，但它并不是神秘莫测的，也不是心血来潮的，而是在知识经验的积累基础上，长期进行艰苦探索的结果，是偶然和必然的统一。

灵感思维与直觉思维、顿悟在思维过程中存在复杂的交互作用关系。首先，灵感思维是主体在某种诱发因素的激活作用下突然找到问题答案的创新思维活动，即灵感闪现，结出智慧之果，不具有可重复性；而直觉思维是不通过逻辑推理而直接对事物本质做出反应的思维形式，具有可重复性。其次，灵感思维是飞跃式地获得创新思维成果的思维活动本身，而顿悟是灵感思维的结果。灵感思维与直觉思维有很多共性，如直接性、快速性、或然性等，但它仍存在一些独有的特征。

1. 综合性

灵感思维一定是在拥有大量的知识经验、熟悉类似解决问题的方法的基础上产生的；它是逻辑思维和形象思维结合的产物，是左右脑活动达到高潮时相互统一的结果。我国著名科学家钱学森说："如果逻辑思维是线性的，形象思维是二维的，那么灵感思维好像是三维的。"也有人说灵感思维是左右脑细胞协同奏出的思维交响曲。

2. 随机性

灵感思维的突然到来，常常有个触发点，这个触发点带有偶然的因素，使灵感思维具有很大的随机性。许多科学家都具有这种抓住偶然"机遇"的特点，但机遇只是灵感思维的触发点，而并非灵感思维的源泉，灵感思维来自广博的知识和高度发展的能力，以及对要解决问题的持久、深入、执着的追求。我国数学家华罗庚说过，"偶然的机遇"只能给那些有素养的人，给那些善于独立思考的人，给那些具有锲而不舍精神的人。

3. 短暂性

灵感思维往往像电光石火，一闪而过，转瞬即逝，必须不失时机地捕捉，把它记录下来。实验证明，不但要把灵感思维及时记录下来，而且要趁热打铁，扩大思维成果，将忽明忽暗的零星火花连成一片，诞生新的思维成果。

4. 情绪性

灵感思维往往与激情连在一起，突发的激情是灵感思维的催化剂。当一个人长时间迷恋于某个问题时，日夜思索、废寝忘食、不能自已，有时甚至由于高度兴奋而陷入迷狂境地。一旦灵感思维来临，便会产生炙热的情感在胸中激荡。

（四）逆向思维

逆向思维是从问题的目标状态开始搜索，直至找到通往初始状态路径的思维形式。人类的思维活动具有方向性，存在正向和逆向的差异，由此产生了正向思维和逆向思维，两种思维形式是相对而言的，正向思维往往沿着问题发展的方向去思考解决问题，也是人们习惯思考问题的路线，而逆向思维沿事物发展的相反方向去思考解决问题，也是悖逆人们习惯的思路去思考。逆向思维是摆脱惯性思维羁绊的重要创新思维形式，运用它常常会得到意想不到的功效，如司马光砸缸和电梯的发明等都是逆向思维的结果。

三、创新思维的过程

创造性地解决问题比习惯性地解决问题有着更为复杂的心理活动过程，因此，在它的运行中又有独特的思维活动规律和程序。英国心理学家华拉斯通过对创造过程的分析，提出了创新思维的四个阶段理论，他将与创新创造活动相联系的创新思维过程分为准备阶段、酝酿阶段、豁朗阶段和验证阶段。

（一）准备阶段

准备阶段就是在创新活动之前，围绕要解决的问题，收集以往的资料，积累知识、素材及他人解决类似问题的资料的过程。这个阶段的准备工作做得越充分，收集的资料越丰富，越有利于开阔思路，受到启发，发现和推测出问题的关键，迅速厘清思路，明确方向，解决问题。因此在这一阶段应努力创造条件，广泛收集资料，有目的、有计划地为所要解决的问题做充分的准备。为了使创新思维顺利展开，不能将准备工作只限于狭隘的单一领域，而应当有相当广博的知识储备，然后才能像杜甫所说的“读书破万卷，下笔如有神”。

（二）酝酿阶段

酝酿阶段是在积累一定的知识和经验的基础上，在头脑中对问题和资料进行深入分析探索和思考，力图找到解决问题的途径和方法的过程。这一阶段从表面上看没有明显的思维活动，创新者的观念仿佛处于冬眠状态，但事实上思考仍在断断续续地进行。有时在创新者的意识中，可能对该问题已不再去思考或者从事其他一些无关的活动，但是创新者在潜意识中仍然对问题进行着思考，一旦受到一定的刺激就会转入意识领域，如日间苦思不解的问题，夜间可能会在梦中出现。因此，可以说创新思维的酝酿阶段多属于潜意识过程，这种潜意识的思维活动极可能孕育着解决问题的新观念和新思路，一旦酝酿成熟，就会使问题得到创造性的解决。

（三）豁朗阶段

豁朗阶段是经过充分的酝酿之后，在头脑中突然闪现出新思想、新观念或新形象，使问题得到顺利解决的过程。在这一阶段百思不得其解的问题，意想不到地闪电般地迎刃而解，头脑似乎从“踏破铁鞋无觅处”的困境中摆脱出来，有一种“得来全不费工夫”的感觉，并显示出极大的创造性。这种现象往往被称为“灵感”或“顿悟”，许多科学家在创造发明过程中都曾有过类似的现象。

（四）验证阶段

验证阶段是在豁朗阶段获得了解决问题的构想或思路之后，在理论上或实践上进行反复检验、多次补充和修正，使其趋于完善的过程。在这个阶段，或从逻辑角度在理论上求其周密与正确；或是付诸行动，经过观察实验而求得正确的结果。在验证阶段，个体需要经过无数次的存优汰劣，才能使创新成果达到完美的地步。

四、影响创新思维的主要因素

影响创新思维的因素也是影响问题解决的因素。每个正常人都有创新性，但有时受到主客观因素的影响，人们的创新性难以充分发挥出来，致使问题得不到很好的解决。

（一）创新动机

创新动机是推动个体进行创新活动的内部动力。一个人的创新动机的强烈程度，是影响创造性解决问题的一个重要因素。一般来说，创新动机太弱，就没有创新的积极性，不能激活脑细胞的充分工作，所以创新水平也低；而创新动机太强，由于紧张、兴奋，又会使注意力过分集中于某一点，从而抑制了对其他方面的思考，不利于广泛联系的接通，往往打不开思路，问题得不到有效解决。心理学家的实验表明，只有中等强度的创新动机才能使人发挥出最佳水平的创新性，创新动机太强或太弱都会影响问题解决的效率。

（二）知识经验

创新性是一个人心理活动的最高水平，是智力的高度发展和归宿，但它是以知识信息为基础的。有人研究创造型人才的智力结构，认为其是多因素、多层次的立体结构，就像一座高大壮观的“金字塔”，按知识、智力、创造力分为三个层次。知识是第一层次，是“塔基”。大凡智力水平高、创造力强的人，一般在基础知识、基础理论的掌握上是扎实而系统的。智力是第二层次，是建立在知识基础上的“塔身”。创造力是第三层次，是金字塔顶的一颗光彩夺目的“明珠”，它在知识基础上、智力背景下，运用已有信息材料，重新改组认知结构，用新的方式发现或解决问题。

可见，一个人只有具备了广博的知识，才能在别人习以为常的现象中发现新问题，才能从更多的角度提出新的假设，并找到解决问题的最佳方案。一般情况下，知识越广博的人就越容易发挥其创新性。但如果其知识结构不合理，就不能实现广泛的迁移，也就难以创造性地解决新问题。

（三）知觉情境

知觉情境就是知觉的具体环境，有人称之为问题表征。一般来说，知觉情境越简单、越明显，问题就越容易得到解决；而知觉情境越复杂、越隐匿，问题就越不容易得到解决。在图 5-1 中，已知圆的半径为 r，求正方形的面积。其中 a 图中圆的半径容易被看成是正方形的一部分，所以问题容易得到解决；而 b 图中圆的半径就不容易被看成是正方形的一部分，所以问题不容易得到解决。

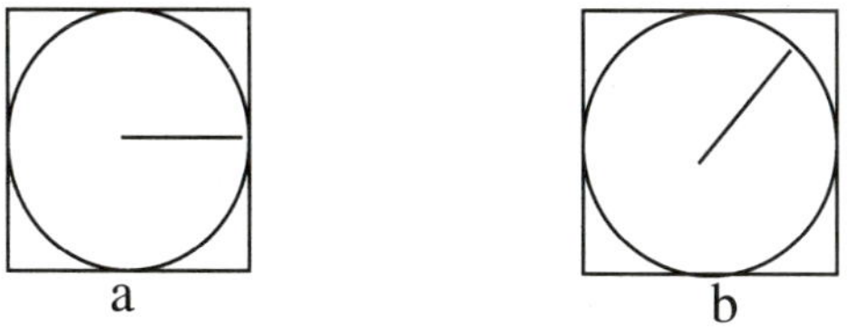

图 5-1 半径呈现的方式

九点连线问题，如图 5-2 所示，实验要求人们用连续的四条直线将九个点连在一起。人们常常不能成功解决这一问题，其原因在于九个点在知觉上组织成了方形，人们总是试图在这个方形的轮廓内连线，这样问题表征的方式就阻碍了问题的解决。如果主试告诉被试，连线可以突破方形的限制，被试的成绩会得到很大提高。

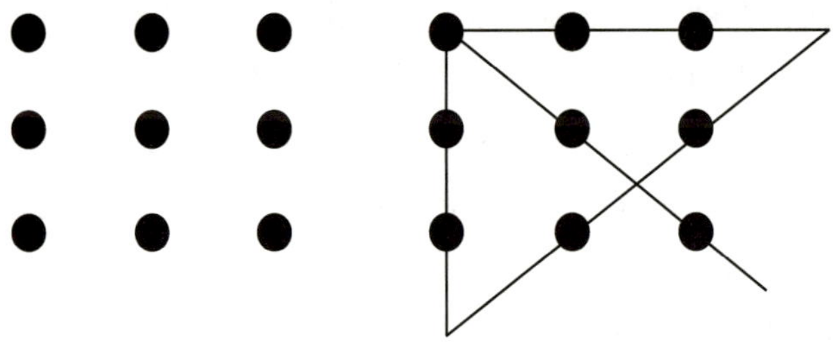

图 5-2　九点连线图

(四)思维定势

思维定势是指由重复先前的心理操作所引起的对新活动的心理准备状态。思维定势在解决问题中有积极作用，也有消极作用。积极作用表现为在条件不变的情况下，能快速解决问题；消极作用表现为在条件变了以后，还用旧的惯性思维反而阻碍问题的解决。陆钦斯在一个实验中，要求被试用大小不同的容器量出一定量的水，用数字进行计算，见表 5-1。实验分为两组，实验组做第 1～8 题，控制组只做第 6、第 7、第 8 三道题。结果，实验组在解第 1～8 题时，大多采用“B－A－2C”的方法计算，被称为间接法。而控制组在解第 6、第 7、第 8 题时，则采用了“A－C”或“A＋C”的简便算法，被称为直接法。这说明实验组在做第 6、第 7、第 8 题时，有 81％的人受到了前面思维定势的影响，只有 19％的人没有受到思维定势的影响，见表 5-2。

表 5-1　定势对问题解决影响的实验材料

课题序列	容器的容量(单位未知)			要求量出的容量
	A	B	C	D
1	21	127	3	100
2	14	163	25	99
3	18	43	10	5
4	9	42	6	21
5	20	59	4	31
6	23	49	3	20
7	15	39	3	18
8	28	59	3	25

表 5-2 思维定势对问题解决影响的实验结果

组别	人数	采用间接法正确解答(%) (D=B−A−2C)	采用直接法正确解答(%) (D=A+C 或 D=A−C)	方法错误(%)
实验组	79	81	17	2
控制组	57	0	100	0

(五)功能固着

功能固着(functional fixation)是人们把某种功能赋予某种物体的倾向，或者说当人们熟悉某物品的常规用途后，却想不到它还有其他用途的心理状态。例如，盒子是用来装东西的，笔是用来写字的，砖是用来搞建筑的等。在解决创造性问题的过程中，人们能否改变事物固有的功能以适应新的问题情境的需要，常常成为解决问题的关键。在功能固着的影响下，人们不易摆脱对事物用途的固有观念，因而直接影响到人们解决问题的灵活性。杜克的实验证实了这种影响。实验要求被试使用五种熟悉的工具解决五个新问题。实验组在解决问题前对工具的习惯用法进行了练习，增强了功能固着的倾向。控制组直接解决问题。结果控制组的成绩大大超过了实验组，见表 5-3。

表 5-3 功能固着对解决问题的影响

组别	工具	事先练习工作	变更使用、解决新问题	人数	成绩(%)
实验组	钻子	钻洞	支撑绳索	14	71
	箱子	装物品	做垫脚台	7	43
	钳子	打开铁丝结	支撑木板	9	44
	秤砣	称重量	击钉入木	12	75
	曲别针	夹纸	做挂钩	7	57
控制组	同上	无	同上	10	100
				7	100
				15	100
				12	100
				7	86

(六)个性特征

作为创新的主体，人的个性特征直接影响其创新性。首先许多创新源于爱心。例如，爱迪生发明灯泡源于他对人类的爱，希望给人类带来光明；弯形吸管的发明源于一位普通母亲对儿子的爱，因为她的儿子长期卧床无法正常喝水；其次创新还需要信心。在社会上曾存在一种误区，发明创造等都是科学家、发明家、艺术家的事，与我们普通人无关，导致大众缺乏创新自信，因而就缺乏创新的勇气，当然也不会有创新行为。最后在创新过程中恒心显得尤为重要。因为创新之路不是平坦大道，而是充满坎坷荆棘，需要坚持性和意志力。此外，好奇心、童心、责任心等无不影响着人的创新思维与创新行为。

(七)社会环境

人们能否创造性地解决问题，不仅受个人心理因素的影响，还会受社会因素的影响。研究表明，当人们知道他人会对自己的成果做出评估时，人们创造性的程度会降低。研究还发现，人们在工作时，如果有他人在旁边观看，也会在一定程度上影响创造性的水平。另外，和谐互助的人际关系有利于问题的解决，互不信任、关系紧张则会妨碍问题的解决。

第四节 中小学生思维能力的培养

一、中小学生思维发展的特点

瑞士心理学家、发生认识论创始人皮亚杰从认知发展的角度出发，研究了儿童从婴儿期到少年期大约 15 年的认知发展历程，提出了著名的认知发展阶段理论。认知发展就是指儿童自出生后在适应环境的活动中，对客观事物的认识及解决问题时的思维方式与能力表现随着年龄的增长而不断提高的过程。皮亚杰将儿童从出生到 15 岁智力的发展划分为四个阶段：感知运算阶段、前运算阶段、具体运算阶段、形式运算阶段。小学生的思维发展正好处于第三阶段，初中生的思维发展特点恰与第四阶段的认知思维发展特点相符。下面将结合皮亚杰的认知发展阶段理论来了解中小学生思维发展的特点。

(一)小学生思维发展的特点

小学生正处于皮亚杰认知发展阶段理论的具体运算阶段(7～12 岁)，本阶段的儿童能按具体事例进行推理思考，可接受他人的观点，不再处于自我中心的状态。语言具有社会交流的性质，思维的可逆性和守恒性已经形成，两种重要的智力运算(顺序排列和分类)也发展起来了。这个阶段的儿童的思维主要有以下特征。

1. 多维思维

多维思维是指在思维的总进程中由多个思维指向、多个思维起点、多个逻辑规则、多个评价标准、多个思维结论而形成的思维模式。例如，对一个玩具，儿童既可按颜色归类，也可按形状归类，还可按大小归类，说明这时儿童的认知水平已达到具体运算阶段。

2. 概念守恒

例如，将 5 个鸡蛋和 5 个杯子一一对应，排成一线且排得一样宽，如图 5-3 所示。问 4 岁儿童鸡蛋与杯子是一样多，还是不一样多。他们能回答一样多。但假定将鸡蛋排得很宽，如图 5-4 所示，再问他们鸡蛋与杯子何者多，他们会认为排得宽的鸡蛋多。但 6～7 岁儿童能知道两者一样多。皮亚杰认为，这时儿童已经能意识到转换的动作，思维不再局限于静止的表象，因此能解决这种数量守恒问题。

图 5-3 数量守恒

图 5-4 数量守恒

3. 思维的可逆性

思维的可逆性是守恒观念出现的关键。心理学上有一个有趣的实验：让尚未形成物质守恒概念的儿童亲眼看着一小碗牛奶全部被倒入另一根试管内，接着问儿童试管里的牛奶和原来碗里的牛奶哪个更多，几乎所有处于前运算阶段的儿童都坚持说试管里的牛奶更多，说明他们没有形成守恒概念，而处于具体运算阶段的小学生不仅能够考虑牛奶从小碗倒入试管，而且还能设想牛奶从试管倒回小碗，并恢复原状，说明小学阶段的思维具有可逆性。追踪研究的结果表明，儿童获得不同守恒形式的年龄是不一样的，最早掌握的是数量守恒(6、7 岁)，接着是物质守恒和长度守恒(7、8 岁)，面积守恒和重量守恒(9、10 岁)，最后是体积守恒(12 岁)。

4. 去自我中心思维

儿童逐渐学会从别人的角度和观点看问题，意识到别人持有与他不同的观念和解答。他们能接受别人的意见，修正自己的看法。这是儿童与别人顺利交往、实现社会化的重要条件。

5. 具体逻辑推理

具体运算阶段的儿童虽缺乏抽象逻辑推理能力，但他们能凭借具体形象的支持进行逻辑推理。例如，向 7～8 岁儿童提出这样的问题：假定 $A>B$，$B>C$，问 A 与 C 哪个大，他们可能难以回答。若换一种说法：“张老师比李老师高，李老师又比王老师高，问张老师和王老师哪个高?”他们可以回答。因为在后一种情形，儿童可以借助具体表象进行推理。

(二)中学生思维发展的特点

中学生正处于皮亚杰认知发展阶段理论的形式运算阶段(12岁以后)，皮亚杰认为形式运算就是摆脱了具体事物的束缚，利用语言文字在头脑中重建事物和过程来解决问题的运算。该阶段的儿童思维水平接近成人，能运用抽象的、合乎逻辑的推理方式去思考问题，抽象思维逐渐成为主导思维。此阶段的儿童可能会思考生命的意义及自己未来的发展问题，由此引发出青春期的自我中心主义。

该阶段儿童的思维不仅从逻辑上考虑现实的情境，而且考虑可能的情境(假设的情境)，然后形成一个符合逻辑的假说。皮亚杰和英海尔德设计了著名的钟摆实验来验证儿童假设检验理论的形成。他要求被试找出是哪个变量或哪些变量联合作用共同影响了钟摆的摆动速度。有四个变量分别是：钟摆摆动的高度、钟摆的重量、摆绳的长度、摆动所受外力的大小。处于具体运算阶段的儿童不能分离出这四个变量，他们不能在其他变量保持不变的情况下只改变一个变量，去验证该变量对摆动速度的影响，往往在尝试一两次无果后他们就放弃了。而处于形式运算阶段的青少年则能够从多个变量中分离出一个变量，考虑这一变量在整体中的作用。

由此将中学生思维发展的特点总结如下。

①抽象逻辑思维逐渐发展，并随着年龄的增长日益占主导地位，但还有赖于具体形象思维。

②八年级是抽象逻辑思维发展的关键期，开始由“经验型”逻辑思维向“理论型”逻辑思维转化。

③开始能逐步理解矛盾对立统一的辩证思维规律，九年级处于迅速发展的转折期，但尚未处于优势地位。

④思维的独立性和批判性明显发展，但容易出现片面性和表面性的特点。

二、提高中小学生创新思维能力的方法

(一)激发创新动机，增强创新欲望

创新欲望是推动创新思维活动的内部动力。一个人再聪明，如果没有创新欲望，好逸恶劳、得过且过，也不会有什么创新成果。如何激发学生的创新欲望，可以尝试从以下几个方面入手。

①营造浓郁的创新氛围。例如，大力宣传创新理念，鼓励师生的创新行为，组织创新活动，张贴一些创新名言等。

②保护好孩子的好奇心。好奇心是孩子的天性，是探究世界的动力源泉。例如，牛顿因好奇由此进行研究发现了万有引力定律，瓦特因好奇由此进行研究发明了蒸汽机。

③培养广泛的兴趣爱好。俗话说，兴趣是最好的老师。例如，福特因为爱好机械修理、汽车制造，最后成为美国汽车大王。

④鼓励创新。要对学生表现出来的创新“成果”给予充分的肯定和必要的表扬，让学生体验到创新的快乐，以增强学生创新的信心和兴趣。

(二)增强问题意识，提高质疑能力

问题是现状与目标之间的差距。那么问题解决的过程便是从问题初始状态到达目标状态的思维过程。而创新思维就伴随在提出新问题、努力解决新问题的始终，所以善于提出问题并努力解决问题的过程就是培养创新思维的过程。所以老师不但不惧怕学生提问题，还要鼓励并引导学生提出高水平的问题。

(三)摆脱思维定势，克服功能固着

①养成多提新要求的习惯。例如，还有其他答案吗？还有其他故事结局吗？还有其他用途吗？等等。

②培养学生的独立思维。独立就是摆脱依赖，是创新思维的前提。可鼓励学生不从众、不盲从，敢于怀疑书本、怀疑权威，提出自己的观点。

③鼓励改变日常习惯。例如，倒着走、改变行走路线、改变问候方式、尝试新的运动项目、用欣赏的心态看待自己不感兴趣的课程等，让学生的思维始终保持灵活的状态。

④重新表述问题。例如，“请你设计一种新牙刷”，这个问题可以重新表述为“请你寻找一种清洁牙齿的新方法”，你看哪种表述更容易摆脱定势的消极影响呢？

(四)培养想象力，提高创新水平

想象是创造发明的基础，离开了想象，人既不可能有什么预见，也不可能有什么发明。想象是最有价值的创造因素。科学家的假说、设计师的蓝图、作家的人物塑造、工人的技术革新等，无不需要丰富的想象力，想象力越丰富，创造力越强。想象是创造的前导。

有人说想象是创造的翅膀。那么如何让学生创造的翅膀羽翼更丰满呢？

①丰富头脑中的表象。怎么丰富？读万卷书，行万里路。

②加强联想训练。即便脑中的表象再多，如果彼此没有产生联系，那么也不会创造出新形象来，所以可以通过联想让表象活跃起来。联想分为自由联想和强制联想两种。例如，当你看到一个三角形，联想到三明治—麦子—田地—肥料—牛羊等时，这属于线性自由联想；让你想象有三角形形状的客观事物有哪些，这是发散式自由联想。强制联想是人为地将毫不相干的各种事物呈现给你，强迫你用最快的速度将它们联系起来，如月亮—胶水。当然，想象力与丰富的知识经验和较高的语言符号理解力也是分不开的。

③教师要引导学生多组织开展想象性的活动，锻炼学生的想象力，对学生在想象活动中的优秀表现要给予充分的肯定和表扬，激发其想象的积极性。

(五)训练发散思维，提高创新能力

发散思维是创新思维的核心形式，通常衡量人的创新能力水平的高低主要通过

测量发散思维水平。而发散思维能力是可以通过训练得到提高的。有句名言说得好：思维的翅膀是天生的，但科学的训练可以让你飞得更高、更远。那么如何训练发散思维呢?

①常规训练法。例如，经常说说某物的用途与功能、某现象的原因与结果、有哪些问题与解决的方法等，越多越好，个人随时可以练习。

②头脑风暴法，又称智力激励法，它以小组的形式不受约束、不批评、自由讨论问题，小组成员彼此启发，产生尽可能多的答案的方法。它采用开会的形式组织人们对特定的问题进行讨论，当一个与会者提出一种设想或看法后，就会激发其他成员的联想，而这些联想、观察问题的角度和研究方法等方面的差异，会使个体产生各自独特的见解，然后，通过相互间的启发、比较、提问，甚至是责难，可在短时间内产生解决某一问题的许许多多的方法。想法越多，最后得到有价值的见解的可能性也越大。它既是开拓人们思路的训练方法，也是使人们产生新设想、得到一些意想不到的解决问题的好途径。

③思维导图法。思维导图是运用图文并重的技巧，从中心主题出发，把各级主题的隶属关系按照层级逐步细化，形成的具有无限可能的放射状立体结构图。它不仅可以将发散思维的结果答案有效地表达出来，而且对我们的发散思维还具有启发和引领作用。

心理自测

发散思维能力自我测验

一、测试题目

1. 请你写出所能想到的带有“土”的字，写得越多越好(5 分钟完成)。

2. 请你用数字或字母，以各种数学运算形式来完成“1＝?”这一等式，写得越多越好(5 分钟完成)。

3. 请你举出包含“三角形”的各种物品，举得越多越好(10 分钟完成)。

4. 给你三条直线、一个任意三角形，请你同时使用这些简单图形和线条，组成各种有意义的图案，画得越多越好(10 分钟完成)。

5. 请你列举出所能想到的普通砖头的各种用途，举得越多越好 (10 分钟完成)。

6. 请你给下段小故事写出各种合适的标题，写得越多越好(10 分钟完成)。

“冬天到了，一个百货商店的新售货员忙着销售手套，但他忘记了手套应该配对出售，结果商店最后剩下 100 只左手手套。”

二、评价标准与结果分析

发散思维分为流畅性、变通性和独特性三个层次。这 6 道题目的答案也需要从这三个方面来评判。

1. 流畅性是发散思维最低层次的特性，它只表现思考的数量。这 6 道题目，你一共写了多少答案？每个答案计 1 分，然后对照下表，就可以知道你的发散思维的流畅性的好坏，也可以表示你的发散思维的熟练程度。

等级	差	一般	好	很好
分数	0～29	30～54	55～74	75 以上

2. 衡量发散思维的变通性是按照答案可分成几类来评价的。例如，可分成 4 类就计 4 分。最后，把 6 道题目的变通性的得分加起来，对照下表。

等级	差	一般	好	很好
分数	0～11	12～19	20～23	24 以上

3. 独特性是发散思维最高层次的特性，它常常突破常规和经验的束缚。在发散思维中，答案凡是符合“新颖、独特和稀有”这三个条件，都被视为有独特性。

你的得分是多少？但记住，不管你得分多少，创造性是可以培养和发展的。

（六）丰富知识经验，优化知识结构

丰富的知识经验是创造能力发展的基本条件，而良好的知识结构便于在创造活动中迅速有效地提取知识，使思维活动流畅、变通，及时运用所学的知识创造性地解决新问题。所以，要教育学生扎实地学习和掌握各学科的基础知识，充分地了解社会、了解自然，丰富各方面的感性经验，充实各学科的理论知识，并建立合理的知识结构。

（七）学习创新技法，加快创新速度

传统的教学过程只重视知识的传授而忽视学习方法和思维方法的训练，这种教学方法只能培养出“高分低能”的学生。要想培养创新型人才，教师必须在传授知识的同时，教给学生学习的方法、思维的方法和发明创造的方法，有计划地对学生进行创新思维的训练。创新技法是创造学家根据前人成功的创新经验总结出来的创新原理、技巧和方法，如核查表法、分割组合法、类比法和头脑风暴法等，它可以启发人的创新思维，甚至会直接产生创新成果。

（八）组织创新活动，加强创新实践

教师应鼓励学生进行创造性的学习，如一题多解、一事多写，文章的改写、扩写、缩写、续写等，还要多组织一些创造性的课外活动，如设计板报、标语、班训，制造各种模型，组织各种文体活动等，让学生在创新实践中切实提高自己的创新思维水平。

思考与练习

一、选择题

1. 当人们看到燕子飞得低时，推测天将下雨，这种思维过程主要体现了思维的（　　）特征。

A. 间接性　　B. 概括性　　C. 直接性　　D. 表面性

2. 李老师让学生尽可能多地列举曲别针的用途，旨在培养学生的(　　)。

A. 形象思维　　B. 逻辑思维　　C. 经验思维　　D. 发散思维

3. 在头脑中将同类事物的本质特征抽取出来，舍弃非本质特征的思维过程是(　　)。

A. 分析　　B. 比较　　C. 抽象　　D. 概括

4. 某美术学院举行考试，要求考生根据自己的经验和理解，按照自己的方式画出“野水无人渡，孤舟尽日横”这两句诗的意境。完成这个绘画的过程属于(　　)。

A. 无意想象　　B. 有意想象　　C. 再造想象　　D. 创造想象

5. 影响创新思维的主要因素包括(　　)。

A. 创新动机　　B. 知识经验　　C. 功能固着　　D. 思维定势

二、问答题

1. 阅读下列材料：在课堂上，老师让学生列举砖头的用途时，学生小芳的答案是“盖房、铺路、垒墙、建学校”。学生小明的答案是“建筑、打狗、练气功、当椅子”。你更欣赏哪位同学的答案？为什么？

2. 如果你是一名中小学教师，请结合你所教的学科特点，谈谈你会采取哪些方法培养学生的创新思维能力。

选择题参考答案：1. A　2. D　3. C　4. BC　5. ABCD

拓展与延伸

1. 心理电影：《禁闭岛》.

2. 心理电影：《地心历险记》.

3. 文森特·赖安·拉吉罗．思考的艺术(原书第10版)[M]. 金盛华，李红霞，邹红，译．北京：机械工业出版社，2013．

4. 心放. 想象力统治世界[M]. 北京：新世界出版社，2009.

5. 琳内·莱韦斯克. 创造力[M]. 李敏，译．哈尔滨：黑龙江科学技术出版社，2009.

第六章　学习心理导论

学习目标▶

1. 理解学习的定义，能够依据学习的定义和特点判断学习行为。

2. 能够依据心理学家对学习的分类分辨各种学习行为。

3. 能够对学习发生的机制有一定的了解，以此更深刻地理解学习行为。

4. 能够根据学生学习的特点与影响学生学习的因素在实际教学中指导学生学习。

知识导图

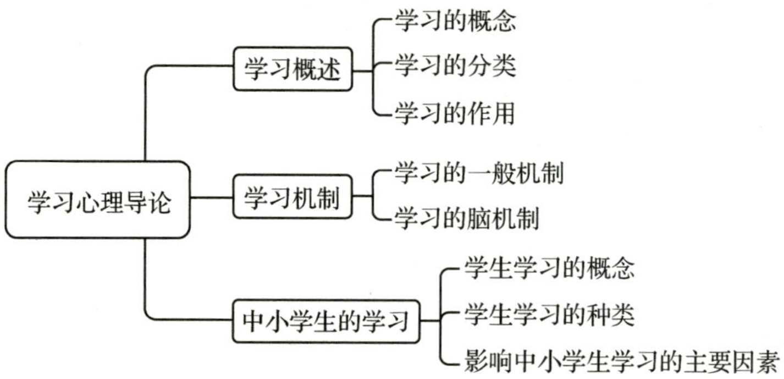

教育心理学是心理学体系中比较成熟的一门分支学科，其中学习心理是心理学特别是教育心理学的重要内容，古今中外的思想家、教育家和心理学家都非常重视学习问题的研究，形成了比较丰富的学习思想和比较系统的学习理论。这些思想和理论成为教师从事教育工作非常重要的理论基础和实践依据。

第一节　学习概述

一、学习的概念

学习是我们日常生活中使用非常频繁的一个词语，学生主要的任务就是学习，但平时我们所说的学习一般指的是知识技能的掌握，而心理学界对学习的界定远远超出了我们平时所理解的范畴。

(一)什么是学习

《现代汉语词典》中的学习是指从阅读、听讲、研究、实践中获得知识或技能。这一学习概念侧重的是学习的结果。

长期以来，心理学界对学习的定义有种种界定，但较为广泛接受的定义是：学习(learning)是指个体在适应环境过程中，通过练习或反复经验而产生的行为或行为潜能方面比较持久的变化。心理学意义上的学习概念更加强调学习的发生过程。

学习的概念有广义、次广义、狭义之分。广义的学习指人和动物的学习，次广义的学习指人类的学习，狭义的学习专指学生的学习。

(二)学习的特点

1. 学习是一种适应环境的活动

个体要生存，必须适应环境的变化，与环境保持协调与平衡。这种适应表现在两个方面：生理上的适应和心理上的适应。生理上的适应是个体在环境变化的影响下，生理结构、生理机能及外在行为上的变化。心理上的适应是个体在环境的影响下，心理结构、心理机能及外在行为表现上的变化。学习属于心理适应的范畴。个体与环境相互作用是学习产生的前提。

2. 学习是练习或反复经验引起的

这里所说的经验不是通常我们所说的总结出来的经验，而是指经历，是个体通过活动获得经验的过程。它不仅包括个体的练习，还包括个体和环境之间不断的相互作用，一方面，外界环境信息要想对个体产生影响，需要以个体已有的知识、技能、态度为基础；另一方面，外界环境信息对个体产生影响又使个体经验不断丰富与发展。

本能、疲劳、适应、成熟等也能引起行为变化，但不是学习。例如，遇火缩手是本能引起的适应活动，不是学习；运动员在长跑中速度越来越慢是疲劳引起的，也不是学习；个体的成熟与衰老也会使行为产生变化，这种变化是机体的生理发展引起的，也不是学习。但个体发展中的学习和成熟往往相互作用，只有个体达到一定的成熟程度，经验才会发生作用，如儿童学习语言，其中既是成熟的作用，也是学习的结果，因为儿童只有到了一定的年龄才能理解语言进而表达语言，这是由生理成熟决定的，但如果没有外在的语言环境，如成人的教和儿童的语言模仿，儿童就不可能有正常的语言表达，这又是学习的作用。正确理解成熟和学习的关系，对理解学习的概念是很重要的。

3. 学习的结果是导致行为或行为潜能的变化

有的学习可以通过外显的行为表现出来，如学会写字、说话、开车等。而有的学习不一定在人的当前行为中立刻表现出来，如信仰的确立、世界观的形成、人格的养成等。此外，人类的学习不仅仅是为了适应环境、认识世界，还要提高征服自然与环境的素质，进一步改造世界。为了达到这一目的，人类主动地探索各种有效的认识世界的方法、学习的方法，并通过认识、经历、体验、获得感悟、进行自我改变，从而转化为人类自身征服自然、改造世界的能力。因此，人类的学习不是单纯的记忆和背诵，而是在自己头脑中建构属于自己的知识、方法和技能体系的过程，即人的心理结构会悄悄发生变化。

4. 学习引起的变化是相对持久的

机体的行为变化不仅可以由学习引起，也可以由一些其他因素引起，如疲劳、疾病、药物、适应和成熟等。由学习引起的无论是行为的变化还是行为潜能的改变都是相对持久的，并使得行为水平提高；而由疲劳、疾病、药物、适应等因素引起的行为变化是比较短暂的，并使得行为水平降低。例如，人喝醉酒后，走路摇摇晃晃，是由酒精引起的，一旦醒酒了其走路形态就会恢复正常。在感觉适应现象中，人的感受性会发生变化，是由特定情境引起的，一旦离开特定情境，这种变化就会消失。成熟也能带来行为的改变，如婴儿成长过程中出现的“三翻六坐八爬”现象，但成熟比学习所带来的变化要慢得多。通常成熟与学习相互作用，而引起人行为的改变。因此可以说，行为的变化不等同于学习的存在。

(三)学习的相关概念

1. 学习科学

学习科学作为一门主要由生物科学和教育科学交叉而形成的前沿学科，旨在建立心智、脑与教育之间的桥梁，将生物科学的最新成果，包括认知神经科学、情感神经科学、基因科学和生物分子学等应用于教育和学习过程。它整合心理学关于认知和学习的心理过程的研究、课程和教学论关于教材组织及教学过程的研究，以及教育技术学关于如何建立动态系统以支持学习的研究，同时综合其他相关学科(如社会学、文化人类学、知识论等)的视角，全面研究学习活动的认知过程、社会情境和设计方式，从而给学习、教育以及政策制定提供科学的指导，以迎接教育的重大变革。

2. 终身学习

终身学习是指社会每个成员为适应社会发展和实现个体发展的需要，贯穿于人的一生的持续的学习过程，即我们常说的“活到老，学到老”或者“学无止境”。在特殊的社会、教育和生活背景下，终身学习的理念得以产生，它具有终身性、全民性、广泛性等特点。终身教育和终身学习被提出后，各国普遍重视并积极实践。终身学习启示我们树立终身教育思想，使学生学会学习，更重要的是使学生养成主动学习的良好习惯。

3. 远程学习

远程学习是一种特殊的学习形态，是由于互联网的出现而创造的跨时空的学习。在这类学习中，学生和教师在时间、空间以及情境上存在一定距离，处于准分离状态，这种距离原本是一种教学的劣势，现代化教育技术将其劣势变为优势，如信息资源丰富、获取方式便利等。

4. 元学习

元学习这一术语由英国学者约翰·比格斯在1985年提出。教育界和心理学界的学者从不同角度对元学习的概念进行了界定：在行为学意义上，元学习是学习行为本身的改变；在信息学意义上，元学习是关于获取知识和经验的学习；在心理学意义上，元学习不仅包括一般的学习获取、学习记忆、学习理解、学习思维、学习直觉和逻辑方法等学习过程，同时还包括对学习兴趣的培养，改善注意力和意志力的训练等。综合各类观点可以看出，元学习本身也是一种学习，这种学习源自学习者对自身学习的反省或自我意识，包括对自己学习活动中的动机与行为、认知与情感、技能与意志的状态和结果的知晓。元学习既表现为学习者充分运用动机和元认知技能，实现对学习活动中认知过程和情意过程的有效监督调节与控制，使心理活动状态与正在进行的学习过程高度协调一致，维持高效率的学习；同时也表现为在学习活动中对诸如学习计划的制订、学习方式方法的选择、学习资源的利用与管理等的利用与优化。

二、学习的分类

学习是一种非常复杂的活动，不仅涉及的范围相当广泛，而且形式也多种多样。许多心理学家从不同角度对学习进行了分类，影响较大的有以下几种。

(一)依据学习主体的分类

1. 动物学习

动物学习仅限于消极适应环境的变化，以满足其生理需要，动物学习主要以直接的方式来获取个体的经验，或者主要依靠其先天遗传的种族经验，动物学习局限于第一信号系统。

2. 人类学习

人类学习和动物学习有相似之处，都是有机体对环境的一种适应，但人类学习和动物学习在本质上是不同的。

①社会性。人类学习不仅获取个体经验，还会获取社会历史经验；不仅主动适应并改造自然环境，还要主动适应和改造社会环境；不仅满足其生理需要，还满足其社会需要。

②以语言为中介。人类学习除了通过直接方式获得个体的行为经验外，还可以通过语言符号，以间接的方式掌握人类积累起来的社会历史经验和概括抽象的经验，使人类的心理机能由低级向高级转化。

③积极主动性。人类的学习在很大程度上是有目的地、自觉地、主动地适应环境的过程，更重要的是认识世界和改造世界；人类积极作用于环境，在与他人交往的过程中进行学习。

④复杂性。从学习机制来看，人类学习主要依赖第一信号系统与第二信号系统的协同作用。第二信号系统给人类的学习带来了新的学习机制，也使人类学习与动物学习有了本质区别，而且使人类发展了更为高级的心理功能。

3. 机器学习

机器学习主要指计算机的学习，它是人工智能的一个活跃的研究领域。人工智能就是把人的某些智能赋予机器，把人的某些思维活动物化，让机器模拟人的某些智能以代替和扩展人脑的某些功能。机器的学习过程实际上就是一个随着经验的积累而不断改善其操作，并使之表现出智能的过程。简单地说，就是计算机系统如何获得信息并利用信息来解决问题的过程。

(二)加涅根据学习水平的分类

美国著名心理学家加涅1965年出版了他的代表作《学习的条件》，根据学习情境由简单到复杂、学习水平由低级到高级的顺序，把学习分为八类，构成了一个完整的学习层次结构。

1. 信号学习

信号学习是最基本的学习，是在经典条件反射的基础上形成的，是有机体对信号刺激做出的特定的反应，包括不随意反应和情绪反应。例如，小孩看到穿白大褂的护士联想到打针就会恐惧，这种恐惧是由信号学习引起的。

2. 刺激—反应学习

刺激—反应学习是在操作性条件反射的基础上形成的，有机体做出某种行为后得到强化，学会用某种反应去获得某种结果。例如，学生考试取得好成绩得到老师的表扬，之后还想努力学习取得好成绩，得到老师的表扬。

3. 连锁学习

连锁学习是在刺激—反应学习的基础上，形成了两个及两个以上的刺激—反应联结。各种技能的形成都离不开这类学习。例如，学习体操、舞蹈等，都需要把单个的动作连接起来形成连贯的动作。

4. 言语联结学习

言语联结学习与连锁学习类似，是一系列的言语单位的联结，只不过学习的单位是言语刺激，如北京—首都—中国—世界等。

5. 多重辨别学习

学习辨别多种刺激的异同，并对之做出不同的反应，如形近字的学习。

6. 概念学习

在对刺激进行分类时，学习对同一类刺激做出相同的反应，抽出同类事物的本质属性，形成概念，如对三角形概念的掌握和理解。

7. 规则学习

规则是指两个或两个以上概念之间的关系。规则学习就是形成多个概念的连锁，如速度=路程/时间，要掌握这几个概念及它们之间的关系。

8. 解决问题的学习

解决问题的学习是指学会在不同条件下，运用规则或原理解决问题，最终达到目的的学习。

加涅的学习分类系统几乎概括了心理学家所研究的一切学习类型，它不仅包括低级的动物学习，也包括高级的人类学习。这几类学习是从简到繁、从低级到高级逐步发展的，彼此之间相互联系，构成了一个复杂、抽象的累积学习模式。

(三)加涅根据学习结果的分类

加涅认为，学习结果就是各种习得的能力和性情倾向，可以分为五种类型。

1. 言语信息学习

言语信息(verbal information)是指有关事物的名称、时间、地点、定义以及特征等方面的事实性信息。学习者掌握的是以言语信息传递(通过言语交往或印刷物的形式)的内容或者学习者的学习结果是以言语信息表达出来的。通过这类学习，学习者得到的不仅是个别的事实、概念等，还能对信息赋予许多意义，使信息的学习和意义的学习结合在一起，构成系统的知识。这类学习解决“是什么”的问题。

2. 智慧技能学习

智慧技能(intellectual skills)又称智力技能或心智技能，是指个体运用符号或概念与环境交互作用的能力。这类学习解决“怎么做”的问题，各种水平的学习都包含不同的智慧技能，如怎样把分数转换成小数等。加涅认为每一级智慧技能的学习都要以低一级智慧技能的获得为前提，最复杂的智慧技能则是把许多简单的技能组合起来而形成的。他把辨别技能作为最基本的智慧技能。

3. 认知策略学习

认知策略(cognitive strategies)是学习者调控自己的注意、学习、记忆和思维等内部心理过程的技能。这种技能使得学习过程的执行控制成为可能。因此，从学习过程的模式图来看，认知策略就是控制过程，它能激活和改变其他的学习过程。简单地说，认知策略就是学习者用来“管理”他的学习过程的方式。这种使学习者自身能管理自己思维过程的内在的有组织的策略非常重要，是目前教育心理学研究中的热门课题。

4. 态度学习

态度(attitude)是影响个体对人、事、物采取行动的内部状态。通过学习获得的内部状态影响着个人对某种事物、人物及事件所采取的行动。态度可以从各种学科的学习中得到，但更多从校内外活动中和家庭中得到。加涅提出了三类态度：①儿童对家庭和其他社会关系的认识；②对某种活动所伴随的积极的情感，如音乐、阅读、体育锻炼等；③有关个人品德的某些方面，如爱国、关心社会需要和社会目标、尽公民义务的愿望等。

5. 运动技能学习

运动技能(motor skills)又称为动作技能，是指个体通过身体动作的质量(敏捷、准确、有力和连贯等)不断改善而形成的整体动作模式，如体操技能、写字技能、作图技能、操作仪器技能等。

加涅认为，上述五类学习不存在等级关系，其顺序是随意排列的，它们是不同范畴的学习，这种分类是对分层次学习的一种减缩，充分体现了人类学习的特点，尤其符合学校学习的性质。加涅认为把学习结果作为教育目标，有利于确定达到目标所需要的条件，可以为教学设计提供可靠的依据，对于我们促进学生学习，更好地组织教学具有更现实的意义。

(四)奥苏贝尔根据学习性质与形式的分类

美国教育心理学家奥苏贝尔 1968 年从两个维度(性质和形式)对学习进行了分类。

1. 根据学习的性质，即学习材料与学习者原有知识结构的关系，学习可以分为有意义学习和机械学习

有意义学习就是符号所代表的新知识与学习者头脑中已有的知识之间建立起非人为的实质性的联系的学习。所谓实质性的联系是指人们用不同的符号表达知识，但它代表的意义是相同的。非人为的指的是这种联系是内在的。机械学习是学习者没有理解材料的意义，只是死记硬背，只是在学习内容与已有知识结构之间建立一种人为的非本质的联系。两者是一个发展连续体的两个极端，许多真实的教学都处于两者之间。奥苏贝尔特别重视有意义学习，这是他学习理论的核心。

2. 根据学习的形式，学习可以分为接受学习和发现学习

接受学习是学生通过教师的讲授获得结论、概念、原理等。发现学习是学生独立地通过自己的探索寻找而获得答案。

奥苏贝尔认为，这两个维度互不依赖，彼此独立。学习的形式不等同于学习性质，接受学习不一定是机械的，发现学习也不一定是有意义的。例如，“触棒迷宫”实验体现的是一种独立的发现学习，但不是有意义学习；学生听老师讲解“不同概念的关系”时，属于接受学习，同时也属于有意义学习。在课堂教学中有意义的接受学习是最常见的、有效的学习方法，但不能因此否认机械学习的作用。在有些情况下，机械学习也是必要的。

(五)布鲁姆根据学习目标的分类

根据美国教育心理学家布鲁姆的教育目标分类理论，学习可以分为以下三类。

1. 认知学习

认知学习由低到高分为六个等级。

①知识。指学习具体的知识，能记住以前学过的知识。

②领会。指对所学的内容最低水平的理解。例如，个体能够将自己所学的知识用自己理解的语言进行解释，或是对其中某一项内容进行说明或者阐述。

③应用。指在特殊情况下应用概念和原理，应用反映了最高水平的理解。

④分析。指能区别和了解事物之间的关系。

⑤综合。指能把已有经验中的各部分或各要素组成新的整体。

⑥评价。指能根据内在标准和外部证据对所学材料做出判断。

2. 情感学习

情感学习包括接受、反应、形成价值观念、组织价值观念系统和价值体系个性化五种基本目标。

①接受。个体专注于特定现象或刺激。例如，专注于课堂的教学活动，从教学

角度看，它与引起保持和支配个体的注意有关，也就是说，学习结果是注意。

②反应。个体选择特定的活动积极参与，并以某种方式做出反应。例如，教师提问题引起个体关注某一特定现象从而提高注意效果。

③形成价值观念。个体对特定的现象或行为的价值或重要性的认识。

④组织价值观念系统。该目标的重点在于价值的比较联系和综合，试图解决价值之间的冲突以及建立一种内部协调的价值体系。

⑤价值体系个性化。在个体具有了一种价值体系后，这一价值体系就会自觉地控制个体的行为，并使之形成独特的"生活方式"，并具有一致性和可预测性。例如，有的个体认为，读万卷书，行万里路，这种价值体系会控制个体的行为，使其将大部分业余时间用于读书。

3. 动作技能学习

动作技能学习有知觉、模仿、操作、准确、连贯和习惯化六种。

①知觉。个体通过感官对动作、物体等的意识能力，以及进行心理、躯体和情绪等预备调节能力。

②模仿。个体按提示要求行动或重复所显示动作的能力。

③操作。个体按提示要求行动的能力。

④准确。个体的练习能力或全面完成复杂作业的能力。

⑤连贯。个体按规定顺序和协调要求去调整行为动作的能力。

⑥习惯化。个体自发或自觉的行动的能力。

(六)根据学习意识水平的分类

1. 内隐学习

内隐学习(implicit learning)是指机体在与环境接触的过程中，不知不觉地获得了一些经验，并因之改变其事后某些行为的学习。例如，优秀的运动员能够准确接住复杂多变的球，却难以说出背后复杂的规则，而只能说多练几次就会有感觉了。

2. 外显学习

外显学习(explicit learning)是明确需要付出心理努力的，并需要按照规则做出反应的有意识的学习。例如，学习心理学中感觉的概念。

(七)依据学习正式性的分类

1. 正式学习

正式学习(formal learning)是指在学校的学历教育和工作后的继续教育中发生的，通过课程、教学、实习以及研讨等形式进行的学习。

2. 非正式学习

非正式学习(informal learning)是指学习者在非正式的学习时间和场合，通过非教学性质的社会交往而进行的自主的学习。它不需要专门的教室，不存在鲜明的组织性和制度性，可以发生在工作场合、博物馆、科技馆、动物园、运动场等。

正式学习与非正式学习的区别不在于学习发生的物理位置。即使在学校也可以发生非正式学习，如与同伴交流互动、玩游戏，接触各种信息媒体等。非正式学习在生活中随时都能发生，如家长说教、旅游观光、通信聊天、观看影视等。

三、学习的作用

(一)学习是个体适应环境与环境保持动态平衡的必要条件

动物为了生存要通过学习适应环境，而人类不仅要通过学习适应环境，更要通过不断学习改造环境，为人类服务，可以这样说，学习与生命同在，学习与发展并存，对一切具有高度组织形式的动物而言，生活就是学习。但由于生物的发展水平不同，各自的生存环境也各不相同，因此学习在它们的生存发展中所起的作用也不尽相同。有人认为，低等动物的生活方式极为简单，只要依靠本能行为就能适应环境、取得平衡。而人类个体从出生到死亡的整个过程都离不开学习。研究表明，动物生命形式越低级，先天作用越大，后天习得只占其全部活动的较小部分。而高等动物则不同，出生时本能反应少，后天学习获得的行为在生活中所起的作用非常大。

(二)学习影响成熟

个体的生理结构和机能为学习提供了可能性，在个体发展的一定阶段学习什么、从什么时候开始学习都要以学习者相应的生理心理成熟为前提。但如果个体生理心理成熟得不到后天的学习锻炼，它的成熟机能就会消退。有研究表明，把两只刚出生的黑猩猩放在完全黑暗的环境中饲养，剥夺光刺激对它们的视觉器官有影响，16个月后，这两只黑猩猩的视觉严重退化，视觉器官也出现了异常。对其他动物的类似研究也得出了同样的结论。

(三)学习激发人脑潜力，促进个体和社会发展

学习一方面可以促进个体生理结构的生长成熟，另一方面可以促进个体的心理发展，使人类个体从一个生物实体发展成为一个能适应社会生活的社会成员。随着人类社会的不断进步与发展，学习在其中的作用更为突出，学习的社会意义更为显著。

社会变迁的加剧、社会形态的演变以及生活的转变，都使得人类处于一个巨变的时代。未来的社会必然是一个学习型社会，在这样的社会形态中，终身学习对于个人及社会发展的重要作用显而易见。对人类而言，缺乏终身学习的能力与习惯无疑等于失去了自我发展、自我实现和适应改造环境的动力。对组织和社会而言，倘若缺少继续学习的文化及运作机制，则缺乏创造与竞争的优势。终身学习是促进个人发展、组织变革与社会进步的必备动力。

人类个体通过学习以适应社会的发展，同时学习又推动着人类去改造和发展社会生活，学习与人类生存同步，与社会发展同步，是人类个体和人类社会发展的重要条件。从这个意义上讲，认识学习的本质，对人类的发展具有特殊的作用和意义。

第二节　学习机制

一、学习的一般机制

学习过程是一个受到多种因素影响的、复杂的心理加工过程，就学习的一般机制而言，可以从以下三个方面来阐述。

(一)学习的发生

学习是在主客体相互作用的过程中产生的，客体的作用就是通常所说的主体面临的情境变化的刺激，或者问题情境的作用。仅有新异刺激的作用，只能引起学习的主体对其产生短暂的注意，如果缺乏主体的其他因素，尚不足以引起主体获取新经验的学习活动。在这些主体因素中，最为重要的是主体已有的身心发展状态以及学习的需要和学习的目的。

仅有情境的新异性尚不足以构成学习情境，学习情境的构成必须是新异情境与主体的已有发展水平具有一种适度的关系。这表现为既有新异的一面，又有熟悉的一面，既有适应之处，又有不适应之处。用主观体验来说，就是处于似懂非懂，似会非会，似能胜任又不能胜任之中，只有这样的新异情境才能构成学习情境，这些心理状态实质上是新异情境同主体已有发展水平之间一种适度关系的反应，所以主体已有的身心发展水平与新异情境的关系是构成学习情境不可缺少的一个因素。此外，学习的需要和学习的目的也是学习的发生机制中不可或缺的主体因素，学习的需要决定了新异情境的意义，也就是情境变化所产生的刺激能否成为有效刺激，决定了它能否对活动起到激活作用。学习的目的是指引学习行动方向的决定性要素，学习需要与学习目的对个体所起的作用，通常被称为学习动机。

(二)学习的进行

依据信息加工的观点，所有的学习都是通过一定的内在的一系列的心理动作，对外来的信息或既有资料进行不断处理的过程。这个过程包括信息的输入、信息的加工、处理信息的输出、输出信息的反馈等环节。其中信息的输入、输出环节的基本功能是实现信息的转换，使外来的信息得以接受加工、储存和提取。在信息输入、输出环节的基本心理动作，是各种形式与各种水平的编码与译码，也就是完成各种各样的反映动作。学习的反馈环节的功能在于实现对学习的控制，通过回收输出信息的结果并与原定目的进行对照，从而检验学习的成效或调节信息的再输入、再加工或再输出，使学习达到预期效果。

(三)学习的终结

学习活动的终结取决于学习目的的实现，它是由学习的反馈环节来控制的。如果学习的反馈信息满足了学习的预期目的，则该学习活动就暂告终结。

二、学习的脑机制

大脑是人类学习得以发生的关键的物质基础。研究学习的生理机制，就是探讨在学习过程中，有哪些脑结构参与，脑结构内发生了何种变化。对大脑活动机制的认识随着研究方法的改进而不断深入，研究者采用正电子发射计算机断层扫描、磁共振神经磁成像等较先进的手段来探讨学习的大脑机制。对大脑活动机制的探讨与认识有助于深入了解学习的实质，进而为教育实践提供依据。

(一)大脑的发育与关键期假说

1. 大脑的发育

人的大脑有 100 亿～150 亿个神经细胞(见图 6-1)，形状如章鱼，这些神经细胞都长有许多腕足，也就是神经细胞的树突和轴突，每个神经细胞都有一条轴突和多条树突。树突的分支越多，和别的神经元伸过来的轴突神经末梢接触的机会就越多。突触是电信号从一个神经细胞传递到下一个神经细胞的地方。从婴儿期到儿童期，人类的大脑在不断地发育和增长，这个过程是阶段性的。

产生学习行为的原因是突触传递方式的改变，而细胞释放出传输体个数的不同又会导致突触传输方式的改变。学习的脑功能体现之一就是使其神经细胞的“树”变得更为丰茂，树突和别的神经细胞的轴突接触更多。越是努力学习，而且知识越渊博的人，其脑神经细胞之间的联系越是复杂。脑科学的研究提出大脑神经突触生长呈倒 U 形，即人在出生后的前二十年里，神经突触密度的变化呈倒 U 形，刚出生时低，童年期达到高峰，而成年后则又降低，它表明神经突触密度与智力水平是直接关联的。从出生到 10 岁，随着突触联系和密度的迅速增加，与此相关的技能和能力也随之迅速发展，一直到成年后才逐渐衰退。也就是说，突触生长高峰期的童年是学习收获最多和智力发展最充分的时期。

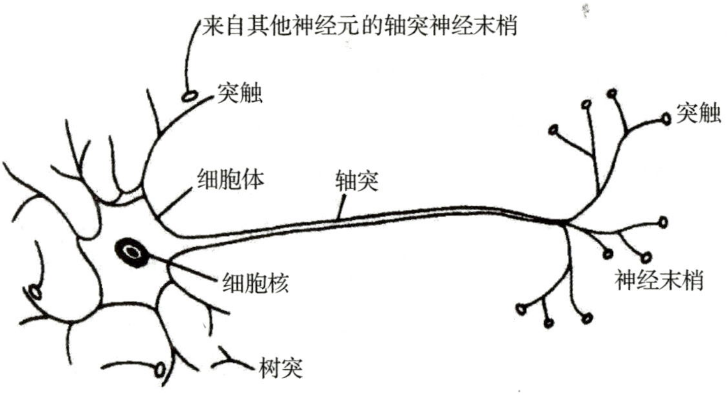

图 6-1 神经细胞

临床观察和对灵长类动物进行的实验研究表明，大脑皮质某些部位的损伤会导致一些特殊学习的障碍，其中有两个区域受到人们的关注。第一个是颞—顶—枕联络区皮质，该联络区皮质是指颞叶、顶叶和枕叶皮质相毗邻的部位，躯体感觉、听觉、视觉的高级整合发生于这一联络区皮质，它是人们进行复杂的认知活动的生理基础，是识别或认识外部刺激及短时记忆等学习活动的基本功能区。该联络区损伤的具体部位不同，可导致多种认知障碍。第二个是前额叶皮质，该皮质与丘脑、杏仁核和海马之间有着复杂的神经联系，再通过这些结构与下丘脑、中脑之间实现间接的神经联系，前额叶与时间、空间关系的复杂综合学习有关，同时还参与运动反应及与之相关的学习行为调节。

边缘系统是大脑半球内侧面深处的一些结构，它们组成一个闭合的环圈，形成一个具有统一功能的系统，这些结构主要包括扣带回、海马回、杏仁核群、下丘脑、海马等。边缘系统主要参与记忆活动、运动学习，同时也与情绪性学习有关。例如，主动防范学习、味觉厌恶学习、嗅觉条件反射等都是通过边缘系统实现的。这些伴有情绪体验或情绪反应成分的学习模式，不仅建立速度快，而且形成以后易于巩固。

2. 关键期假说

大脑发展的关键期假说是英国学者戴维・休伯尔等人在 20 世纪 60 年代提出的。他们的研究发现，将出生后的小猫或小猴子通过外科手术缝上眼皮，数月后打开，这些动物将无法获得视觉信息，尽管它们的眼生理机制是正常的，而且这些早期被剥夺了视觉经验的动物在视皮层上的结构也与正常的动物存在差异。因此休伯尔提出视觉发展的关键期概念。所以说大脑的发展是具有一定的关键期的，在此期间大脑对某类型的信息输入产生反应，以创造和巩固神经网络。

近年来，脑科学专家对关键期做了大量研究，并取得了一定进展。脑的不同功能的发展有不同的关键期，某些能力在大脑发展的某一敏感时期最容易获得。例如，人的视觉功能发展的关键期大约在幼年期。语言学习尤其是音韵的学习的关键期在幼年期，而语法学习的关键期则大约在 16 岁以前。此时相应的神经系统可塑性强，发展速度快，过了这个关键期，则可塑性与发展速度都会受到很大的影响。此外，对于不同的人来说，脑的不同功能发展的关键期也并不完全一致，存在个体差异。脑的不同功能的发展具有不平衡性。

在教育中我们要抓住关键期，让诸如视觉、听觉、语言的能力都适时地发展，使脑的不同功能得到及时发展。教育工作者在关键期给予儿童适当的学习机会，此时不仅使儿童学得快，还可以促进其生理的发展，进而促进其相应能力的发展。

(二)学习与脑功能特异化

人的大脑可以将在特定脑区中加工的看似没有关联的活动整合起来。例如，颞叶对外部声音的加工、额叶对认知活动的加工、左半球的部分区域对语言的加工等这种不同脑区执行特定的功能被称为一侧化或特异化，如图 6-2 所示。

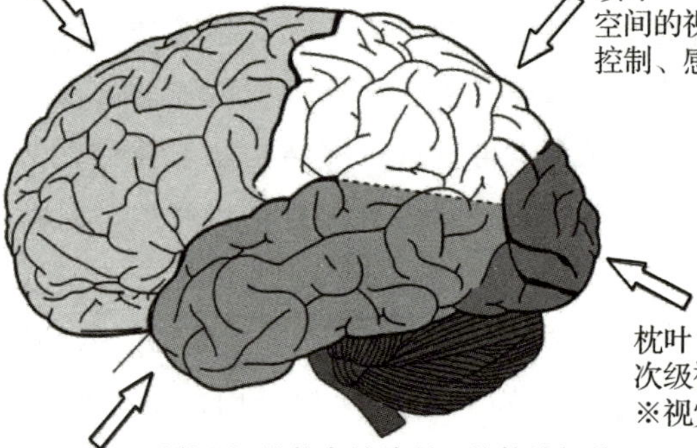

图 6-2　大脑功能特异化

大脑功能特异化的现象最早源于对裂脑人的研究。起初，切除胼胝体是为了防止癫痫病恶化，使病变不会由脑的一侧蔓延到另一侧。由于胼胝体被切断，两半球的功能也被人为地分开了，每个半球只对来自身体对侧的刺激做出反应，并调节对侧身体的运动，这样人们才有可能单独研究两半球的不同功能。斯佩里和他的学生在实验过程中将病人的眼睛蒙上，当把铅笔放在左手时患者不能对其命名，但放在右手上，患者却可以立刻命名。正如斯佩里所说的："每个半球都有自己的记忆和意愿，并且为控制权而竞争。"

裂脑研究说明，两半球可能具有不同的功能。语言功能主要定位于左半球，该半球主要负责言语阅读、书写、数学运算和逻辑推理等，而知觉物体的空间关系、情绪欣赏、音乐和艺术则主要定位于右半球。应该指出的是，大脑两半球功能的一侧化并不是绝对的，近年来的许多研究发现右半球在语言理解中同样起重要作用。

研究显示，大多数人都有优势半球，这种半球优势将影响人格能力和学习风格的形成，因此了解学生的脑功能、单侧优势的个别差异就非常重要。在教学中要让学生使用两半脑，克服有些学生接受上的困难。例如，有些有阅读障碍的学生，是因为在线性加工上存在困难，而不是在符号加工上存在困难，如果能发挥他们的优势，就能增强他们的自信心和兴趣，从而解决学习困难的问题。

(三)学习与脑的可塑性

脑的可塑性是指大脑的结构和功能因受学习、训练以及各种经验的因素的影响而出现动态的修复或重组。脑的可塑性分为结构的可塑性和功能的可塑性。结构的可塑性是指大脑内部的突触、神经元之间的连接由于学习和经验的影响建立新的连接，从而影响个体的行为。它包括突触的可塑性和神经元的可塑性。功能的可塑性可以理解为通过学习和训练，大脑某一代表区的功能可以由邻近的脑区代替，也表现为脑损伤患者在经过学习、训练后脑功能在一定程度上的恢复。

近年来，有很多的研究者发现，一些特殊的培训可以修复大脑的神经网络连接，以帮助那些有阅读障碍或者诵读困难者。例如，一个10岁的男孩在完成一项需要判定词汇的语音任务时，脑区激活情况显示其阅读水平仅相当于一个8岁的小孩，经过8个星期的特殊培训后，男孩在完成相同任务时的脑成像表明经过干预之后，他的阅读水平提高了三个年龄段，而他的脑活动的区域也同样发生了改变。

学习是极其复杂的，不仅涉及社会文化心理等方面，而且与神经结构与功能之间存在相互作用与影响。学习与脑可塑性的研究对理解学习的本质与规律具有重要的意义，并将影响到教育决策与课程教学设计。

第三节 中小学生的学习

一、学生学习的概念

学生学习是人类学习的特殊形式，是一种狭义的学习。

(一)什么是学生学习

学生学习是指在学校情境中，在教师的指导下，有目的、有计划、有组织地在一定时间内通过一定方式，系统地掌握人类积累起来的文化知识，发展智能，形成行为习惯和道德品质，促进人格发展的过程。其学习内容大致可以分三个方面：知识的掌握和技能的形成、智能的开发和非智力因素的培养、行为规范的养成和道德品质的培养。

(二)学生学习的特点

1. 学生学习的内容以人类积累起来的间接经验为主

学生在学校中的学习主要是接受前人的经验，学习书本知识，而不是亲身去发现经验，因此，所获得的知识是一种间接经验，具有间接性。

2. 学生学习的形式是教师的指导

学校教育是指教育者根据一定社会的需要，遵循受教育者的身心发展规律，有目的、有计划、有组织地引导受教育者主动学习，积极进行经验的改组和改造，促使他们提高素质、健全人格的一种活动，学生学习也自然体现了学校教育的特点。

3. 学生学习的任务是掌握系统的科技知识、形成科学的世界观和良好的品德

教师的根本任务是教书育人，在教给学生知识的同时，对学生进行思想品德教育，引导学生形成正确的世界观。

4. 学生学习具有主动建构性和一定程度的被动性

学生学习与人类学习一样，是把外界信息和人类积累起来的经验通过自身主动

建构的过程。但他们的学习不是为了适应当前的环境，而是为了适应将来的环境和社会，所以当学生意识不到他当前的学习与将来发展的关系时，就会出现被动学习的状态，需要教师用各种方法来培养和激发学生的学习动机，提高其学习的积极主动性。

二、学生学习的种类

我国教育心理学家认为教育系统通过知识、技能的传递来发展学生的能力和体力，通过行为规范的学习来发展学生的态度和品德，因此主张把学生学习分为知识学习、技能学习和行为规范学习三类。

(一)知识学习

知识是客观事物的特征和联系在人脑中的主观映像，是来自反映的对象本身的认知经验。知识的学习，即知识的掌握，是通过一系列的心智活动来接受和获得知识，在头脑中构建起相应的认知结构。学生有了这种认知经验，就可能解决知与不知和知之深浅的问题，从而在实际生活中更好地确立个体活动的方向。

(二)技能学习

技能是通过学习形成的符合法则要求的活动方式，是来自活动主体所做出的行动及其反馈的动作经验。技能的学习有心智技能(智力技能)的学习与操作技能(动作技能)的学习两种。心智技能的学习主要是结合教学内容学会观察、记忆、思维，发展学习能力和创新能力。动作技能的学习主要是掌握写字、运动、劳动、唱歌、绘画、实验和电脑操作等基本技能。学生有了这种经验，就可以解决会不会做与熟练与否的问题，从而可以在实际生活中更好地控制个体活动的执行。

(三)行为规范学习

行为规范学习又称行为规范的接受，是用于调节人际交往、实现社会控制、维持社会秩序的思想工具，它来自主体和客体相互作用的交往经验。行为规范是把外在的主体的行为要求转化为主体内在的行为需要的内化过程。学生通过学习道德和法律规范，可以提高道德认识，发展道德情感，形成道德行为习惯，建立科学的世界观。学生有了这种经验，就可以协调个体与他人和集体之间的关系，从而在实际生活中更好地为个体的社会行为进行定向和调控。

三、影响中小学生学习的主要因素

(一)智力因素

智力是指个人凭借感觉、知觉、注意、记忆、想象和思维的活动来分析问题和解决问题的能力。而个人分析问题与解决问题所依赖的观察力、注意力、记忆力、想象力和思维力是构成智力的因素。学生学习的好坏首先同他的智力品质有关，如有的学生注意力集中而且稳定，有的学生却难以集中注意力或保持稳定；有的学生思维敏捷而灵活，能举一反三，富有创造性，有的学生却思维缓慢而呆板。这些智力的品质自然会对学生学习的效率乃至成才产生重要影响。

(二)非智力因素

影响学习的非智力因素，包括除智力以外的全部个性心理特征，如学生的理想抱负、兴趣爱好、自我观察、自尊心、成就动机、社会责任感、生活态度与价值观念等这些个性特征往往构成学习的动机，成为激励学生学习的重要心理动力。

(三)学习风格

学习风格是学习者一贯的带有个性特征的学习方式，是学习策略和学习倾向的总合。主要包括以下几个方面。

1. 接收刺激的方式不同

个体在感知和接收刺激时主要运用哪个感官是有差异的。例如，视觉型个体喜欢借助动态视觉刺激(电视、电影)进行学习，听觉型个体喜欢借助听觉刺激(讲课、录音)进行学习；有的学生喜欢借助印刷材料进行学习，有的学生喜欢借助动手活动进行学习，还有的学生喜欢多种刺激同时作用，即多种感官参与式的学习等。

2. 认知方式不同

美国心理学家威特金运用棒框测验等工具对个体的知觉过程进行研究，将人的认知方式分为场独立型和场依存型。场独立型的学生对事物进行判断决策时，倾向于利用自身内部的参照，而不易受外界因素的干扰，善于在抽象和分析的水平上对外来信息进行加工。场独立型的学生更偏爱数学和自然科学，以内部学习动机为主，易适应结构不严密的教学方法。场依存型的学生对外部世界的感知倾向于以外部参照作为信息加工的依据，难以摆脱环境因素的干扰，特别是权威人士的影响，善于察言观色。场依存型的学生偏爱社会类学科，在乎外在的反馈信息，对人比对物更感兴趣，喜欢有严密逻辑的教学，需要老师明确的指导与讲解。

3. 对学习环境要求不同

学习者对学习环境是有不同偏爱的。有的学生喜欢安静，有的学生喜欢有背景音乐或声音；有的学生喜欢弱光，有的学生喜欢明亮；有的学生喜欢固定在一个地方，有的学生喜欢四处走动。

4. 生理类型不同

生理类型不同就是指用脑风格不同，分为左脑型学习者和右脑型学习者。左脑型学习者较多地使用左脑，喜欢用语言、逻辑方式处理信息；大多是分析思维，对问题细节较敏感，注意发现事物的逻辑关系，一步步对信息进行即时加工；善于抓住事物的线索结构，注意文章的顺序规则，做事有计划，自觉性强；喜欢做客观评价，感情易于控制。右脑学习者较多地使用右脑，喜欢用直觉方式处理信息，大多是整体的和综合的思维；擅长空间知觉，注意事物间的相同点，对信息进行同时的平行加工；做事具有自发性和灵活性，不按部就班，自律性较差；喜欢对事物做主观评价，感情比较奔放，较少受理性控制。

(四)环境因素

适宜的学习环境能有效地调节神经过程，提高脑皮层的兴奋水平，有利于脑功能的发挥，促使学习顺利进行，提高学习效率。不良的学习环境会造成脑力无端消耗、学习能力减弱。学习环境包括自然环境、社会环境和心理环境。

1. 自然环境

首先，氧气要充分。氧气是脑能量之源，学习时大脑耗氧量更大。如果氧气供应不足，会造成注意力分散、记忆力下降、思维迟钝，这就要求学生在空气新鲜的环境中学习。例如，在教室内学习要注意开窗，保障空气流通；在学习之前和学习中深呼吸；学习间歇可到室外呼吸新鲜空气。

其次，温度、光线和音量要适宜。有专家研究，学习的最适宜温度是 23 摄氏度至 25 摄氏度，40 摄氏度以上和 5 摄氏度以下，学习效率都会下降。光线过强或过弱都会产生视觉疲劳，学习时要保持适宜的光线强度。学习时噪声强度不宜超过 20 分贝，60 分贝以上对脑功能有严重影响，所以尽量保持学习环境安静。当然，单独学习时，可以伴以优美的轻音乐，使大脑进入放松和开放状态。

最后，学校布局要合理。学校建筑不宜太集中，教室空间不能太小，班级人数不宜太多，教室照明光线要适度，冬夏室内温度要适宜。

2. 社会环境

学生主要在学校进行学习活动，但也离不开社会和家庭环境因素的影响。所以良好的社会氛围、充满爱和安全感的家庭环境、和谐的师生和生生关系、团结友爱和积极向上的班风、遵守纪律和保持安静的课堂环境等都影响学生学习的效率。

3. 心理环境

学生在学习中应保持积极乐观的心态，为大脑的保健和功能的发挥创造有利的心理环境。健康稳定的情绪可提高学习的积极性和创造性，促进观察、注意、记忆和思维能力的发展。郁闷低落的情绪会干扰神经系统，甚至会造成学习障碍。

总之，影响学生学习效果的因素多种多样，除以上因素外，教师的教学水平的高低、教师的教学风格与学生的学习风格是否匹配、学生是否善于选择适合自己的学习方法和学习策略等无不影响着学生的学习。

思考与练习

一、选择题

1. 下列行为不属于学习的是(　　)。

A. 入乡随俗　　B. 婴儿吸吮　　C. 谈虎色变　　D. 上行下效

2. 下列行为属于学习的是(　　)。

A. 蜜蜂采蜜　　B. 猴子攀爬

C. 病症导致的行为改变　　D. 儿童模仿成人说话

3. 下面不属于学习的主体分类的是(　　)。

A. 人类学习　　B. 机器学习　　C. 动物学习　　D. 网络学习

4. 下面不属于加涅所划分的学习结果类型的是(　　)。

A. 态度　　B. 习惯　　C. 言语信息　　D. 动作技能

5. 下面属于有意义的接受学习的是(　　)。

A. 小学生通过编打油诗背诵圆周率的小数点后 10 位

B. 儿童尝试走迷宫

C. 科学家探索新材料

D. 大学生听讲座理解了心理学的概念

二、问答题

1. 学习的实质是什么?

2. 学生学习的主要特点是什么?

选择题参考答案：1. B　2. D　3. D　4. B　5. D

拓展与延伸

山香教师招聘考试命题研究中心．教育理论基础(教师招聘考试专用教材)[M]. 北京：首都师范大学出版社，2014.

第七章　学习理论

学习目标▶

1. 能够理解各学派学习理论的核心观点，比较其异同，形成对学习的全面理解。

2. 能够掌握各学派学习理论的学习规律，并能够分析教学中的实际问题和指导教学实践。

知识导图

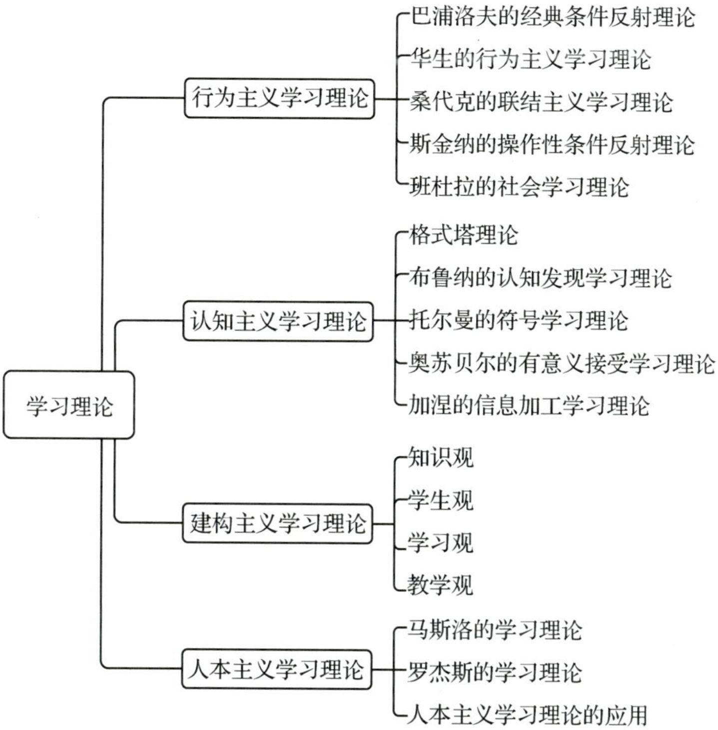

学习理论是心理学中最古老、最核心，也是最丰富的领域之一。学习是如何发生的？有哪些规律？学习是以怎样的方式进行的？近百年来，心理学家围绕这些问题，从不同角度、运用不同的方式进行了各种研究，试图回答这些问题，也由此形成了各种各样的学习理论。

第一节　行为主义学习理论

行为主义学习理论又称作刺激—反应学习理论，是当今学习理论的主要流派之一。其核心观点是学习是有机体在一定条件下形成刺激与反应的联结从而获得新经验的过程。行为主义的主要代表人物有巴甫洛夫、华生、桑代克、斯金纳、班杜拉。

一、巴甫洛夫的经典条件反射理论

俄国生理学家、诺贝尔奖获得者伊凡·巴甫洛夫(Ivan Pavlov，1849—1936)是最早提出经典条件反射的人，他通过动物实验得出学习存在一些基本规律。

(一)巴甫洛夫的经典实验

巴甫洛夫早先致力于消化系统的生理过程即唾液分泌的研究，他在对狗的消化研究中，观察到狗的唾液分泌情况的变化，而这一变化引起了他的兴趣，并由此开始了对经典条件反射的研究。

为了研究这一变化，巴甫洛夫设计了更为严格的实验，将狗置于严格控制声音的实验室内，并使用了经典的实验装置，如图 7-1 所示。在实验中，首先向狗呈现铃声刺激，半分钟后给予食物并记录其唾液分泌反应。然后将铃声和食物反复配对呈现，观察记录狗的唾液分泌反应。多次配对呈现后发现，当只有铃声呈现时，狗也会做出唾液分泌反应。最初，该实验中食物可以引起狗的唾液分泌反应，而铃声不能引起唾液分泌反应，此时食物被称为无条件刺激(UCS)，食物引起的唾液分泌反应被称为无条件反应(UCR)，铃声被称为中性刺激(NS)。在实验过程中，当铃声和食物多次配对呈现之后，即使单独呈现铃声而没有食物，狗也会分泌唾液，此时铃声变成了条件刺激(CS)，单独呈现条件刺激便能引起的唾液分泌反应被称为条件反应(CR)，至此经典条件反射形成。

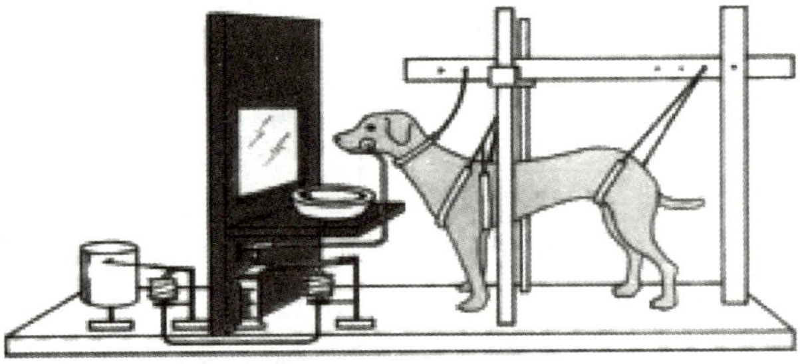

图 7-1　巴甫洛夫的实验研究装置

(二)经典条件反射的规律

1. 获得律与消退律

获得律是指条件反射需要条件刺激与无条件刺激多次结合，使被试对条件刺激做出反应的过程。在条件反射建立过程中，条件刺激和无条件刺激必须同时或近于同时呈现，间隔太长就无法建立。另外，条件刺激作为无条件刺激出现的信号，必须先于无条件刺激出现，否则也无法建立条件反射。获得的基本过程可表示为：

建立前：UCS → UCR

建立中：CS ＋ UCS → UCR

建立后：CS → CR

消退律是指如果条件刺激重复多次出现而没有无条件刺激伴随，则条件反射会变得越来越弱，以致最后消失。巴甫洛夫在其后续实验中观察到，当条件反射消退一段时间后，如果再呈现条件刺激，消退的条件反应仍能重新出现，即条件反应自发恢复现象。巴甫洛夫认为，消退不是对条件刺激与无条件刺激联结的遗忘，而是个体主动以某种方式抑制自己对条件刺激做出反应。许多学者表示赞同这一观点，消退并非已形成的联结的破坏和丧失，而是形成了一种新的联结，表现为抑制性。另有研究者认为消退不仅包括抑制，也可能包括其他过程。消退或解除一个已经形成的条件反射很困难，当需要解除一些不良的经典条件反射时，可以采取对抗条件反射的策略来达到使其暂时消退的效果。

2. 泛化律与分化律

泛化律是指在条件反射形成初期，另外一些类似的刺激也可能会引起条件反射，如狗对电铃声做出反应，也可能对类似的铃声做出反应。刺激越相近，泛化现象越容易发生。泛化能使我们的学习从一种情境迁移到另一种情境。泛化，虽然对扩大学习范围来说非常重要，但有时它也会带来许多麻烦，因为引起泛化的刺激对引起的泛化反应来说，有时是不准确或者不精确的，在许多时候，我们需要把一些类似的刺激区分开，这就需要分化。分化律是指对事物差异的反应，是泛化的互补过程。例如，电铃声后有食物出现，而铜铃声后不会有食物出现，多次之后，狗听到电铃声会分泌唾液，对铜铃声不会分泌唾液。与泛化不同，分化可以使我们对不同的情境做出不同的恰当的反应，避免盲目的行动。在实际的教育教学过程中，也经常需要对刺激进行分化，如引导学生分辨近义词，要求学生区分相似的概念等。

3. 高级条件作用律

在条件反射建立以后，如果把条件刺激(如铃声)用作无条件刺激，使它与一个中性刺激相伴出现，就能建立起一个新的条件反射，如当铃声与唾液分泌的联结建立起来之后，将铃声与灯光(无食物)反复伴随出现，灯光也会引起狗的反应。这种由一个已经条件化的刺激来使另一个中性刺激条件化的过程，叫高级条件作用。

高级条件作用可以帮助我们理解很多复杂的人类行为，很多情况下人们对工作或学习等事物本身没有直接兴趣，但可以通过某种方式激发间接兴趣，从而提高工作、学习的积极性。例如，在广告设计中，广告中宣传的产品可能没引起人们的注意，但由于广告设计者把这些商品同一些诱人的视听刺激联系到了一起，引发了人们对所宣传产品的关注，这就是高级条件作用在发挥作用。

4. 信号系统

巴甫洛夫认为，大脑皮质最基本的活动是信号活动，从本质上可将条件刺激区分为两大类：一类是现实的、具体的物理性条件刺激，如声、光、电、味等刺激，叫第一信号；另一类是现实的、抽象的语言文字，叫第二信号。对第一信号发生反应的皮质机能系统，叫第一信号系统，是动物和人共有的。对第二信号发生反应的皮质机能系统，叫第二信号系统，是人类所特有的。第二信号系统的活动是和人类的语言机能密切联系的神经活动，是在个体发育过程中逐渐形成的，是在第一信号系统或非条件反射的基础上建立起来的。通过第二信号系统的活动，个体产生对现实的概括化，出现抽象思维，并形成概念、进行推理，不断提高认识能力，从而更深刻地认识自然、认识世界，发现并掌握它们的规律。在现实生活中，谈虎色变属于第二信号系统的条件作用；学生一想到考试就紧张焦虑也属于第二信号系统的条件作用，并不是考试本身使学生紧张焦虑，而是有关考试的体验和经历导致学生紧张焦虑。

在经典条件反射中，有机体的行为都是由刺激引发的不由自主的反应，这些刺激来自环境，有机体不能控制和预测它。经典条件反射理论能解释有机体的某些学习行为，如有机体如何对刺激做出特定的反应，以求得与环境的平衡。但在实际学习中，我们经常看到，有机体为了获得某些结果积极主动地去做出某种反应，而不是被动地接受，用这种理论就很难解释这种行为。

拓展学习

系统脱敏法

系统脱敏法是应用经典条件反射原理的一种心理治疗技术，其关键在于建立新的条件反应与已形成的条件反应相对立，也就是建立对抗性条件反射的过程。系统脱敏法可以有效治疗恐惧症、焦虑症等，它的基本思想在于向处于完全放松状态下的患者呈现微弱的、可能会引起焦虑或恐惧的刺激。但这些刺激不足以引起患者的反应，逐渐增加对患者呈现的刺激强度，个体通过放松和适应，逐渐使得这些刺激失去作用，其根本目的就是利用放松反应对抗焦虑或恐惧反应。系统脱敏法主要包括三个阶段：一是建立焦虑等级，选取一系列引发焦虑的事件，按规律排序；二是教患者学会放松，让他们体验不到焦虑的感觉；三是想象放松，让他们想象焦虑等级最弱的项目，并在他们体验到这一项目时，诱发他们的放松感，完成之后让他们想象下一焦虑等级的项目，依次类推，直至想象最高等级的焦虑事件也不会紧张，也能保持放松状态，至此完成脱敏。在教学过程中，教师可以利用此项技术缓解学生的考试焦虑问题。

二、华生的行为主义学习理论

行为主义代表人物是美国心理学家华生，他于 1913 年首先打出行为主义心理学的旗帜，是美国第一个将巴甫洛夫的研究结果作为学习理论基础的人。他认为学习就是以一种刺激替代另一种刺激建立条件反射的过程。在华生看来，人类出生时只有几个反射(如打喷嚏、膝跳反射)和几种情绪反应(如惧、爱、怒等)，所有其他行为都是通过条件反射建立刺激—反应联结形成的。华生以著名的艾尔伯特实验来说明学习的发生过程，如图 7-2 所示。

图 7-2 恐惧形成实验

该实验以一名只有 11 个月的名叫艾尔伯特的婴儿为被试。实验开始前，实验者给他呈现狗、猴子、白色绒棉以及白鼠，被试对这些动物和物体都感兴趣，愿意接近它们，并不时触摸它们，从来没有表现出丝毫的恐惧。实验开始时，当他的手刚触摸到白鼠时，响起钢条敲出的巨大的声响，他停止动作，但并没有哭。当他再次去触摸白鼠时，第二次响起敲击钢条的巨大声响，他猛烈跳起并开始大哭。他第三次去触摸白鼠，同样又响起敲击钢条的巨大声响，他猛烈跳起，张口大哭，并试图爬开。接下来，实验者将一只兔子呈现在他面前，他大哭并试图爬开。然后，实验者又将毛衣呈现在被试面前，被试并无接近的倾向。最后，被试看到带毛发的面具，反应剧烈，大哭，立即向相反方向爬去。

根据这一实验，华生提出，有机体的学习实质上就是通过建立条件反射作用形成刺激与反应联结的过程，从而形成习惯。人类的行为都是后天习得的，环境决定了一个人的行为模式，无论是正常的行为还是病态的行为都是经过学习获得的，也可以通过学习更改、增加或消除。

根据华生的观点，在实际教育中，许多学生的态度就是通过经典条件作用形成的。例如，有的学生不喜欢某门学科，很可能是因为曾经在学习该学科过程中出现过负性事件，如老师的批评或挖苦、学习的挫折或打击等使学生形成了对该学科恐惧的条件作用，也有可能泛化到其他学科中，这是很多学生学习成绩落后或厌学的原因。

华生的一句名言充分体现了其环境决定论的理论取向，他指出：“给我一打健康的婴儿，并在我自己设定的特殊环境中养育他们，那么我愿意担保，可以随便选择其中一个婴儿，把他训练成为我所选定的任何一种专家——医生、律师、艺术家、小偷，而不管他的才能、嗜好、倾向、能力、天资和他祖先的种族。不过，请注意，当我从事这一实验时，我要亲自决定这些孩子的培养方法和环境。"虽然华生在提出此观点的同时，注意到了个体的遗传基础，"给我一打健康的婴儿"，但他片面夸大了环境和教育在个体心理发展中的作用，忽视了个体的主动性、能动性和创造性，忽视了促进心理发展的内部动因。不可否认，华生的环境决定论观点确实具有很大的启发作用，他使人们开始关注个体心理发展的社会因素。同时我们在现实生活中也深刻地体会到了环境，包括家庭环境、社会环境和学校教育环境对个体发展的巨大作用。

三、桑代克的联结主义学习理论

桑代克(见图 7-3)是美国第一个系统论述教育心理学的心理学家，他最初研究学习问题是从动物开始的。

图 7-3　桑代克

(一)桑代克的"迷箱实验"

桑代克使用的实验仪器是一个用木条做成的迷箱，迷箱的门上有个开关，只要迷箱里的动物触碰开关，就能打开笼门得到食物。桑代克把一只饥饿的猫放进迷箱，箱内有各种开门的设施，把食物放在笼外，猫可望而不可即，本能地做出各种反应，只有在猫碰巧抓到这些开门设施时，门才会开，猫可以逃出迷箱，吃到鱼。之后继续把饥饿的猫放进迷箱，多次之后，猫在迷箱中的盲目动作越来越少，行为反应的正确率越来越高，最后，猫一被放进迷箱就能触动开关跑出迷箱获取食物，如图 7-3 所示。在猫的迷箱学习实验基础上，桑代克后来还用狗、鸡、猴子等做过实验，结果发现所有这些动物的行为表现都很类似。初次进入迷箱时，它们的活动都不是根据对迷箱的理解，而是依照某种一般的冲动行事。随着错误反应次数的逐渐减少，正确反应的逐渐巩固，最终形成了稳定的刺激—反应联结。

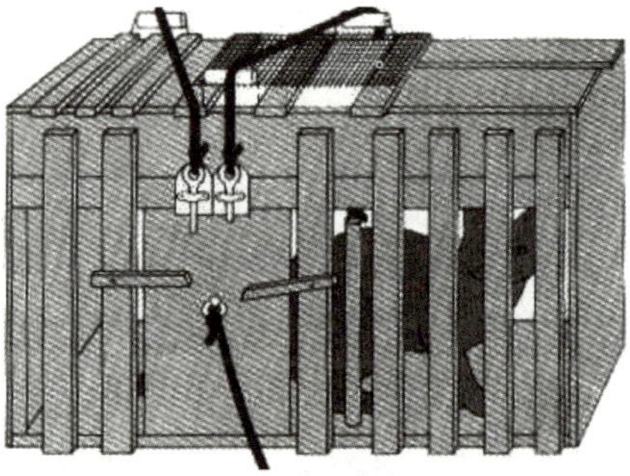

图 7-4　桑代克迷箱实验

桑代克认为，学习的实质就是尝试—错误的过程，学习即联结，学习即试误。正如饿猫在迷箱中经过反复尝试—错误，无效动作逐渐减少，有效动作逐渐增加。在多次的尝试错误中，动物学会了从多种反应中选择出一种最有效的方式与特定的情境建立起联结。20 世纪 30 年代，他又进行了大规模的人类学习实验，以检验其学习理论和人类学习的课题，虽然与"迷箱实验"有所不同，但反应都是"多选一"。被试的一个反应成功，由主试宣布"正确"作为奖赏，而其他反应则由主试宣布"错误"作为惩罚，这与动物学习实验的基本原则是一致的。实验结果表明，动物的学习方式是试误学习，人类的学习方式虽然更复杂些，但本质是一致的。这就是桑代克的试误说。

(二)学习规律

桑代克认为试误学习应遵循三条重要的规律，即准备律、练习律和效果律。

1. 准备律

准备律(law of readiness)是指个体在开始学习时的预备定势。它包括三个组成部分。①学习者有准备又有活动，而且不受任何干扰就会感到满意。②学习者有准备而不活动会感到烦恼。③学习者无准备而强制活动也会感到烦恼。即联结的增强或减弱取决于学习者的心理调节和心理准备。

2. 练习律

练习律(law of exercise)是指学习要经过反复的练习，刺激与反应之间的联结才会得到巩固和增强，否则会减弱联结的力量，但没有奖励的练习是无效的，联结只有在有奖励的练习中才会加强。

3. 效果律

效果律(law of effect)是指在一定情境下产生满意效果的行为倾向于在这一情境中重复出现。在一个情境中，如果一个行为得到满意和肯定的答复，以后在类似的情境中重复这个动作的可能性就会增大；如果一个行为得到的是否定和不满意的答复，以后出现同样动作的可能性就会减小。即个体当前行为的后果对决定其未来的行为起着关键作用。桑代克认为奖励是感到愉快的后果，是影响学习的主要因素，而惩罚不一定削弱联结，其效果并不能与奖励相对。

桑代克的学习理论对教学实践有着重要的指导意义，为我们更有效地提高教学效果提供理论依据。例如，效果律指导人们使用一些具体的奖励，如小红花、口头表扬等。练习律指导教师对学生进行大量的重复练习和操练，如在教学过程中穿插课前、课中、课后练习等。

(三)人的学习与动物的学习

在谈到试误学习的性质时，桑代克认为动物的学习和人的学习不同，动物的学习是盲目的，无须以观念为媒介。比如说，动物的学习曲线是缓慢波动的，并不是直线下降的，动物在完成某个动作很多次之后，仍然可能失败，由此他认为动物的学习全是盲目的。而人的学习是有意识的，人会有很多的考虑、思索和计划等。简言之，动物的学习是无意识的，而人的学习是有意识的。

桑代克的试误—联结说虽然并不完善，但他在教育心理学发展史上的地位与作用是不可忽视的。作为教育心理学史上第一个较为完整的学习理论，他的学说不仅试图说明什么是学习，同时还试图指出学习的过程是如何进行的，遵循哪些规律，学习又有哪些特点等。因此，桑代克学说的提出，对于教育心理学从普通心理学、儿童心理学与教育学中分离出来成为一门独立学科，是有很大的意义的。试误—联结说的提出有利于确立学习在教育心理学理论体系中的核心地位，从而有利于教育心理学的学科体系的建立，此外还引起了有关学习理论的一系列的争论和研究，这对于教育心理学的发展有巨大的推动作用。

四、斯金纳的操作性条件反射理论

新行为主义的代表人物斯金纳(见图 7-5)以严格控制的动物实验为基础，对操作行为及其形成过程、强化的原则、方式和程序等进行了精细的研究，系统地阐述了操作性条件反射理论。

图 7-5　斯金纳

(一)操作性条件反射实验

斯金纳关于操作性条件反射的实验，是在他设计的一种动物实验仪器即斯金纳箱中进行的，如图 7-6 所示。箱内放进一只饥饿的白鼠，并设置一个杠杆，箱子的构造尽可能排除一切外部刺激。白鼠在箱内可自由活动，当它压杠杆时，就会有一团食物掉进箱子下方的盘中，白鼠就能吃到食物。箱外有一装置记录白鼠的动作。白鼠经过几次尝试，会不断按压杠杆，直到吃饱为止。白鼠从这一过程中学会了按压杠杆来获取食物的反应，按压杠杆变成了取得食物的手段或工具，因此，操作性条件反射又称工具性条件反射。

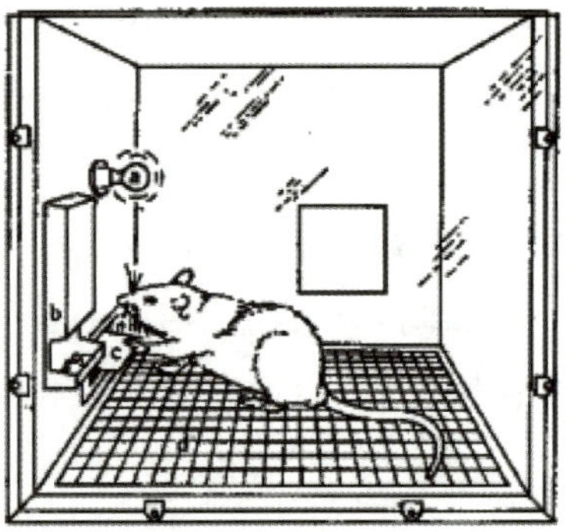

图 7-6　斯金纳箱

斯金纳的操作性条件反射实验与巴甫洛夫的经典条件反射实验的不同在于：①在斯金纳箱中的动物可自由活动，而没有被绑在架子上；②动物的反应不是由已知的某种刺激物引起的，操作性行为(压杠杆)是获得强化刺激(食物)的手段；③反应不是唾液腺活动，而是骨骼肌活动；④实验的目的不是揭示大脑皮层活动的规律，而是为了表明刺激与反应的关系，从而有效地控制有机体的行为。

斯金纳通过实验提出，动物的学习行为是随着一个起强化作用的刺激发生的，当动物获得食物以后，按压杠杆的次数大大增加。也就是说，操作性条件反射的形成过程就是有机体把强化和所发生的操作反应相联系的过程。

(二)操作性条件反射中的学习规律

1. 应答性行为和操作性行为

斯金纳认为，学习行为有两种类型：应答性行为和操作性行为。应答性行为是由特定刺激引起的，有机体被动地对外界刺激做出反应。而操作性行为则不与任何特定刺激相联系，是有机体自发做出的随意反应。应答性行为是经典条件反射研究的对象，而操作性行为则是操作性条件反射研究的对象。在日常生活中，人的行为大部分是操作性行为，因此，对操作性行为的研究更能揭示人在实际生活中的学习规律。

2. 强化理论

斯金纳在巴甫洛夫研究的基础上，对强化问题做了更全面的研究。他认为，学习实际上是一种反应概率的变化，而强化(reinforcement)是增大反应概率的手段。凡是能增大反应概率的刺激和事件都叫强化物。

①正强化和负强化。当环境中某种刺激出现的次数增加，行为反应出现的概率也增大时，这种刺激就是正强化，如饥饿的白鼠按压杠杆得到食物，食物就是正强化物。当环境中某种刺激出现的次数减少，行为反应出现的概率增大时，这种刺激就是负强化。负强化物往往是一种厌恶刺激，是有机体尽力回避的，如白鼠处于轻微的电击中，一旦按压杠杆，电击就解除，电击就是负强化物，它同样能增加白鼠按压杠杆的次数。需要注意的是无论是正强化还是负强化，都是为了某种行为出现的概率增加，促进行为的发生。

②一级强化和二级强化。一级强化满足人和动物的基本生理需要，如食物、水、安全、性的需要。二级强化是任何一个中性刺激如果与一级强化反复结合，它就有了强化的性质。例如，金钱，对孩子来说不是强化物，但当孩子知道用钱可以换自己想要的东西的时候，金钱就成为二级强化物。二级强化可以分为社会强化(赞许、表扬等)，信物(奖金、证书、奖品等)和活动(旅游、玩耍等)。

强化在人的行为塑造中起重要作用。在学习生活中，为了使学生养成良好的学习和生活习惯，教师常用给予表扬奖励或撤销惩罚等手段对学生的正确行为给予正强化或负强化，这是非常必要和有效的。但要注意的是，无论是正强化还是负强化，都要运用得当，因人而异，因年龄而异，否则不但起不到应有的作用，还可能会有负面作用。

3. 逃避条件作用与回避条件作用

①逃避条件作用。当厌恶刺激或不愉快的情境出现时，有机体会趋利避害，采取逃避行为，以后遇到类似情境也会采取同样的方式，这就是逃避条件作用，它揭示了有机体如何学会摆脱困境和痛苦。在许多情况下，逃避条件作用所产生的行为都是对自身不利的环境的一种逃避。例如，孩子犯了错误，怕家长批评，就用撒谎的方式来逃避以保护自己。

②回避条件作用。当预示厌恶刺激或不愉快的情境即将出现的信号出现时，因为有过以前的经验，有机体会自发做出回避反应，从而避免给自己带来伤害，该反应在以后类似的情境中发生的概率就会增大，这类条件作用被称为回避条件作用。例如，孩子有过到医院被穿着白大褂的护士打针的经历，以后一到医院见到护士就会极力回避。回避条件作用是在逃避条件作用的基础上建立起来的，是有机体在经历过厌恶刺激或不愉快的经历之后学会的对预示厌恶刺激或不愉快情境的信号做出的反应。正因为如此，采取回避条件作用比逃避条件作用更能主动地保护自己，所以也更常见。

4. 惩罚

惩罚(punishment)是当个体做出一个反应之后紧跟着一个导致反应概率下降的刺激。惩罚通常分为正惩罚与负惩罚。正惩罚就是通过呈现厌恶刺激而降低反应概率，如对考试作弊者给予处分，对随地吐痰者给予罚款等。负惩罚是通过消除愉快刺激而降低反应概率，如当孩子吃饭弄得一片狼藉时，你将其饭碗拿走。但实验表明，惩罚并不能使行为发生永久性的改变，只能在短期内抑制此类行为的发生，不能根除行为。因此惩罚在运用时一定要慎重，惩罚一种不良行为要与强化一种良好行为结合起来，才能达到好的效果。

(三)程序教学

程序教学是20世纪第一个具有全球影响的教学改革运动，深刻地影响到当时美国及世界其他国家的教学实践。简单地说，程序教学是通过教学机器呈现程序化教材而进行自学的一种方法。它把一门课程学习的总目标分为几个单元，再把每个单元分成许多小步子，学生在学完每一步骤的课程后，就会马上知道自己的学习结果，即能得到及时强化，然后按顺序进入下一步的学习，直到学完一个单元。在学习过程中，学生可按自己的学习能力和学习习惯，自定学习步调，自主进行反应，逐步达到总目标。

(四)行为矫正

在操作性条件作用的范例中，个体不但能通过强化来控制行为，还可以通过操作性训练来塑造复杂行为。例如，家长为了训练孩子的社交技能，开始可以对孩子给客人开门的行为予以强化，然后当孩子与客人打招呼后予以强化，最后当孩子与客人主动交流时予以强化，以此可以教会孩子与他人有效交流。强化可以塑造儿童的良好行为，消退则可以消除儿童的不良行为，即通过不给予强化或惩罚来减小某类行为出现的可能性。例如，小孩子的许多无理取闹的行为实际上是学习的结果，因为他们通过哭闹就能得到玩具等。要矫正这种行为就不应再给予强化，因为父母的无端让步实际上正起着强化不正确行为的作用，不去强化而去淡化，既可消除不正确的行为，又不会带来诸如惩罚等导致的感情受挫的副作用。

在教育过程中，教师应多用正强化的手段来塑造学生的积极行为，用不予以强化的方法来消除消极行为，并应慎重地对待惩罚，因为惩罚只能让学生明白什么不能做，而不能让学生知道什么能做和应该怎么做。

拓展学习

普雷马克原理与代币

普雷马克最早提出，利用频率较高的活动来强化频率较低的活动，从而促进低频活动的发生。这一原理被称为普雷马克原理。由于祖母对付孙子常用这种方法，因此又被称为祖母原则，即“你先吃了蔬菜，然后你才可以吃甜点。”说得更明确一点，就是先让孩子做一些自己不太喜欢的事情，然后才可以做自己喜欢的事情。

1959 年，普雷马克做了一个实验，他让孩子从两种活动中选一种：玩弹球游戏机或吃糖。有的孩子选择了前者，有的孩子选择了后者。有趣的是，对于更喜欢吃糖的孩子，如果把糖作为强化物，便可增加他们玩弹球游戏机的频率；对于更喜欢玩弹球游戏机的孩子，如果把玩弹球游戏机作为强化物，则可增加他们吃糖的概率。这种“要想 B，除非 A”的普雷马克原理是家长帮助孩子克服某些缺点的一个不错的妙方。

代币制度是在行动中体现普雷马克原理的典型范例。当教师或家长对孩子的满意行为给予各种代币奖励时，就是在使用该原理。代币是用于强化个体某种行为的各种象征性强化物，如小红花、小硬币等，这些象征性强化物属于二级强化物，个体可以根据自己的喜好和需要使用代币兑换其他强化物。代币容易携带且不容易产生满足感，但是在使用代币的过程中应注意：代币只能用于奖励良好的行为；考虑个体的需要，提供多种能满足个体需要的有价值的强化物用于兑换代币；鼓励个体消费和使用代币。

五、班杜拉的社会学习理论

图 7-7 班杜拉

行为主义学习理论强调刺激—反应(S-R)的学习模式，但有新行为主义者开始关注无法直接观察但可以推断的行为，他们认为如果脱离机体内在的心理活动(O)，就无法解释复杂的人类社会功能，他们将学习的过程拓展为 S-O-R 的模式，其中最重要的代表就是美国心理学家班杜拉(见图 7-7)的社会学习理论。

班杜拉认为“学习是通过直接经验获得的”这一观点对动物而言或许可以成立，但对人类而言未必成立。人们可以通过观察他人的行为及行为的后果而产生学习，班杜拉称之为观察学习，这是一种间接学习。此外班杜拉还提出了一套综合且广为接受的模仿理论——社会学习理论。

(一)班杜拉的“击倒波波”实验

班杜拉的观察学习理论建立在他及合作者的大量实验研究的基础上。他在早期做过这样一个实验：让学前儿童观看一场电影，在电影中，一个人正在踢打一个充气娃娃。第一组儿童看到那个人因为这种行为受到奖励；第二组儿童看到那个人因为这种行为受到惩罚；第三组儿童没有看到任何结果。看完电影之后，这些儿童被带到有充气娃娃的房间，结果发现，第一组儿童最具攻击性，踢打玩具；第二组儿童的攻击行为最少。但是，如果他们被告知，模仿电影中的行为可以得到奖励，他们就会增加攻击行为。这说明，榜样的攻击行为的后果是决定儿童是否自发模仿这种行为的关键因素，如图 7-8 所示。

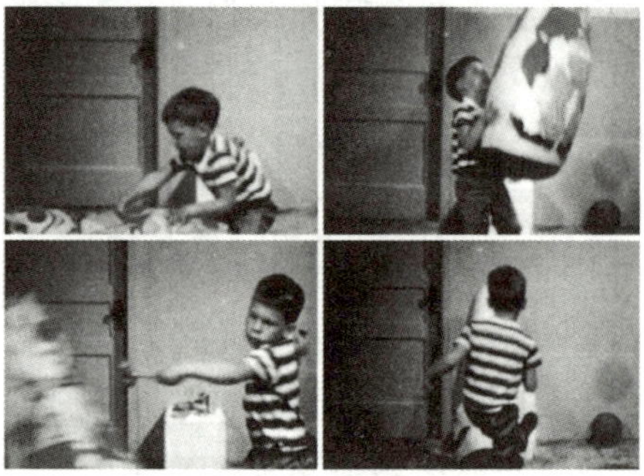

图 7-8 “击倒波波”实验

与实验中的结果相似，在日常生活中，儿童的攻击性也是在观察和强化中习得的。儿童通过某些途径观察到一些攻击行为后，在偶然表现出一点攻击性时，如果家长不但不予以纠正，反而还高兴地夸奖孩子学到东西了，儿童的攻击性自然会形成。纵观现实，当今许多家长往往只重视儿童的学习成绩，而忽视儿童早期行为习惯的培养，这样的做法不利于儿童人格的健全发展，会危及他们的一生。

(二)班杜拉的观察学习

班杜拉认为，观察学习包括四个过程，即注意、保持、复制以及动机过程。

1. 注意过程

注意过程是学习者在观察学习时对示范者行为特征的注意。如果人们对榜样行为的重要特征不加以注意，就无法通过观察进行学习。通常观察者比较容易观察那些与他们自身相似或被认为优秀的榜样，而有依赖性的观察者更容易出现模仿行为。

2. 保持过程

保持过程是指学习者记住他们从榜样情境中了解的行为，并以符号编码的形式保存下来。

3. 复制过程

复制过程是指学习者复制从榜样情境中所观察到的行为，即把符号表征转换成适当的行为的过程。学习者必须选择和组织反应要素，在信息反馈的基础上精练自己的行为反应。

4. 动机过程

动机过程是指学习者表现所观察到的行为而受到激励。社会学习理论区分获得和表现，认为行为表现是由动机变量控制的。

观察学习在人类学习中有非常重要的作用，人的许多社会行为都是通过观察学习而获得的，所以，观察学习对我们进行社会规范教育和道德品质培养具有一定的借鉴意义。在实际的德育工作中，教师应注意为学生提供良好的学习和借鉴的榜样，引导学生学习和保持榜样行为，并为学生创造再现榜样行为的机会，对良好行为给予及时的表扬和鼓励，对错误行为给予批评和教育。

第二节　认知主义学习理论

20 世纪 50 年代后期，心理学家和教育工作者开始摈弃将人的学习和动物的学习等同起来的行为主义学习理论，转而关注人类更为复杂的认知过程，如思维、问题解决、语言、概念形成和信息加工。认知学派否认学习是刺激与反应的联结，他们注重解释学习行为的中间过程，即目的、意义等，认为这些过程才是控制学习的可变因素。认知学派认为学习不是被动地形成反应，而是主动地形成认知结构的过程。认知学派的学习理论起源于苛勒的研究，后经托尔曼、布鲁纳、奥苏贝尔和加涅等心理学家进行的大量创造性工作，使学习理论的研究自桑代克之后又进入了一个辉煌时期。

一、格式塔理论

西方的认知学习理论源于格式塔理论。格式塔理论自 1912 年由韦特海默提出后，在德国得以迅速发展，又由于苛勒和考夫卡对这一理论的发展，格式塔理论成为世界上为数不多的理性主义理论之一。

(一)苛勒的黑猩猩实验

格式塔心理学家苛勒在 1913—1917 年对黑猩猩的问题解决行为进行了一系列的实验研究，从而提出了完形—顿悟学习理论。其中最有名的实验是把黑猩猩关到屋子里，房顶悬挂着香蕉，地上摆着一些箱子，猩猩不借助外物是够不到香蕉的，简单的情境是只需要黑猩猩运用一个箱子便能够到香蕉，复杂的情境则是需要把几个箱子摞起才能够到香蕉，如图 7-9 所示。

图 7-9　苛勒的箱子实验

在箱子实验中，苛勒把黑猩猩置于放有箱子的屋子内，且屋顶悬挂着香蕉。黑猩猩试图跳起摘取香蕉，连续失败几次之后不跳了，它静静地待了一会儿，若有所思，突然把事先放在屋子内的箱子拖到放香蕉的地方，一个箱子够不到，然后将两个箱子叠在一起，并爬上箱子取下香蕉，三天后，苛勒稍稍改变实验情境，但黑猩猩仍能用先前的经验解决问题。

除此之外，棒子实验也十分具有代表性。在棒子实验中，笼外放有食物，木棒放在食物和笼子之间，在这种复杂情境下，黑猩猩只有将两个木棒连接在一起，才能获得食物。最初它一会儿用大木棒，一会儿用小木棒试着拨弄香蕉，但怎么也拨不到，不得已，它只能拿着两个木棒，突然它无意将小木棒的末端插入大木棒，形成一根长木棒，并用它拨到香蕉。黑猩猩很高兴，因此它不断重复这一动作。在第二天的重复实验中，黑猩猩很快将木棒连接起来而不需要经过漫无目的的尝试，如图 7-10 所示。

图 7-10　苛勒的棒子实验

（二）学习的实质

格式塔心理学家认为，学习是学习者利用其自身的智慧与理解力，对情境以及情境与自身关系的顿悟，而不是动作的累积或盲目的尝试。个体可以通过观察问题情境，理解它的各个组成部分及其各部分间的相互联系，分析制约问题解决的各种条件，从而发现通向目标的途径。在实验中，黑猩猩通过对整个情境整体的感知，弄清物体之间的关系，产生了顿悟，达到了学习的目的。这就是格式塔理论的顿悟说。

格式塔理论认为学习过程中的问题解决都是通过个体对情境中事物关系的理解构成一种完形来实现的。而这里所说的完形是指在机能上相互联系和作用的整体，是一种心理结构，是对事物关系的认知，学习的过程实质上就是不断构建完形的过程。

格式塔理论认为人的每一种经验都是一个整体，总体不是部分的简单相加，整体总是大于部分之和。在学习中，各部分综合有效的运用能达到意想不到的效果。顿悟的过程就是完形的构造过程。

格式塔理论重视整体，强调顿悟和理解，看到了人的智慧作用，相较于桑代克的学说有更少的机械性，较符合人的学习特点。但是，它把学习看成是先验的机能，排斥经验的作用，把顿悟与尝试错误对立起来，这是值得商榷的。

二、布鲁纳的认知发现学习理论

西方教育界享有盛誉的学者布鲁纳（见图 7-11）非常关心学校教育和学生学习问题，他强调将教育理论和学习理论应用到教学实践中。布鲁纳主张学生利用发现学习的方式，使学科的基本结构转变为头脑中的认知结构，进而促进认知能力的发展，因此他的理论被称为认知发现学习理论。

图 7-11 布鲁纳

（一）认知学习观

布鲁纳认为，学习并不是被动地形成刺激—反应联结，而是主动地形成认知结构。学习者主动地获取知识，并通过把新获得的知识和已有的认知结构联系起来，积极地构成自身的知识体系。认知结构是个体理解新事物和学习新知识的重要基础，简单来说，它是学习者头脑中的知识结构，是他们已有的全部观念内容和组织，它是个体在先前学习活动中逐步形成的对外界事物进行感知概括的一般方式或由经验组成的观念结构。

布鲁纳认为学习包括三个几乎同时发生的过程，即知识的获得、知识的转换与知识的评价。

1. 知识的获得

知识的获得是在学习过程中获得新知识。这些新知识往往与学习者已有的知识相违背，或者是对先前知识的替代，或者是对先前知识的重新提炼。

2. 知识的转换

知识的转换是学习者对所获得的知识进行加工，将其转换为各种不同的方式，使之超越最初所给的信息，适合需要解决的新任务的过程。

3. 知识的评价

知识的评价是指学习者对学习过程的判断，包括加工知识的方法是否适当、对新知识的概括是否合理等。

任何一门课程的学习都包含知识的获得、知识的转换与知识的评价三个过程，因此，布鲁纳认为，学生不是被动的知识接受者而是主动的信息加工者。

(二)发现学习

怎样获得知识的基本结构呢？布鲁纳认为应采用发现学习，发现学习就是启发学生在学习过程中主动探索的思维方式，它更能激发和培养个人主动探索知识结构的精神，注重学习的过程而不仅仅是学习的结果，重视获得知识的方法，而不是知识本身，看重个人内部的学习愿望和策略，而不是外部的奖赏和强化。

在教学中运用发现法，一般来说是没有固定模式的，但其一般的步骤是：第一，提出和明确学生感兴趣的问题；第二，使学生体验到某种程度的不确定性，以激发其探究欲望；第三，提供解决问题的各种假设；第四，协调学生收集和组织资料；第五，组织学生审查有关资料，得出应用结论；第六，引导学生运用分析思维去验证结论，最终解决问题。

(三)学习和教学的基本原则

布鲁纳认为，学生在学习过程中，掌握知识结构非常重要。掌握知识(事物)的结构就是理解它与许多其他事物之间的有意义的联系，简单来说，学习结构就是学习事物是怎样相互关联的。他说，不论我们选择教什么学科，务必使学生理解各门学科的基本结构，这是在运用知识方面最低的要求，它有助于解决学生在课堂外所遇到的问题和事件，或者在日后训练中解决课堂上所遇到的问题。因此，教学目标应是促进学生对学科基本结构的理解，在学生了解了一门学科结构后，就会把该学科看作一个相互联系的整体，就容易掌握整个学科的基本内容，就容易记忆学科知识，从而促进学习迁移，提高学习兴趣，并促进其智力和创造力的发展。那么在教学过程中，要想让学生更好地掌握学科知识的基本结构应该遵循以下原则。

1. 动机原则

知识的获得是一个积极的过程，能更及时地维持学习的基本动力。学生具有三种最基本的内在动机，即好奇内驱力、求知欲、胜任内驱力；成功的欲望和互惠内驱力；人与人之间和睦共处的需要，这三种内驱力都具有自我奖励的作用。教师应善于促进并调节学生的探究活动，以激发这些内在动机，从而实现预定的学习目标。

2. 结构原则

教师需要教给学生最基本和最佳的知识结构，以使学习者容易理解教材的一般结构。布鲁纳认为，任何知识结构都可以用动作、图像和符号三种表征形式来呈现。图像表征借助表象进行学习，以感知材料为基础；符号表征借助语言进行学习，经验一旦转化为语言，逻辑推理便能进行。教师应根据学生的年龄知识背景和学科性质来选择以何种方式呈现教材，以促进学生的学习。

3. 程序原则

教学就是引导学习者有条不紊地陈述一个问题或大量的知识结构，以提高他们对所学知识的转化和迁移的能力。通常每门学科都存在不同的程序，它们对学习者来说有的难，有的易，不存在对所有学习者都适用的唯一程序。在特定条件下，任何具体的程序总是取决于不同的因素，包括过去所学的知识、智力发展的阶段、个体的差异等。

4. 强化原则

学习者需要获得反馈以提高学习效率，因此教学规定，适当的强化时间和步调是学习成功的重要一环，知道结果应恰好在学生评估自己作业的时刻出现：知道得太早容易使学生慌乱，从而干扰其探究活动的进行；知道得太晚，容易使学生失去接受帮助的机会，甚至有可能不接受正确的信息。

三、托尔曼的符号学习理论

图 7-12　托尔曼

美国心理学家托尔曼(见图 7-12)是新行为主义的代表人物、目的行为主义的创始人。他提出了整体行为模式和中介变量的概念，弥补了华生经典行为主义的缺陷，并建构了符号完形理论。

(一)托尔曼的学习实验

1. 位置学习实验

托尔曼的迷宫实验证明了他的理论。迷宫有一个出发点、一个食物箱和三条长度不等的从出发点到达食物箱的通道。实验开始时，将白鼠置于出发点，然后让它们自由地在迷宫内探索。一段时间后，检验它们的学习结果。检验时，再将它们置于出发点，并对各通道做一些处理，观察它们的行为。结果是，若三条通道畅通，白鼠选择第一条通道到达食物箱，若 A 处堵塞，白鼠选择第二条通道，若 B 处堵塞，白鼠选择第三条通道，如图 7-13 所示。

2. 潜伏学习实验

托尔曼的潜伏学习实验是这样设计的，它将白鼠分为三组，甲组不给食物即无食物奖励组；乙组每天给食物，即有食物奖励组；甲乙均为控制组，丙组为实验组，在开始的前 10 天不给食物，第 11 天才开始给食物。实验的结果是乙组有食物奖励，其错误下降速度比甲组快，丙组自从有食物奖励之后，其错误下降速度比乙组快，如图 7-14 所示。

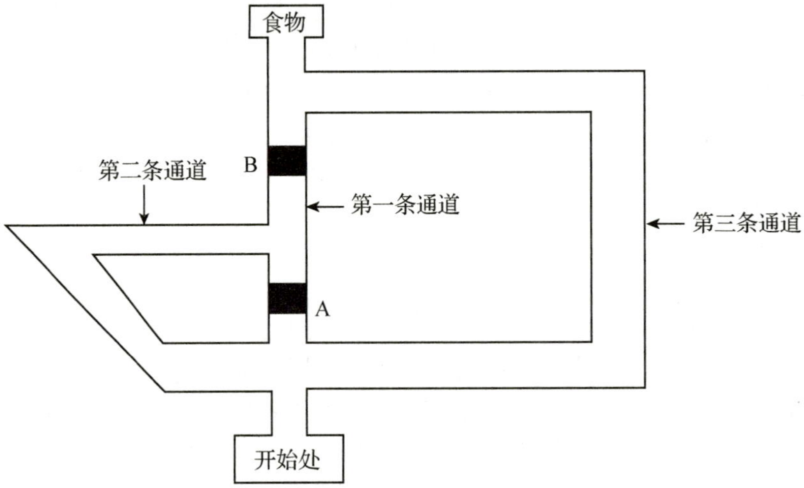

图 7-13　托尔曼的位置学习实验

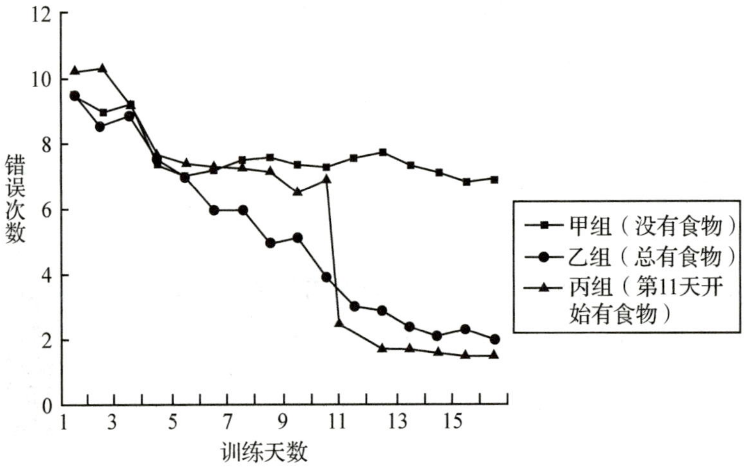

图 7-14　托尔曼的潜伏学习的研究结果

(二)学习的实质

根据托尔曼的学习实验可以得出以下结论。

1. 学习是有目的的行为，而不是盲目的

托尔曼认为有机体的一切行为都是指向一定目的的，即总是设法获得某些事物和避免某些事物。期待是托尔曼学习理论中的核心概念，是个体根据已有经验建立起来的一种内部准备状态，是一种通过学习形成的关于目标的认知状态。他认为学习就是对行为的目标、取得目标的手段、达到目标的途径和获得目标的结果的期待。

2. 动物的学习并非一连串的刺激与反应，学习的实质是脑内形成认知地图

托尔曼认为有机体在达到目的的过程中会遇到各种环境条件，个体只有认知这些环境条件，才能克服困难，达到目的，这种对环境条件的认知是达到目的的手段和途径。有机体学习的不仅是简单的反应，而且是学习达到目的的符号及其所代表的意义。例如，在位置学习实验中，白鼠在迷宫中到处游走之后，已经学到整个迷宫的认知地图，也就是关于整个迷宫环境的一种内部表征，而不是学到一些简单的刺激—反应配对，白鼠在迷宫中的行为是根据其认知地图，而不是过去的习惯做出的。认知地图即现代认知心理学所说的认知结构，使学生形成良好的认知结构是教育的关键和核心。

3. 在外部刺激(S)和行为反应(R)之间存在中介变量(O)

他主张将行为主义 S-R 公式改为 S-O-R 公式，O 代表机体的内部变化。

4. 外在的强化并不是学习产生的必要因素，不强化也会出现学习

根据潜伏学习实验，托尔曼得出结论："丙组在开头 10 天的练习中，虽没获得食物，但在每次练习中同样探索迷宫的每一部分，形成了认知地图，只是没有在外部行为中表现出来而已。"托尔曼把这种现象称为潜伏学习。由此他认为，动物在未获得强化前学习已经出现，只不过未表现出来。潜伏学习的事实也证明了学习并不是 S-R 的直接联结。未获得奖励的学习期间，认知结构也发生了变化。

四、奥苏贝尔的有意义接受学习理论

美国心理学家奥苏贝尔在教育学科领域中有突出的贡献和重大的影响。奥苏贝尔在学习理论中最重要的观点就是对有意义学习的描述，他认为学生的学习如果有价值的话应该尽可能地有意义。

(一)有意义学习

1. 有意义学习的实质

奥苏贝尔提出，有意义学习(meaningful learning)就是将符号所代表的新知识与学习者的认知结构中已有的观念建立起非人为的实质性的联系。如果学习者不理解符号所代表的知识，只是依据字面上的联系，记住某些符号的词句或组合，则是一种死记硬背的机械学习。

2. 有意义学习的条件

有意义学习既受学习材料本身性质的影响，也受学习者自身因素的影响，前者为有意义学习的外部条件，后者为有意义学习的内部条件。外部条件是有意义学习材料本身必须合乎这种非人为的和实质性的标准，即学习材料必须具有逻辑意义，这种逻辑意义指的是材料本身与人类学习能力范围内的有关观念可以建立起非人为的实质性的联系。内部条件是：第一，学习者必须具有有意义学习的心向，能积极主动地把符号所代表的新知识与头脑中原有知识联系起来；第二，学

习者的认知结构中必须具有适当的知识，以便与新知识进行联系；第三，学习者必须积极主动地使新知识与旧知识发生相互作用，结果使旧知识得到改造，新知识获得实际意义。

3. 有意义学习的类型

有意义学习可以分为表征学习、概念学习和命题学习三类。表征学习的主要内容是词汇学习；概念学习实质上是掌握同类事物的共同关键特征的学习。例如，学习“三角形”这一概念，就是掌握三角形有三个角和三条相连接的边这样两个共同的关键特征，而与它的大小、形状、颜色等特征无关；命题学习是掌握概念或事物之间的关系的学习，是以句子的形式表达的学习，可以分为两类：一类是非概括性命题，如“北京是中国的首都”；另一类是概括性命题，是学习若干个事物或性质之间的关系，如“圆的直径是它的半径的两倍”。

（二）接受学习

接受学习是在教师的指导下，学习者接受事物意义的学习。接受学习也是概念同化的过程，是课堂学习的主要形式。奥苏贝尔认为，学习应该是通过接受而发现，而不是通过发现而学习。在接受学习中，教师向学生传授的应是经过仔细考虑的、认真筛选的、有组织的、有系统的、完整的、已成定论的科学基础知识，包括一些抽象的概念、命题、规则等。通过教科书或教师的讲述，用定义的方式，直接向学习者呈现。这时学生不可能发现什么新知识，学习者只是接受这些现成的知识，掌握它的意义。学习者接受学习的心理过程表现为：首先在认知结构中找到能同化新知识的有关因素，其次找到新旧知识之间的共同点，最后再找出新旧知识的不同点，从而使所学的知识融会贯通，形成知识体系。

（三）先行组织者策略

所谓“先行组织者”是指先于学习任务呈现的一种引导性材料，它的抽象、概括和综合水平高于学习任务，并且与认知结构中原有观念和新的学习任务相联系。奥苏贝尔认为，教科书一般都包括这个先行组织者，如一开始的综述或概述、章节的标题，其目的是为新的学习任务提供观念上的固着点，增强新旧知识之间的可辨别性，以促进学习的迁移。这是奥苏贝尔理论中重要的学习策略。

（四）认知同化理论

奥苏贝尔主张，当学生把教学内容与自己的认知结构联系起来时，即发生了有意义学习，认知结构就是指学生现有的知识的数量、清晰度和组织结构，它是由学生眼下能回想出的事实概念命题和理论等构成的。因此，要促进新材料的学习，首先要增强学生认知结构与新教材有关概念的联系。

有意义学习的内部心理机制是同化，同化实质上是新知识与已有认知结构中固有知识或观念之间的相互作用。奥苏贝尔根据新旧观念的概括水平及其联系方式的不同划分了三种同化模式。

1. 下位学习

下位学习(subordinate learning)是指将概括水平较低或包容范围较窄的新概念或命题，归属到认知结构中的概括水平较高或包容范围较广的适当概念或命题之下，从而获得新概念或新命题的意义。例如，通过对正方形和长方形的学习形成轴对称图形的概念，在学习圆时，圆为轴对称图形这一命题被纳入原有概念，新的命题很快获得意义，学生马上就可以发现圆具有轴对称图形所具有的一切特征。

2. 上位学习

上位学习(super-ordinate learning)是指新概念或新命题具有较广的包容面或较高的概括水平，新知识通过把一系列已有的观念包含于其下而获得意义。例如，儿童在学习苹果、橘子、梨等概念后，在学习水果这个概括性的概念时，新学的概念总括了原有的概念，新的概念就有了意义。

3. 组合学习

组合学习(coordinate learning)又称并列学习，当新的知识与认知结构中原有的观念既不产生下位关系，又不产生上位关系，而只存在并列关系。这种只能凭借组合(并列)关系来理解意义的学习就是组合(并列)学习。例如，数理化中许多知识的学习都是该种学习，如质量与热量、热与体积、遗传结构与变异等概念间的关系等。

五、加涅的信息加工学习理论

学习的信息加工观点是一种计算机模拟的思想，是把人的学习过程比喻为计算机的加工过程。1974 年，加涅提出的学习的信息加工理论成为这种观点的主要代表。

加涅认为，学习的模式是用来说明学习的结构和过程的，它对于理解教学及教学过程以及如何安排教学事件具有十分重要的意义，因此他提出了信息加工模式，如图 7-15 所示。

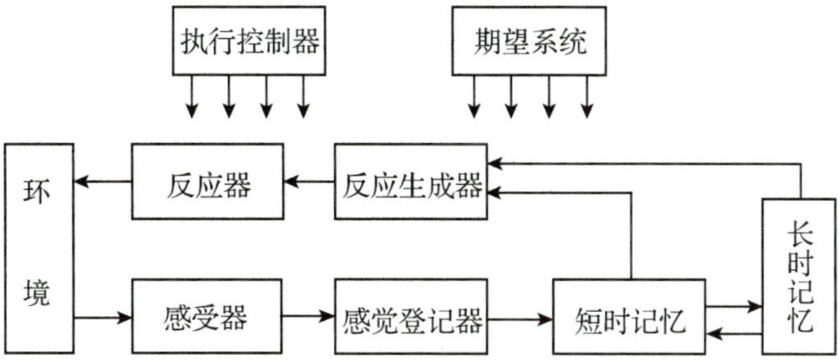

图 7-15 加涅的信息加工模式图

这一模式表明，环境中的刺激因素作用于人的感受器，在感觉登记器做短暂的寄存，一般在百分之几秒内就可以把来自各感受器的信息登记完毕，但有的部分很快就消失了。

被登记的信息很快进入短时记忆，信息在这里可以保留二三十秒钟。短时记忆的容量很有限，一般只能储存七个左右的信息项目，一旦超过这个数目，新的信息进来就会把原有的部分信息赶走，如果想要保持信息，就得采取复述的策略。但复述只是有利于保持信息以便进行编码，并不能增加短时记忆的容量。

当信息从短时记忆进入长时记忆时，信息发生了关键性的转变，即要经过编码过程。所谓编码就是用各种方式把信息组织起来，信息经过编码储存在长时记忆中，而长时记忆是容量非常大的信息储存库。

当需要使用信息时，需从长时记忆中提取信息，被提取的信息可以直接通向反应生成器，从而产生反应，也可以再回到短时记忆，对该信息的合适性做进一步考虑，结果可能是进一步寻找信息，也可能是通过反应生成器做出反应。

信息加工模式图的上部有两个控制结构，即执行控制器和期望系统。执行控制器决定哪些信息从感觉登记器进入短时记忆，如何进行编码，采取何种提取策略等。期望系统就是学生期望达到的目标，也是学习的动力。整个学习过程都是在这两个结构的作用下进行的。

总结来说，加涅认为学习是一个有始有终的过程，这一过程可分为若干阶段，每一阶段进行不同的信息加工。加涅的信息加工学习理论认为学习过程包括八个阶段，即动机阶段、领会阶段、习得阶段、保持阶段、回忆阶段、概括阶段、作业阶段、反馈阶段，如图 7-16 所示。

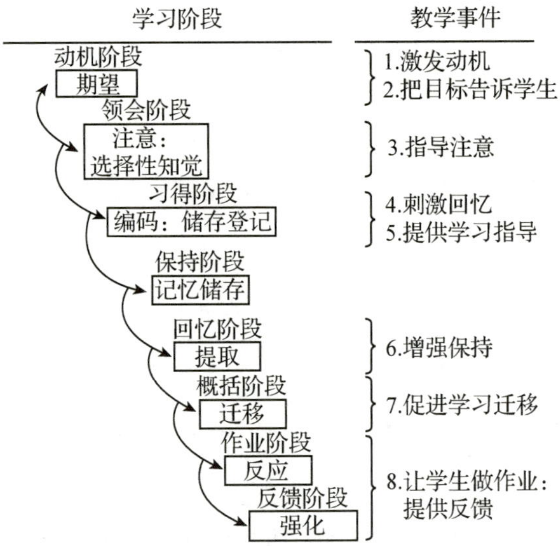

图 7-16　加涅学习过程的八个阶段及教学事件

在教学中，可以有以下几种应用。

(一)集中学生的注意力

教师注意根据学生的心理发展水平设计课程，随着时间的推移，学生获取新信息的能力和分辨重要信息的能力在不断提高，教师要通过不断引入变化和新奇的东西，维持学生的好奇心，合理地安排座位，使学生的注意力集中在课堂上。

①利用注意信号。设计一种信号告诉学生停下手中的事，将注意力集中在教师身上，比如说拍手利用重复信号，将学生的注意力集中到重点上。

②考虑注意资源的有限性。关注学生的肢体语言和面部表情，识别他们何时需要改变授课节奏，在久坐之后提供休息时间对学生特别有效。

③采用多种方式让学生集中注意力参与课堂活动。

(二)帮助学生有效地储存和提取信息

教师应该思考如何将新知识融入学生已有的知识结构里，使新知识富有意义，知道如何评价学生的进步。常用的策略有组织策略、概念理解策略、任务分析策略和关联策略等。

第三节　建构主义学习理论

20 世纪 80 年代，由于信息技术对教育的挑战，传统的教育学习理论已经不能适应新的要求，于是人们根据信息技术的需要，不断注入新成果，形成了新的学习理论思潮——建构主义，它进一步强调了学习者在学习过程中的主动性，突出了意义建构和社会文化互动在学习中的作用。建构主义是教育心理学的一场革命。

一、知识观

(一)强调知识的动态性，质疑知识的客观性和确定性

建构主义者认为任何一种传载知识的符号系统都不是绝对真实的表征，不是对客观现实完全正确的反映。它只不过是人们对客观世界的一种暂时性解释和假设，绝不是问题的最终答案，它必将随着人们对于事物的认识程度的深入而不断被改写，从而出现新的假设，如粒子说、波动说等。

(二)知识不能绝对准确地概括整个世界的法则，不能提供对所有问题都实用的解决方法

建构主义者认为在具体的问题解决中，知识需要针对具体问题的情境进行再加工和再创造，不是一成不变的。

(三)个体知识及其意义是由人主动建构起来的

建构主义的观点向传统的教学和课程理论提出了巨大的挑战，它颠覆了传统教

学中灌输式的教学方法，认为个体是会主动建构知识的。它反对学习是一种模仿行为，认为学习是个体主动内化为自身知识的过程。它认为在教学中，知识是先建立框架，由整体到部分，而不是切割为部分被掌握。

二、学生观

建构主义者强调，学习者不是空着脑袋进入学习的，他们在日常生活和过去各种形式的学习中，已经形成了有关的知识经验，因此本身对于任何事情都有自己的看法，即便有些问题他们从来没有接触过，但当问题呈现出来时，他们会基于以往的经验，依靠自己的认知能力来解释问题，提出假设。

教学不能无视学习者的已有知识经验，简单强硬地从外部对学习者实施知识的“填灌”，而应当把学习者原有的知识经验作为新知识的生长点，引导学习者从原有的知识经验中生长出新的知识经验。教学不是知识的传递，而是知识的处理和转换。教师不单是知识的呈现者，应该重视学生自己对各种现象的理解，倾听他们时下的看法，思考他们这些想法的由来，并以此为据，引导学生丰富或调整自己的解释。

教师与学生之间、学生与学生之间都需要共同针对某些问题进行探索，并在探索的过程中相互交流和质疑，了解彼此的想法，由于经验背景的差异，学习者对问题的看法和理解也千差万别。其实，在学生的共同体中，这些差异本身就是一种宝贵的现象资源，同时，建构主义虽然非常重视个体的自我发展，但是也不否认外部引导及教师的影响作用。

三、学习观

建构主义认为，学习是学习者从不同背景、角度出发，通过独特的信息加工，主动地建构意义的过程。当代建构主义者主张，世界是客观存在的，但是对于世界的理解和赋予意义，却是由每个人自己决定的。学生不是简单被动地接受信息，而是主动地建构知识的意义。学习者的知识建构过程具有三个重要的特性。

(一)主动建构性

建构主义认为学习不是知识由教师向学生的传递，而是学生建构自己的知识的过程，学生不是被动的信息接受者，而是信息意义的主动建构者，这种建构不可能由其他人代替，这就是主动建构性。

(二)社会互动性

社会互动性是指学习需要通过某种社会文化的参与，而内化相关的知识和技能、掌握有关的工具的过程常常要通过一个学习共同体的合作互助来完成。

(三)情境性

建构主义者提出，知识存在于具体的、情境性的、可感知的活动中。它不是一套独立于情境的知识符号(名词术语等)，不可能脱离活动情境而抽象地存在。

它只有在实际情境中被应用才能真正被理解。也就是说，仅仅学习抽象的概念和规则无法灵活适应具体情境的变化，概念和规则的意义存在于各种情境对知识的应用中。

四、教学观

建构主义强调，教学不是传递客观而确定的现成知识的过程，而是激活学生原有的相关知识经验、促进知识经验的生长的过程。促进学生的知识建构，以实现知识经验的重新组织转化和改造。教学要为学生创设理想的学习情境，激发学生的推理分析、鉴别等高级的思维活动，同时给学生提供丰富的信息资源、处理信息的工具以及适当的帮助和支持，以促进他们自身建构意义以及解决问题。基于此，研究者提出了许多新的教学思路和教学方法，对教学实践产生了巨大的影响。具体介绍如下。

(一)情境性教学

建构主义者提倡情境性教学，认为传统教学是一种使学习去情境化的做法。情境性教学是让学生在一定的情境活动中完成学习。它具有三个基本特征。

1. 真实的任务

应该使学习在与现实情境相类似的情境中发生，以解决学生在现实生活中遇到的问题为目标。因此，学习的内容要选择真实的任务，不能对其进行过于简单化的处理，使其远离现实的问题情境。

2. 情境化教学过程

情境性教学过程应该与现实的问题解决过程相似，教师不是把准备好的内容交给学生，而是在课堂上展示与现实中专家解决问题时相类似的探索过程，提供解决问题的原型，并指导学生进行探索。

3. 情境化评估

情境性教学不需要独立于教学过程的测验，而是采用融合式测验，在学习中对具体问题的解决本身就反映了学习效果，或者进行了与学习过程一致的情境化评估。

(二)支架式教学

支架的本义是建筑行业使用的脚手架，建构主义者用它来形容一种教学模式。该模式是教师与学生共同完成某种活动，为学习者参与该活动提供外部支持，帮助他们完成无法独自完成的任务，随着活动的进行，逐渐减少外部支持，使共同活动让位于学生的独立活动。即通过教师的帮助(支架)，管理学习的任务和探索的责任逐渐由教师转移给学生，最终能够使学生独立学习。其教学过程一般包括创建情境、搭“脚手架”、进入情境、独立探索、协作学习和效果评价等环节。

(三)合作学习

合作学习是以小组为基本组织形式，以师生和生生互动合作为教学活动取向，共同完成教学目标的学习。这一过程主要通过讨论、交流、观点争论、互相补充和修改，共享集体思维成果，完成对所学知识的意义的建构。小组规模可大可小，但一般需要满足两个条件：第一是实行小组奖励；第二是让每个人都要承担社会责任。只有满足了这两个条件，合作学习才能提高学生的学习成绩；可以使用个人测评的方法评价各人的贡献，在让他们感兴趣的基础上，促进其责任感的产生。

第四节　人本主义学习理论

人本主义是20世纪六七十年代继行为主义和精神分析学派之后涌起的第三思潮，其主要代表人物是马斯洛和罗杰斯。人本主义的学习与教学观深刻地影响了世界范围内的教育改革，是与程序教学运动、学科结构运动齐名的20世纪三大教学运动之一。

一、马斯洛的学习理论

(一)自我实现的人格观

人本主义心理学家认为，人的成长源于个体自我实现的需要，自我实现的需要是人格形成、发展和成熟的驱动力。自我实现的需要是指人对于自我发挥和完成的欲望，也是使人们潜力得以实现的倾向。通俗来说就是一个人能够成为什么他就成为什么，因为他要忠于自己的本性。正是人有自我实现的需要，才能使自我的潜能得以实现、保持和增强。

(二)内在学习论

马斯洛(见图7-17)认为，理想的学校应反对外在学习，提倡内在学习。所谓内在学习就是依靠学生的内在驱力，充分开发潜能，达到自我实现的学习，这是一种自觉的、主动的、具有创造性的学习模式。这种教育模式会促进学生自发的学习，打破束缚人发展的条例，自由地学他想学的任何课程，充分发挥想象力和创造力。外在学习是指单纯依赖强化和条件作用的学习，其着眼点在于灌输，而不在于理解，属于一种被动的、机械的、传统的教育模式。

图7-17　马斯洛

二、罗杰斯的学习理论

(一)知情统一的教学目标观

罗杰斯(见图7-18)在20世纪60年代将他的“患者中心”治疗方法应用到教育领域，提出了“自由学习”和“学生中心”的学

图7-18　罗杰斯

习与教学观。罗杰斯认为情感和认知是人类精神世界中两个不可分割的有机组成部分，彼此是融为一体的。因此罗杰斯的教育理想就是要培养既用认知的方式，也用情感的方式行事的知情合一的人。当然，这只是一种理想化的模式，而最终要实现这一教育理想，应该有一个现实的教育目标。

(二)有意义的自由学习观

人本主义强调的教学目标是促进学习，不是教师填鸭式地强迫学生学习枯燥乏味的教材，而是学生在好奇心的驱使下吸收他觉得有趣和需要的知识。

罗杰斯认为学生的学习主要有两种类型：认知学习和经验学习。其学习方式也主要有两种：无意义学习和有意义学习。他还认为，认知学习的很大一部分内容对学生自己是没有意义的，只涉及心智，而不涉及感情和个人意义，是一种“颈部以上的学习”，这正是无意义学习。而经验学习以学生的经验成长为中心，以学生的自发性和主动性为学习动力，把学习与学生的愿望兴趣和需要有机地结合起来，因而经验学习必然是有意义的学习，并能有效地促进个体的发展。

有意义学习是一种与每个人各部分经验都融合在一起的学习。在这里，我们需要区别罗杰斯的有意义学习和奥苏贝尔的有意义学习。罗杰斯关注的是学习内容与个人之间的关系，奥苏贝尔强调新旧知识之间的联系，只涉及心智，而不涉及个人意义。罗杰斯认为有意义学习有四个特征：第一是全神贯注，整个人的认知和情感均投入学习活动之中；第二是自动自发，学习者是由于内在的愿望主动去探索、发现和了解事件的意义；第三是全面发展，学习者的人格、态度和行为获得全面发展；第四是自我评估，学习者自己评估自己的学习需求、学习目标是否完成等。因此，学习能对学习者产生意义，并能被纳人学习者的经验系统中。

(三)学生中心的教学观

人本主义在其学习观的基础上提出了自己的教学观，罗杰斯认为凡是可以由别人教给的知识，相对来说都是无用的，教师的任务不是教学生如何学习(认知主义)，不是教学生学习知识(行为主义)，而是为学生提供各种学习的资源，提供一种促进学习的气氛，让学生自己决定如何学习。为此，罗杰斯对传统教育进行了猛烈批判，他认为在传统教育中教师是知识的拥有者，而学生只是被动的接受者；教师可以通过演讲、考试甚至嘲弄来支配学生学习，而学生无所适从；教师是权力的拥有者，学生只是服从者，因此罗杰斯主张废除教师这一角色，代之以“学习促进者”。

罗杰斯认为教师在促进学生自由学习方面所起的作用主要体现在以下十个方面。①构建真实的问题情境，让学生体验对他们个人有意义的问题。②提供大量的学习资源，提供各种学习方式，让学生自由选择。③使用契约让学生自己负责，在课程规定的范围内确定学习目标，选择学习方法，确立评价准则。④充分利用社区的学习资源，让学生成为知识的探索者。⑤开展同伴教学，发挥同伴之间的个别指导作用。⑥采用分组学习，让学生自由选择学习的方式。⑦提供探究的环境，进行探究的训练，使学生体验到科学是不断发展的。⑧适当使用程序教学，使学生直接体验到满足感。⑨建立朋友小组，为个体提供一种坦诚交往的情境。⑩鼓励自我评价，使学生感到自己有责任去追求特定的学习目标。

三、人本主义学习理论的应用

人本主义学习理论促进了教育教学改革，并提出了一些新的教学模式。

(一)以题目为中心的课堂讨论模式

以题目为中心的课堂讨论模式是指教师提出适合讨论的课题，学生与教师共同参与讨论，各抒己见。该模式能够促进教师与学生、学生与学生之间的关系，教师在该模式中要起到体现人本主义精神的作用，能够尊重每个学生的意见，表现出对学生真诚的爱，要发现每个学生身上的优点，喜爱每个学生。学生在讨论课题时要能与自身的生活经历相结合，全身心地讨论才能使其对每个人都有意义。

(二)自由学习的教学模式

自由学习的教学模式适合大学的教学，教师与学生签订协议，决定一学期内所要学习的内容数量、方向。由学生决定教师使用怎样的教学方式、讲授什么内容，甚至包括教学内容的来源以及检索方式。学生决定教师使用什么教学辅助工具，如多媒体、录音笔等。自由学习的教学模式可以充分调动学生参与课堂的积极性，使每个学生都投入其中，最终的考试也由学生制定，但考试内容和分数的量化由教师和学生共同制定。

(三)开放课堂的教学模式

开放课堂的教学模式适合大学生的学习，年龄较小的儿童则不适合。该模式的课堂无拘无束，学生在课堂上可以做想做的事，学习想学的科目，课间时间学生也可以继续自己未完成的项目。教师在其中起的作用就是给学生鼓励和支持，促进其对知识的学习。教师需要对每个学生建立学生档案，详细记录学生的一举一动，并根据学生的情况对他们的学习内容提出建议。

人本主义学习理论重视对学生的尊重和爱护，充分发挥学生的主动创造性，主张教学工作要注意创设良好的人际关系和课堂气氛，使学生身心健康地成长以适应时代的变化和社会的要求。这对于我国的教育改革是有所启发的，是值得借鉴的。

思考与练习

一、选择题

1. 学生在数学课上学会了端坐在座位上，认真做作业，在英语课上学生也能做出类似行为。这表明学习行为存在(　　)。

A. 分化　　B. 泛化　　C. 类化　　D. 消退

2. 一名调皮的学生屡次扰乱课堂秩序，教师请其站到教室后面，教师运用了(　　)。

A. 正强化　　B. 负强化　　C. 惩罚　　D. 消退

3. 家长为了使孩子不输在起跑线上，不顾孩子的感受，报各种兴趣班让其学习，令孩子反感，这违背了桑代克学习定律中的(　　)。

A. 准备律　　B. 练习律　　C. 效果律　　D. 巩固律

4. 对黑猩猩做“顿悟实验”的是(　　)。

A. 苛勒　　B. 托尔曼　　C. 桑代克　　D. 巴甫洛夫

5. 布鲁纳认为，发现是教育儿童的主要手段，学生掌握学科基本结构的最好方法是(　　)。

A. 发现学习　　B. 合作学习　　C. 接受学习　　D. 掌握学习

二、问答题

1. 有人建议，在教育实践中“要多使用奖励，而尽量少用惩罚”，你怎么看？

2. 情境性教学有哪些主要特征？对你今后的教学实践有何启示？

选择题参考答案：1. B　2. C　3. A　4. A　5. A

拓展与延伸

皮连生．教育心理学(第四版)[M]. 上海：上海教育出版社，2011.

第八章　学习动机

学习目标

1. 可以指导学生面对不同难度的任务，将动机调控到恰当的强度水平。

2. 能够辨别不同的动机冲突，并可以引导学生正确地解决动机冲突。

3. 能够结合学习动机理论，有效地培养和激发学生的学习动机。

4. 能够根据学生的个体差异，引导学生进行合理的行为归因，提高学生的自我效能感。

知识导图

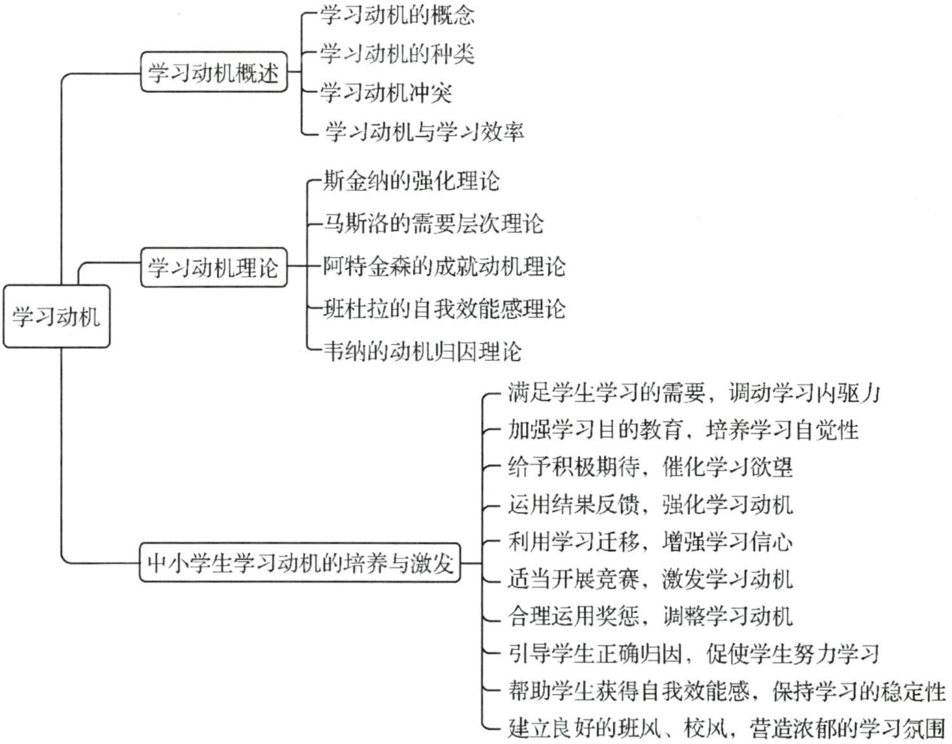

教师在教学过程中会遇到各种各样的问题，有些学生在学习过程中会害怕失败，不敢主动去挑战；有些学生的智商相同，但学习主动性、积极性却存在很大差异；有些学生非常努力、准备充分，但因求胜心切导致成绩并不理想等，这些问题都与学习动机有关。教师只有透彻地理解学习动机的有关理论，才能更有效地组织教学。

第一节 学习动机概述

人总是会做出各种各样的行为，而行为背后总会有一定的原因，心理学家通常用动机这一术语对人们的行为原因进行描述。所谓动机就是指引发、导向并维持活动的倾向。它涉及三个方面的问题。第一，行为出现的起因是什么？第二，行为指向某一目的的原因是什么？第三，维持这一行为的原因是什么？动机是一个内部心理过程，而不是心理活动的结果。对于这种内部过程，我们不能进行直接的观察，但是，可以通过任务选择、努力程度、对活动的坚持性和言语表达等外部行为间接地推断出来。通过任务选择我们可以判断个体行为动机的方向、对象或目标；通过努力程度和坚持性我们可以判断个体的动机强度。在教育教学过程中，人们更注重学习方面的动机。

一、学习动机的概念

(一)什么是学习动机

学习动机是直接推动个体趋向一定的学业目标并维持这一学习行为活动的内部动力。具体地说，学习动机是由一种学习目标或对象所引导，激发和维持个体学习活动的内在心理过程或内部动力。

(二)学习动机的功能

1. 引发功能

当学生对某些知识或技能产生了好奇心或有了学习需要时，就会产生内在的学习动力，产生焦急、渴望等心理体验，最终产生一定的学习行为。例如，有位老师在教初中生反射原理的时候，他问学生："你们能看到自己的后脑勺吗？如果能，你们知道为什么吗？"由此使学生产生好奇心，渴望揭开其中的奥秘，从而引发学生想学习反射原理知识的学习行为。

2. 导向功能

学习动机是以学习需要和学习期待为出发点的，使学生的学习行为在初始状态时就指向一定的学习目标，并推动学生为了达到这一目标而努力学习。学习动机能将学习行为指向一定的对象或目标。例如，一个喜欢英语并喜欢看英文电影的学生，他会给自己设定一个学习目标，不看中文字幕就能看懂英文电影，为此他会通过记英文单词、学习语法，反复对照英文字幕，直到成功为止。

3. 维持功能

学习动机的维持功能表现在学生在某项学习上坚持时间的长短、出现频率的高低以及投入状态的好坏，如学习是认真还是马虎、是勤奋还是懒惰、是持之以恒还是半途而废，这些都取决于学习动机的水平。心理学研究表明，学习动机水平比较高的学生，能在长时间的学习活动中保持认真的态度和坚持完成学习任务的毅力；学习动机水平比较低的学生则缺乏学习行为的稳定性和持久性。

4. 调控功能

人好比汽车，学习动机就像汽车的发动机和方向盘，它不仅为个体的学习活动提供动力，同时也调节着学习行为活动的方向、时间和强度。如果此路不通还可另辟蹊径，直到达到预期目标为止，所以学习动机是学习行为活动的调节器。

(三)学习动机的相关概念

学习动机的强弱与诸多因素有关，如学习兴趣、学习需要、个人价值观、态度、志向等内部因素，还有目标吸引力、赞美、鼓励、学习后果以及环境要求的压力等外部因素。

1. 兴趣

兴趣(interest)是指个体力求认识某种事物和从事某项活动，并且伴有积极情绪色彩的心理倾向。兴趣其实就是一种内部动机，是人们认识和从事活动的强大动力，兴趣对活动起着重要作用，如对未来活动的准备作用；对正在进行的活动的推动作用；对活动创造性态度的促进作用等。例如，一些学生对历史感兴趣，他们就会经常关注各种历史古迹、故事、小说、电影等，一般他们会优先选择与历史有关的活动，并从这些活动过程本身感受到快乐。

兴趣与爱好既有联系又有区别。爱好是在兴趣的基础上发展起来的，爱好的事物必定是感兴趣的事物。兴趣更多表现为认知的倾向，而爱好更多表现为活动的倾向。兴趣可以分为直接兴趣和间接兴趣。直接兴趣是指对活动过程本身感兴趣，间接兴趣是对活动结果感兴趣，如小明喜欢踢足球本身属于直接兴趣，小华更希望自己成为足球明星为国争光便属于间接兴趣。只有把直接兴趣和间接兴趣有机地结合起来，才能充分发挥一个人的积极性和创造性，才能使其持之以恒，直至取得成功。

2. 需要

需要(need)是个体在生活中感到自身内部及自身与外部环境之间失去平衡并力求恢复平衡的一种内心状态。需要的产生应具备三个条件。第一，不平衡的存在是需要产生的前提，即自身内部环境(生理和心理)及自身与外部环境之间有不平衡的存在是产生需要的前提。第二，对不平衡存在的感知是需要产生的条件，即只有主体对自身内环境及自身与外环境之间存在的不平衡有所感知，才可能导致需要的产生。例如，只有感到知识贫乏，个体才会产生求知的需要。第三，恢复平衡的愿望是需要产生的关键，即主体不仅认识到自身内部及自身与环境之间失去了某种平衡，而且还要有恢复平衡的愿望，这样才会真正导致需要的产生。需要具有广泛性、动力性、社会历史性、对象性、周期性和独特性等特点。

心理学研究表明，需要本身是主体意识到的不平衡状态，只表现为一种愿望和意向，是个体行为基本的动力源泉，但它未必直接导致行为，只有当满足需要的诱因出现时，需要才能被激活，才能转化为动机，所以动机是在需要的基础上产生的，需要是一切行为的原动力，而动机是行为活动的直接动力，打个比方说，需要就像汽车里的汽油，动机就像汽车的发动机。

3. 诱因

诱因(incentive)指能满足个体需要的刺激物，它具有激发或诱使个体朝向目标的作用。诱因既可以是物质的，如美味佳肴；也可以是复杂的事件或情境，如名誉、地位等。凡是人们希望得到的、有吸引力的刺激都可能成为诱因。诱因是个体行为的一种能源，它促使个体去追求目标。诱因与驱力是分不开的，诱因是由外在目标激发的，只有当它变为个体内在的需要时，才能推动个体的行为，并有持久的推动力。

需要与诱因是紧密联系的，需要是比较内在的、隐蔽的，是支配个体行为的内部原因，诱因是与需要相联系的外界刺激物，是使个体的某种需要可能获得满足的、引发个体进行某行为活动的目标，这种外部目标的吸引力仍然会成为行为的巨大动力。例如，某中学生在参观了北京大学后，被其校园深深地吸引，从而推动他努力刻苦地学习，提高了他的学习动机水平。

4. 价值观

价值观(value)是一个人认定事物、明辨是非的一种思维或价值取向。个体的选择往往取决于他的价值观，人们一般会从事自己认为重要的事情或与自己的需要密切相关的事情。例如，一名学生想成为工程师，数理化学科获得好成绩就具有极高的价值，他就会花费更多的时间、付出更多的努力去学习这些学科。一般来说，学习任务对学生有三种价值。①内在价值(intrinsic value)指个体由活动本身获得的乐趣，如学习音乐出自对音乐的热爱。②成就价值(attainment value)指任务对个体的重要性，这与个体的需要及取得成功的意义相关。如果你觉得学业重要，你就会重视分数、证书等；如果你重视体育，则在各种比赛中，你更在意自己是否获奖。③效用价值(utility value)指有助于达到一个短期或长期目标的价值。例如，学习外语可以为自己以后进入外企工作提供更大的可能性。为了促进学生了解学习任务的价值，教师在课堂教学中应该更多地采取真实的任务。如果任务既是真实的、有趣的，又是有意义的，那么就能激发学生强烈的学习动机。

(四)学习动机与学习行为

学习动机与学习行为密不可分，学习动机是引起学习行为的直接动力，但两者并非简单的一对一的关系，而是一对多或多对一的关系。例如，一个学生为什么学习？可能是为了自己的人生理想；可能是为了回馈父母；可能是为了得到老师的赞美；可能是为了获得好名次等，这便是一种学习行为可能由多种动机引起的情况。一种学习动机也可能会导致多种学习行为。

二、学习动机的种类

(一)根据动机的来源，动机可以分为内在学习动机和外在学习动机

1. 内在学习动机

内在学习动机是指个体由对学习活动本身的兴趣所引起的动机。动机的满足在活动之内，不需要外界的诱因、惩罚来使行动指向目标。例如，有的学生喜欢英语，不仅上英语课时认真听讲，课后也会认真复习。拥有内部学习动机的学生能积极投入学习，发挥主动性，容易在学习中获得满足。

2. 外在学习动机

外在学习动机是指个体由外部诱因所引起的动机。动机满足在活动之外，即个体不是对学习活动本身感兴趣，而是对学习活动所带来的结果感兴趣。例如，

有的学生学习是为了得到老师的奖励或避免父母的惩罚等。具有外部学习动机的学生通常在达到目标后，学习动机水平便容易下降，或选择没有挑战性的任务，避免失败。

内在学习动机和外在学习动机的划分不是绝对的。学习动机是人从事学习活动的内部心理动力，因此任何外界的要求、外在的力量都必须转化为个体内在的需要，才能成为学习的推动力。当外在学习动机发生作用时，人的学习活动较多地依赖责任感、荣誉感或希望得到奖赏和避免受到惩罚。从这个意义上说，外在学习动机的实质仍然是一种内在动力。因而在教育过程中强调内在学习动机的作用，但也不应忽视外在学习动机的作用。教师应一方面逐渐使外在学习动机转化为内在学习动机，另一方面利用外在学习动机使学生已经形成的内在学习动机处于持续的激起状态。

(二)根据动机在活动中作用的大小，动机可以分为主导性学习动机和辅助性学习动机

1. 主导性学习动机

主导性学习动机是指在学习活动中处于支配地位，发挥强烈、稳定和主导作用的动机。主导性学习动机不是一成不变的，而是不断发展变化的。

2. 辅助性学习动机

辅助性学习动机是指在学习活动中处于从属地位，只起辅助作用的学习动机。例如，在学习活动中，可能有几种动机，如为祖国的富强而学习，为获得奖励而学习，为得到别人的赞许而学习，或为自尊而学习，其中为祖国的富强而学习的动机属于主导性学习动机，其余几种学习动机都属于辅助性动机。

事实表明，只有主导性学习动机和辅助性学习动机的关系较为一致时，学习的动力才会增强；如果彼此冲突，学习的动力就会减弱。

(三)根据动机的影响范围和持续作用的时间，动机可以分为近景性学习动机和远景性学习动机

1. 近景性学习动机

近景性学习动机也叫短暂性学习动机，是指与学习活动本身相联系、影响范围小、持续作用时间短的学习动机。例如，学生仅仅为考试得高分做出努力等。

2. 远景性学习动机

远景性学习动机也叫长远性学习动机，是指与学习活动的社会意义相联系、影响范围大、持续时间长的学习动机。例如，有的学生努力学习是为了将来能从事教育事业。

近景性学习动机与远景性学习动机具有相对性，在一定条件下两者可以互相转化。远景性目标可以分解许多近景性目标，近景性目标要服从远景性目标。所谓“千里之行，始于足下”，就是对两者辩证关系的描述。

(四)根据美国心理学家奥苏贝尔的理论，学习动机可以分为认知内驱力、自我提高内驱力和附属内驱力

1. 认知内驱力

所谓认知内驱力，就是指学生渴望认知、理解和掌握知识，以及陈述和解决问题的倾向。认知内驱力发端于学生的好奇心，引起探究、操作、理解和应付环境的心理倾向。这些心理倾向最初都是潜在的动机因素，它们本身既无内容也无方向。这些潜在的动机能够转变为实际的学习动机，受两个方面的影响：一是成功的学习结果会导致学生对未来能取得更为满意结果的预期；二是家庭和社会中有关人士的影响。值得注意的是，认知内驱力作为内部动机，往往会因注重竞争分数、计较名誉或担心失败等外部动机而被削弱，因此，课程教学必须重视认知和理解的价值，使学生对认知本身感兴趣，而不应把实际的利益作为首要目标。

2. 自我提高内驱力

自我提高内驱力是一种通过自身努力，胜任一定的工作，取得一定的成就，从而赢得一定的社会地位的需要。自我提高内驱力指向的是取得一定的社会地位，以赢得一定的社会地位为满足。在自我提高内驱力中对地位的追求是动机的直接目标，而成就的获得和能力的提高是间接的目标。显然，自我提高内驱力属于外部的、间接的学习动机。但是也不能因此忽视自我提高内驱力的作用，它的作用时间往往比认知内驱力还要长久。认知内驱力往往随着学习内容的变化而发生变化，当学习的内容不能激发学生的认知兴趣时，认知内驱力就会减弱或转移方向，而自我提高内驱力指向的是较为远大的理想或长期的奋斗目标，会成为鞭策学生努力学习、持续奋斗的长久力量。因此，在教学中培养学生树立崇高的理想和远大的抱负，激发学生的自我提高内驱力，也是促使学生保持长久学习动机的有效措施。

3. 附属内驱力

附属内驱力是指个人为了得到长者或权威人物的赞许或认可而表现出来的一种把学习或工作做好的需要。对于学生来说，附属内驱力表现为学生为了赢得家长或教师等人的认可或赞许而努力学习，取得好成绩的需要。附属内驱力的产生有两个条件：一是有学生认可的长者或权威人物对其学习结果进行评价；二是从长者或权威人物的认可和赞许中也会获得一种派生的地位。但这种地位与自我提高内驱力所赢得的一定的社会地位不同，它不是由学生本人的能力或成就水平决定的，而是从他追随或依附的长者或权威人物所给予的赞许中引申出来的。

三种内驱力有比较明显的年龄特征。在中小学生身上，小学低年级学生的附属内驱力是动机的主要成分。随着年龄的增长和独立性的增强，附属内驱力在强度上有所减弱。到了中学阶段，来自同伴的赞许或认可将激发中学生形成强烈的自我提高内驱力。进入高中或大学后，随着认知能力的发展、职业定向的稳定，认知内驱力成为学习的主要动机。

三、学习动机冲突

在现实生活中，人的需要是多种多样的，因而动机的种类也是多种多样的，但在某一个特定的时空条件下，这些同时并存的动机不可能同时得到满足，人们不得不从众多的动机中选择某些动机而放弃其他动机，因此在心理上就产生了动机冲突。

动机冲突是指在同一时间内出现的彼此不同或相互抵触的动机，因不可能都获得满足而产生的矛盾心理。动机冲突在每个人的日常生活中都是经常发生的。根据动机冲突的表现形式，动机冲突可以分为双趋冲突、双避冲突和趋避冲突三种。

（一）双趋冲突

双趋冲突指两个对个体都具有吸引力的目标同时出现，形成强度相同的两个动机，但由于条件限制，只能选其中的一个目标时而产生的动机冲突。例如，小丽既想成为一名音乐家，又想成为一名心理学家的冲突就是双趋冲突的体现，正如“鱼与熊掌不可兼得”。

（二）双避冲突

双避冲突是指同时面临两个具有危险性的目标都想避开，但必须接受其一时而产生的动机冲突。例如，既不想学习又不想挂科，两者不可能全部避开，必须接受其一。

（三）趋避冲突

趋避冲突指某一事物对个体具有利与弊的双重意义时，会使人同时产生好而趋之和恶而远之两种态度而产生的动机冲突。想吃鱼又怕鱼刺、想吃甜食又怕长胖就是这种冲突的表现。

动机冲突就是为选择目标产生的，动机冲突的过程就是目标确立的过程，动机冲突的过程就是对众多目标的利弊、优劣以及实现的可能性进行权衡，进而决定取舍的过程，因此，动机冲突往往不是单一的，而是多重趋避冲突并存的。动机冲突会让我们感到纠结、焦虑不安，不管做何选择都会有所损失，都会对我们的身心健康有所损害，拖得时间越长，伤害越大，那么我们该如何应对动机冲突呢？主要有以下几种方法。第一是及时做出抉择。第二是学会取舍。即要客观全面地权衡利弊得失，做出合理取舍。第三是学会舍得。有舍才有得，当你什么都想要时，最后往往失去得更多。

四、学习动机与学习效率

无论我们做任何事，都会有结果，结果可能是好的也可能是坏的，效率可能高也可能低。虽然影响因素很多，如活动任务、个体能力等，但其中非常重要的一个心理因素便是动机。那么动机是怎样影响行为效率的呢？人们倾向于认为动机强度越高，对行为影响越大，工作效率越高；动机强度越低，对行为影响越小，工作效率越低。事实真的如此吗？心理学家耶克斯和多德森的研究表明，动机强度与工作效率之间并非简单的线性关系。

心理学研究表明，动机强度与工作效率之间的关系不是一种线性关系，而是倒U形关系，中等强度的动机最利于任务的完成。也就是说，当动机强度处于中等水平时，工作效率最高，一旦动机强度超过了这个水平，对行为反而产生一定的阻碍作用。例如，学习动机太强，会使个体焦虑和紧张，干扰思维和记忆活动的顺利进行，使学习效率降低。考试中的“怯场”现象主要是动机过强引起的。

心理学家耶克斯和多德森的研究表明，各种活动都存在一个最佳水平。动机不足或过分强烈，都会使工作效率下降。研究还发现，动机的最佳水平随着任务性质的不同而不同。在比较容易的任务中，工作效率随动机的提高而上升；随着任务难度的增加，动机的最佳水平有下降的趋势，也就是说，在难度较大的任务中，较低的动机水平有利于任务的完成，这就是耶克斯—多德森定律，如图 8-1 所示。

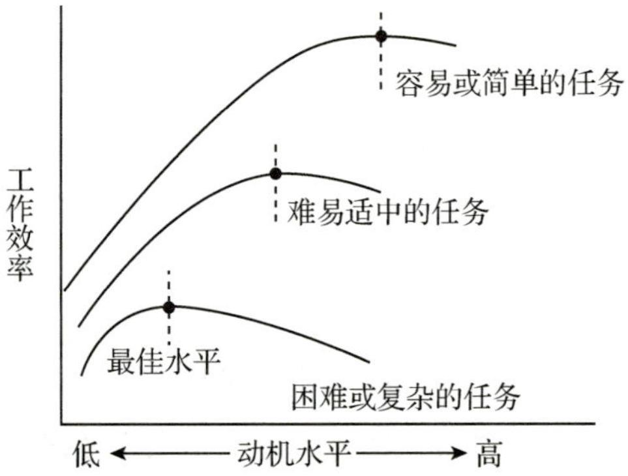

图 8-1　动机强度、任务难度和工作效率的关系

耶克斯—多德森定律在学习领域仍然适用，即学习动机水平与学习效率之间呈倒U形关系，面对不同难度的学习任务，仍然需要调整学习动机水平。理解这个原理是调控好学习动机水平的前提。如何调控好动机水平，下面以考试为例来说明。当个体觉得某次考题很难时，通常的表现是紧张、害怕，担心考不好，害怕遭到父母和老师的批评，然后会更加拼命地去思考，而考试结果往往适得其反。正确的做法是改变内部自我对话：“难就难吧，不止我一个人觉得难，会做就做，不会做就算了。”这样降低对自己的要求，使动机强度适当降低，更能充分发挥水平，考试结果会更好些；当个体觉得这次考题简单时，通常会暗自高兴，但考试成绩并非如己所想。正确的做法是对自己说：“越简单越不能掉以轻心，反而更要加倍小心、细心，不能有失误、出差错。”即适当调高动机水平，成绩才会更理想。当然，这个调节动机水平的过程还需考虑个体差异。

在认识了动机与效率的关系和规律后，在将来的工作和学习中，我们不仅可以帮助自己还可以帮助学生将动机水平调整到最佳状态，以此提高工作和学习效率，达到更好的教学效果。

第二节　学习动机理论

一、斯金纳的强化理论

行为主义者强调外部动机的作用，倾向于运用刺激、惩罚、强化、示范等概念来解释行为。在实际教育中，行为主义强调分数、等级和对学习结果奖赏等的作用，提倡运用强化和惩罚等来加强、保持或削弱学生的某种学习行为。

(一)理论内容

斯金纳认为，行为之所以发生变化是因为强化作用，对强化的控制就是对行为的控制。但强化不是奖励，因为奖励是对与行为联系的愉快情境的主观解释，而强化则是能增强反应频率的后果，是一个中性术语。惩罚与强化都是对行为进行调控的方法，但两者有明显差异，尤其是负强化不等于惩罚。下面将两者做一下比较，见表 8-1。

表 8-1　强化与惩罚

	强化		惩罚	
种类	正强化	负强化	正惩罚	负惩罚
施加刺激	施加愉快刺激		施加厌恶刺激	
撤销刺激		撤销厌恶刺激		撤销愉快刺激
效果	反应概率提高		反应概率下降	

斯金纳还认为，当反应受到强化的时机和频次不同时，强化后的反应模式是存在差异的，这就是所谓的强化程式(reinforcement schedules)，又称强化程序，其分类见表 8-2。

表 8-2　强化程式的分类

程式	定义	示例	反应的建立方式	强化终止后反应
连续强化程式	给予每个反应强化	一按开关灯就亮	迅速学会反应	反应迅速消失，没有持续性
定时强化程式	在固定时段后给予强化	按时发工资	随着强化时间的临近，反应数量迅速增加，强化后反应数量骤减	反应具有较弱的持续性，当强化时间内不再出现强化物时，反应速度迅速降低

续表

程式	定义	示例	反应的建立方式	强化终止后反应
定比强化程式	在固定反应次数后给予强化	计件工作	反应建立迅速，强化后反应会暂停	反应具有更强的持续性，反应降低的速度缓慢
变时强化程式	不定时给予强化	随堂测验	反应建立缓慢、稳定，强化后反应不会暂停	反应具有更强的持续性，反应降低的速度缓慢
变比强化程式	在不定反应次数后给予强化	买彩票、老虎机	反应建立速度快，强化后反应几乎不会停止	反应具有最强的持续性，一直保持高水平，不会消失

强化程式遵循的原则如下。第一，教新任务时，进行及时强化，不要进行延缓强化。在行为主义学习理论中有一条重要的原理就是，后果紧跟行为比后果延续要有效得多。及时反馈有两个作用：首先是使行为和后果之间的联系更为明确；其次增加了反馈的信息价值。第二，在任务的早期阶段，强化每一个正确的反应，随着学习的发生，对比较正确的反应优先强化，逐渐地转到间隔式强化。第三，强化要保证做到朝正确的方向促进或引导，不要坚持一开始就做到完美，不要强化不希望的行为。

(二)理论应用

强化理论不仅可以解释操作性行为的习得，还可以解释人们的行为动机。人之所以具有某种行为倾向，是因为这种行为受到了强化。如果学生因为学习而得到强化，如获得好成绩得到家长和老师的表扬等，那么他的学习动机就会提高，否则他就会缺乏学习动机。所以此理论在教育教学领域中得到广泛应用。

在实际教育中，人们对各种不同的强化会做出不同反应，强化的有效性因人而异。例如，有的学生能因在班上得到口头表扬而受到激励，但有的学生则不然。一个强化事件本身并不必然有效。例如，老师对学生说："好好干，我知道你们努力做的话是能够做好的。"对于那些感到难以完成任务的学生来说，这番话是一种鼓励或强化；但对于那些能轻而易举完成学习任务的学生来说，这实际上是一种变相的惩罚，因为这番话意味着老师不相信他们的能力，认为他们必须通过特别努力才能完成任务。因此，教师在教学中要注意以下几点。

1. 针对班上不同的学生提供不同的强化物系列

教师要注意观察和了解学生对什么强化物感兴趣。在一个三十多人的班级中，可以事先让学生填写一个问卷，如"在课堂上你喜欢干什么或玩什么东西？在课堂上你最喜爱做的三件事是什么？如果你去商店，你将买哪三件喜爱的玩具？"这些问题还可针对不同的年级加以修改。

2. 选择强化物时应考虑年龄因素

有些事物如小红花等，对小学生可能是更适合的强化物，对中学生未必是。因此，必须对不同年龄的学生提供相应的有力的强化刺激和事件。

二、马斯洛的需要层次理论

许多心理学家对需要都进行了研究和探讨，其中影响最大的是美国人本主义心理学家马斯洛提出的需要层次理论。

（一）理论内容

人的需要是多种多样的，按照不同的标准可以将需要分为生理需要和社会需要、物质需要和精神需要。马斯洛将纷繁复杂的需要按照一定层级即由低到高的顺序构建了一个有序的需要体系，如图 8-2 所示。

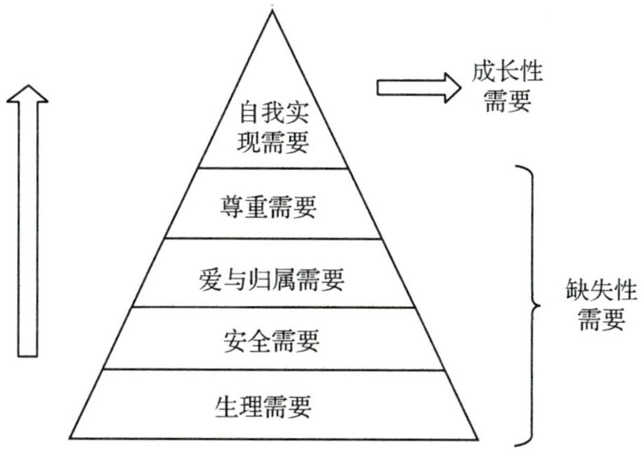

图 8-2　马斯洛的需要层次模式图

生理需要是指维持生存及延续种族的需要，是人类最原始、最基本的需要，如对水、空气、性、睡眠等的需要。安全需要是指个体希求保护与免遭威胁从而获得安全感的需要，包括安全、稳定、被保护、远离恐惧和混乱以及对秩序的需要。爱与归属需要是指每个人都有被他人或群体接纳、爱护、关注、支持与鼓励的需要。尊重需要是人追求自己的社会价值的需要，包括自尊和受人尊重的需要。马斯洛认为，如果尊重需要得到满足，就能使自己对社会产生信心，对社会充满热情，对工作更有创造性。如果尊重需要受到挫折，就会使人产生自卑感，失去对生活的信心。自我实现需要是指个人渴望自己的能力得到充分发挥，潜能得到挖掘，实现个人理想和抱负的一种需要。

心理自测

自我实现测量

对下面的陈述，按以下标准选择最符合你的分数。

1＝不同意　　2＝比较不同意　　3＝比较同意　　4＝同意

1. 我不为自己的情绪特征感到丢脸。
2. 我觉得我必须做别人期望我做的事情。
3. 我相信人的本质是善良的、可信赖的。
4. 我觉得我可以对我所爱的人发脾气。
5. 别人应赞赏我做的事情。
6. 我不能接受自己的弱点。
7. 我能够赞许、喜欢他人。
8. 我害怕失败。
9. 我不愿意分析那些复杂问题并把它们简化。
10. 做一个自己想做的人比随大流好。
11. 在生活中，我没有明确的要为之献身的目标。
12. 我肆意表达我的情绪，不管后果怎样。
13. 我没有帮助别人的责任。
14. 我总是害怕自己不够完美。
15. 我被别人爱是因为我对别人付出了爱。

计分时，以下题目要反向计分：2、5、6、8、9、11、13、14(选择"1"计 4 分；选择"2"计 3 分；选择"3"计 2 分；选择"4"计 1 分)。把 15 道题的分数相加，和下面的大学生常模进行比较。分数越高，说明在你人生的某一阶段，越有可能达到自我实现。

	平均分	标准差
男生	45.02	4.95
女生	46.07	4.79

马斯洛将人的需要分为不同层次、不同等级，他认为较低级的需要必须部分获得满足之后较高层次的需要才会出现。例如，在一个非常饥饿的孩子面前摆一堆书和一堆食物，孩子会先选食物，吃饱之后再去读书。即只有物质需要获得满足后，高级的精神需要才会应运而生。但这种次序不是完全固定的，是可以变化的，也有例外情况。例如，"志士不饮盗泉之水，廉者不受嗟来之食"，说明一个人在生理需要没有得到满足的情况下，追求着更高的自尊需要。而且他将低级的四种需要定义为缺失性需要，是我们生存所必需的，对我们的身心健康是非常重要的；最高级的自我实现需要被称为成长性需要，它虽然不是我们生存所必需的，但对于我们适应社会有重要的积极意义。

(二)理论应用

马斯洛的需要层次理论强调人内在的需要是激励行为活动的主要动力，人的所有行为都是有意义的，都有其特殊的目标，这种目标源于我们的需要。例如，小明迫切需要一部新款手机，他在课余时间拼命挣钱，一旦他买了手机，满足了需要，他就会失去挣钱的动机。不同的人有不同的需要，并且这些需要会随着时间的变化而变化，这就是为什么同一个人在不同的时间会产生不同的行为、不同的人会在相同的情境产生不同的行为。此理论对我们搞好教育教学具有重要意义。

学生在学校里最重要的缺失性需要是爱与归属需要和尊重需要。如果学生感到自己不被爱、不被接纳、不被喜欢等，就不可能有强烈的动机去追求更高的目标，往往会做出较为“安全”的选择，随大流，为测验而学习。所以在教学实践中，教师应注意做到以下几点。

1. 关注并满足学生的生理需要和安全需要

尤其是有住宿生的学校，必须注意保证学生的饮食和住所的安全，因为学生居安才会乐学。

2. 关注并满足学生的爱与归属需要和尊重需要

学生在学校里最重要的缺失性需要就是爱与归属需要和尊重需要，爱与归属需要是初中生最强烈并占主导地位的需要，每个学生都渴望被老师认可、被同学接纳，能融入班集体，有归属感。学习成绩差的学生则容易被同学嘲笑、被老师批评，到家里还会被父母训斥，这些学生的尊重需要如果得不到满足便容易逃学，甚至可能会通过加入社会不良团伙的方式来满足需要。

3. 引导学生发展高层次需要

中小学生是人生发展的重要时期，要引导学生由低层次的缺失性需要向高层次的成长性需要发展，让学生获得自我成长的动力，因此变得更有尊严、更有自信、更富有创造性，最终将学生培养成为努力实现自我并服务于社会的人才。

在实际的教育中，外部动机固然可以激发学生的学习行为，但最重要的是让学生将这种行为转化成为内部动机，使学习成为学生的一种稳定而持久的需要。

三、阿特金森的成就动机理论

成就动机理论是美国哈佛大学教授戴维·麦克利兰通过对人的需要和动机进行研究，于 20 世纪 50 年代在一系列文章中提出的。麦克利兰把人的高层次需要归纳为成就需要、权力需要和亲和需要。他对这三种需要，特别是成就需要做了深入研究。美国心理学家阿特金森于 1963 年将麦克利兰的成就动机理论进一步深化，提出了具有广泛影响的成就动机模型。

(一)理论内容

成就动机是在成就需要的基础上产生的，是人们希望从事对他有重要意义和有一定挑战性的活动，并追求卓越、获得成功的动机。一般有成就的人都有如下一些特征：能全力以赴地完成某种困难的工作，看重声誉并获得成功；有明确的目标和较高的抱负水平，对自己有足够的信心；精力充沛，好奇探新，求异开拓；选择伙伴以能力标准，而不以交往的疏密为标准。

阿特金森的成就动机理论被认为是一种期望价值理论，因为该理论认为动机水平依赖一个人对目的的评价以及对达到目的的可能性的评估。他尤其重视成就动机与害怕失败之间的冲突。个人成就动机一般分为追求成功和避免失败两种倾向。也就是说，成就动机涉及对成功的期望和对失败的担心两者之间的情绪冲突。个体如果追求成功的倾向强于避免失败的倾向，则会努力追求特定的目标；如果避免失败的倾向强于追求成功的倾向，则会尽可能选择减少失败机会的目标。

阿特金森的成就动机理论的特征是可以运用数量化的形式来描述成就动机。他提出了成就动机模型，认为追求成功的倾向(Ts)是趋向成功的动机(Ms)、对成功的主观期望概率(Ps)和取得成就的诱因值(Is)三者乘积的函数。其关系可用下述公式表示：$Ts=Ms\times Ps\times Is$。Ms 是一个人相对稳定的追求成就的个体倾向；Ps 是个体基于过去的经验对达成类似目标的可能性大小的主观估算，或是个体理解到成功的可能性主观概率；Is 是获得成功后体验到的积极情绪(自豪感等)的程度。往往任务越难，追求成功倾向型的个体会越努力，完成后又会体验到更多的自豪感。例如，经过几天冥思苦想解出数学题，比轻而易举解出数学题更让人兴奋。

阿特金森认为避免失败的倾向(Taf)是避免失败的动机(Maf)、对失败可能性的估计(Pf)和失败消极诱因值(If)者乘积的函数：其公式为：$Taf=Maf\times Pf\times If$。其中 Maf 是个体避免失败而感到羞愧的力量，Pf 是对失败可能性的估计，If 是因失败而感到的消极情绪，如羞愧、消沉等。一般个体在较容易的任务失败后体验到的羞愧感，比在困难的任务失败后体验到的羞愧感要强。

(二)理论应用

根据追求成功和避免失败这两类成就动机在个体的动机系统中所占的强度，个体分为力求成功者和避免失败者。力求成功者将目标定位于获取成就，既然要获取成就，就不能不对任务的成功概率有所选择。研究表明，成功概率在50%的任务是最能调动力求成功者的积极性的，因为这种任务对他们的能力最富挑战性。而那些根本不可能成功或稳操胜券的任务反而会降低他们的动机水平。对于避免失败者，因为他们将心态定位于如何避免失败，所以他们往往会选择非常容易或非常困难的任务，如果成功概率是50%时，他们会回避这项任务。

在教育活动中，要调动力求成功者的积极性，就应当提供一些新颖且有一定难度的任务、安排竞争的情境、严格评定分数等方式来激发他们的学习动机；而对于力求避免失败者，则要少安排竞争，在他们小有成功时就及时给予他们奖励或强化，评定分数也要适当放宽，并尽量避免在公开场合指责其错误。应该说力求成功的动机比避免失败的动机具有较大的主动性。因此，对学生除了尽可能让他们避免失败之外，还应增加他们力求成功的成分，使他们不以避免失败为满足，而应以获取成功为快乐，这样才能真正调动他们的积极性。

四、班杜拉的自我效能感理论

自我效能感这一概念是美国著名心理学家班杜拉于20世纪70年代在其著作《思想和行为的社会基础》中提出的。从20世纪80年代中期开始，自我效能感理论得到了丰富和发展，也得到了大量实证研究的支持。但至今关于自我效能感的概念界定并非十分明确，特别是在与其他相关概念的区分上，因此也给自我效能感的测量及其应用研究带来了困惑。

(一)理论内容

1. 自我效能感

自我效能感(self-efficacy)是指个体对自己在特定的情境中是否有能力得到满意结果的预期。班杜拉认为，人的行为受行为结果(强化)的影响，但行为的出现不是由于随后的强化，而是由于人认识了强化与行为之间的依赖关系后建立了对下一步结果的期望，即这种期望是决定行为的先行因素，他将期望分为两种。

①结果期望。结果期望是指人对自己某种行为会导致某一结果的推测，这是传统意义的期望概念。如果人预测到某一特定行为将会导致特定的结果，那么这一行为就可能被激活。例如，当某个学生意识到上课注意听讲，就会获得他所希望的好成绩时，他就可能会去认真听讲。

②效能期望。效能期望是指对自己能否做出某种行为的能力的推测或判断，即人对自己行为能力的推测，它意味着人是否确信自己能够成功地进行带来某一结果的行为，当人确信自己有能力进行某项活动时，他就会产生高度的自我效能感，进而去进行那项活动。例如，当学生不仅仅知道注意听讲可以带来理想的成绩，还感到自己有能力听懂老师所讲的内容时，他才会认真听课。个体确信自己有能力进行和完成某一活动，属于高自我效能感，否则就是低自我效能感。班杜拉认为个体自我效能感的高低，直接决定着个体进行这种活动时的动机水平。

2. 影响自我效能感形成的因素

班杜拉认为，自我效能感的形成主要受四个因素的影响。

①直接经验。直接经验是学习个体亲身经历的成功经验和失败教训，是对自我效能感影响最大的因素。成功的经验往往会提高个体的自我效能感，而多次失败的经验可能会降低自我效能感。不断成功会使人建立起稳定的自我效能感，这种效能感不仅不会因一时的挫折而降低，还会泛化到类似的情境中去。除了能力之外，其他一些非能力因素，如活动任务的难度、个人努力的程度、外力援助的多少等，也影响着自我效能感的建立。如果任务很难，或者个人没有付出多少努力，或者没有什么外力援助，那么这时的成功会增强自我效能感，而这种情况下的失败却不会降低自我效能感。另外，人对于行为成败的归因方式，也影响着自我效能感的形成。如果个体将成功的经验归因于外部的不可控因素，如运气、任务难度等，就不会增

强自我效能感；如果把失败归于内部的可控因素，如努力等，也不一定会降低自我效能感。

②替代经验。替代经验是个体通过观察他人或榜样的行为而获得的信息，对自我效能感的形成也有重要作用。例如，看到与自己水平差不多的人在活动中获得了成功，就会增强自己从事这项活动的信心，即提高自我效能感，反之会降低自我效能感。这种观察学习对自我效能感的影响主要通过两个认知过程来实现，一个是社会比较的过程，学习者采用与榜样比较的方式参考其表现以判断自身的效能，另一个是提供信息的过程，学习者可以从绑定的表现中学到有效地解决问题的策略和方法。例如，让数学成绩非常差的学生去观察学习好的学生是如何解决数学题的，经过一段时间训练以后，学习差的学生的自我效能感逐渐得到增强，解题的正确性和遇到困难时候的坚持性也得到了相应的提高。

③言语说服。言语说服是指他人的劝告、解释、建议及自我语言引导等也会改变人的自我效能感。一些研究结果表明，缺乏体验基础，单靠语言说服形成的自我效能感是脆弱的，往往不能持久，一旦面临令人困惑或难以处理的情境时就会迅速消失。而且个体是否接受说服者的意见往往与说服者的身份地位和可信度有关。

④情绪唤起。班杜拉认为情绪和生理状态也影响着自我效能感的形成。正情绪会增强自我效能感，负情绪会减弱自我效能感。例如，在充满紧张危险的场合，或负荷较大的情况下，情绪易于被唤起，而高度的情绪唤起和紧张的生理状态会妨碍行为操作，降低个体对成功的预期水准；焦虑水平高的人往往低估自己的能力，烦恼、疲劳会使人感到难以胜任所承担的任务。紧张和恐惧会增加无能感，无能感又会增加紧张和恐惧，如此形成恶性循环，影响自我效能感。

(二)理论应用

班杜拉的自我效能感理论对我们搞好教育教学具有积极的指导意义。

自我效能感影响着学生的自信心、自尊心、学习的积极性和对困难任务的挑战能力，还影响着人们的归因模式。高自我效能感的人倾向于将失败归因于努力不足，低自我效能感的人则易归因于能力不足，而将低绩效归因于个人能力不足，又会损害其自我效能感，如此形成恶性循环。虽然先前的绩效水平会对其自我效能感产生影响，但不同的人所受的影响并不一样。有的人倾向于能力增长观(increment oriented)，相信能力是可变的、可控制的，他们更多是追求学习目标，以便更快、更好地掌握所需的技能，失败对他们来说，是努力不够或策略运用有偏的指示器。在低绩效情况下，其自我效能感不会出现明显降低，反而会提高他们行为的动机。有的人则倾向于能力实体观(entity oriented)，相信能力是一种固定的、不可控制的特质，他们更多是追求成绩目标，结果是对自己能力的验证，在低绩效的情况下，其自我效能感会明显下降。

班杜拉认为“自我效能感”与“自尊”不同，它是对特定能力的一种判断，而非自我价值的一般性感受。有些人具备很高的“自我效能感”，努力驱动自我，但是自尊心却不强，这是因为他们的表现总是达不到他们高高在上的标准。尽管如此，这样的人由于他们相信坚持不懈的努力将促使他们取得成功，他们通常都能获得成功，从而又影响他的自尊。班杜拉认为，人们必须学习如何应对失败，从失败中汲取经验，而不是任由失败带来受挫感，他希望效能的力量永远伴随我们每个人。

正因为自我效能感对人的影响如此之大、如此深远，教师在教育教学过程中，应善于培养和提高学生的自我效能感，如为学生提供获得成功的机会，为学生树立学习的榜样，善于赞美学生的成功，创设积极的和放松的学习氛围等。自我效能感也是可以通过训练得到提高的。

五、韦纳的动机归因理论

在各种有影响的动机理论中，归因理论强调认知的观点，其指导原则和假设是：寻求理解是行为的基本动因。学生试图去解释事件发生的原因，试图为自己的成功或失败寻找能力、努力、态度、知识、运气、帮助等方面的原因。归因理论中影响最大的是韦纳的理论。

(一)理论内容

1. 归因

归因就是人们在工作和学习中体验到成功或失败时总会寻找成功或失败原因的心理过程。归因理论假定寻求理解是行为的基本动因，韦纳以此为基础对学生的学业成败归因进行了系统探讨。

2. 三维度六因素模型

韦纳的归因理论提出，人们活动成败的原因即行为责任主要归结为六个因素，即能力：个人评估自己对该项工作是否胜任；努力：个人反省检讨在学习工作过程中是否尽力而为；任务难度：凭个人经验判定该项任务的困难程度；运气：个人自认为此次成败是否与运气有关；身心状况：工作过程中个人当时的身体及心理状况是否影响学习工作成效；外部环境：个人自觉此次成败因素中，除上述五项外，还有其他影响因素(如别人的帮助或评分不公等)。韦纳把归因分为控制点、稳定性和可控性三个维度。

①控制点。控制点是指当事人自认为影响其成败因素的来源，是个人条件抑或外在环境，所以控制点维度分为内部归因和外部归因，其中能力、努力及身心状况三项属于内部归因，其他各项则属于外部归因。

②稳定性。稳定性指当事人自认为影响其成败的因素，在性质上是否稳定，在类似情境下是否具有一致性。稳定性维度分为稳定性归因和不稳定性归因，其中能力与任务难度两项不会随情境的改变而改变，是稳定性归因，其他各项则均为不稳定性归因。

③可控性。可控性指当事人自认为影响其成败的因素，在性质上是否由个人意愿决定。可控性维度分为可控归因和不可控归因。在六因素中只有努力一项是可以凭个人意愿控制的，其他各项均非个人所能控制的。

韦纳归因的三维度六因素模式，见表 8-3。

表 8-3 韦纳归因的三维度六因素模式

成败归因	成败归因维度					
	控制点		稳定性		可控性	
	内部的	外部的	稳定的	不稳定的	可控的	不可控的
能力	√		√			√
努力	√			√	√	
任务难度		√	√			√
运气		√		√		√
身心状况	√			√		√
外部环境		√		√		√

3. 三维度归因对个体的影响

这三个维度的归因对个体的情绪反应、未来预期和行为都产生影响。

①控制点影响个体成败后的情绪体验。如果将成功归因于内部因素，则会产生骄傲与自豪，归因于外部因素则会产生侥幸心理；如果将失败归因于内部因素，则会产生羞愧和内疚，归因于外部因素则会产生愤怒与不公。

②稳定性影响着情绪和对未来成败的预期。如果将成功归因于稳定因素，如智商高、能力强，则预期将来会再度成功；如果将失败归因于稳定因素，如缺乏能力，则预期将来会再度失败，从而产生失望、冷漠、抑郁的情绪，倾向于放弃类似的任务而减少努力。

③可控性影响着情绪反应和行为。如果将失败归因于可控因素，如没有努力，则会感到惭愧和内疚，会知耻而后勇，下次会做出更大的努力；如果将失败归因于不可控因素，如运气不好，个体则倾向于怨天尤人，对自己的行为不负责任，甚至不作为。

(二)理论应用

韦纳的归因理论明确阐述了认知对成就动机的重要作用，我们对成功和失败的解释会对以后的行为产生重大的影响。在实际应用中，归因理论可以指导我们了解心理与行为的因果关系，引导人们根据行为者当前的归因倾向预测他以后的动机，有助于提高人们的自我认知。所以归因理论对我们的教育教学实践具有非常重要的指导意义。

①归因于努力相比于归因于能力，无论是成功还是失败，都会引发更强烈的情

绪体验。因努力而成功，会体验到愉快；因不努力而失败，会体验到羞愧；努力了却失败了也应受到鼓励。

②在付出同样努力时，能力弱的应得到更多的奖励。

③能力弱而努力的人应该受到最高的评价，而能力强却不努力的人，则应受到最低的评价。韦纳总是强调引导学生将学业成败归因于内部的和可控的因素，即努力归因。

事实上，人对成就行为的归因是非常复杂和多样的，而且人对不同性质的成就行为的归因也不会完全一致，更重要的是能力是否可控具有相对意义，它受个体能力和观念的影响，故有些问题还需进一步研究和探讨。

第三节 中小学生学习动机的培养与激发

具有学习动机并保持一定的强度，是学生得以进行有效学习的必要条件。在学校的教学环境中，培养和激发学生的学习动机，是指通过有效的教学手段，适当调节诱因，帮助不好学、不乐学，缺乏学习内驱力的学生形成学习动机，并使学生的学习动机得以保持在适当的水平。那么教师该如何培养和激发学生的学习动机呢？

一、满足学生学习的需要，调动学习内驱力

学习需要是产生学习动机的前提条件，是中小学生学习积极性的源泉。因此，教师要了解和把握学生的学习需要，真正能在教学中满足学生的所需所想，并通过采取一些强化和训练手段使学习的要求内化成为学生自己的学习需要，从而挖掘学习的内在动力。

二、加强学习目的教育，培养学习自觉性

学习目的教育就是让学生明白为什么而学，学习有什么意义，所以帮助学生树立人生理想，教师明确课程和课堂的教学目标显得尤为重要。因为当一个学生有了理想、有了方向、有了目标，他内在的动力才会迸发出来。理想可高可低，目标可远可近。

中小学生随着年龄的增长，社会活动范围日益增大，社会联系日趋增多，他们在身心发展的基础上，社会成熟度也日渐提高，比较单纯的好奇心已失去支配地位，代之以信念、理想起支配作用。在这种情况下，着力增进他们的民族责任感、社会使命感，可以使他们站在“民族”“社会”“时代”的高度来认识自己肩负的历史重任，认识自己的学习意义，为自己的学习找到强有力的动力源。

三、给予积极期待，催化学习欲望

美国心理学家罗森塔尔曾做过一个心理实验，结果表明：当老师对某学生有较高的期待，并给予足够的信任时，这个学生会奇迹般地朝着老师期待的方向发展。通常把这种现象称为期待效应，也称罗森塔尔效应，还称皮格马利翁效应。

拓展学习

罗森塔尔效应

美国著名心理学家罗森塔尔和他的助手雅各布森来到一所小学，声称要进行一个“未来发展趋势测验”，并煞有介事地以赞赏的口吻，将一份“最有发展前途者”的名单交给了校长和相关教师，叮嘱他们务必要保密，以免影响实验的正确性。其实他说了一个“权威性谎言”，因为名单上的学生根本就是随机挑选出来的。8个月后，奇迹出现了，凡是上了名单的学生，个个成绩都有了较大的进步，且各方面都很优秀。

罗森塔尔的这个实验是受希腊神话启发的，这个神话的大意是说，塞浦路斯国王皮格马利翁性情孤僻，一人独居。他善雕刻，孤寂中用象牙雕刻了一尊表现他理想中的女性的美女像，久久依伴，竟对自己的作品产生了爱慕之情。他祈求爱神阿佛洛狄忒赋予雕像以生命。阿佛洛狄忒为他的真诚所感动，就使这尊美女像活了起来。皮格马利翁遂称她为伽拉忒亚，并娶她为妻。在这个故事中，皮格马利翁的期待也是真诚的，没有这种真诚，自然无法打动爱神。

启示：赞美、信任和期待具有一种能量，它能改变人的行为，当一个人获得另一个人的信任、赞美时，他便感觉获得了社会支持，从而增强了自我价值，变得自信、自尊，获得一种积极向上的动力，并尽力达到对方的期待，以避免对方失望，从而维持这种社会支持的连续性。

四、运用结果反馈，强化学习动机

反馈就是将学生学习的结果，包括作业、测验等及时反馈给学生，既让学生感受到成功的喜悦，增强自信，又让学生找到自己的差距，明确努力的目标。让学生及时了解自己的学习结果，看到自己学习成绩的进步和所学知识在生活和工作中的意义，对进一步激发学习动机有重要意义。学生知道自己的进度、成绩，可以提高学习的热情，增加努力的程度。同时，通过反馈的作用，又可以看到自己的缺点和错误，激起上进心，及时改正。当然，这种方法要求教师在对学生的学习成绩评定时要注意及时、公正，以鼓励为主。

五、利用学习迁移，增强学习信心

学习迁移是一种学习对另一种学习的影响，积极影响属于正迁移，消极影响属于负迁移。教师如何在教育教学中利用学习迁移的功能，激发学生的学习动机呢？例如，教师可以利用正迁移的功能，让一个爱好画画但不喜欢语文的学生喜欢上语文。具体做法：①赞美他的绘画能力；②让他制作海报，让他感受到做好海报不仅需要绘画好，还需要语言表达好；③鼓励他给自己的连环画配上语言故事。如此让学生感受到学好语文的重要性，从而喜欢上语文。

六、适当开展竞赛，激发学习动机

一般认为，竞赛是激发学生学习积极性和取得优良成绩的一种有效手段。因为在竞赛过程中，学生的好胜性动机和求成的需要会更加强烈，学习兴趣和克服困难的毅力会大大增强。然而，竞赛也有消极作用，过多的竞赛不仅会失去激励作用，还会造成紧张气氛，加重学生的负担，有损学生的身心健康，学习不好的学生可能还会出现自卑倾向。因此，为使竞赛能起到激发学生学习动机的作用，应注意以下几点：①按能力分组竞赛，这样多数学生都有获胜的机会，即使失败，也不会灰心丧气，因为彼此差异不显著；②按项目分组竞赛，如按音乐、手工、绘画、劳动、摄影等以及不同学科分别开展竞赛，使不同智力、不同兴趣、不同特长的学生都有施展自己才能的机会；③鼓励学生自己与自己竞赛，自我激励，只要不断超越自我，就是最棒的。

七、合理运用奖惩，调整学习动机

在教育教学过程中，奖惩都是必不可少的。一般情况下奖励更容易激发学生的学习动机，但过多或不当也会适得其反。例如，当学生还没有形成内在学习动机时，教师给予外在奖励强化是必要和有效的。如果学生已经感觉到学习活动本身就是一种享受时，那么额外再给予奖励，反而会降低内在的学习热情，这就是心理学中所说的“德西效应”。适当的批评和惩戒，尤其对学习较好的学生会有积极效果。但对学习差的学生过多的惩罚会导致其形成“习得性无助”，即不是真的无能，而是一种习惯化的无能状态。

拓展学习

德西效应

心理学家爱德华·德西曾进行过一次著名的实验，他随机抽调一些学生去单独解一些有趣的智力难题。

在实验的第一阶段，抽调的全部学生在解题时都没有得到奖励；进入第二阶段，所有实验组的学生每完成一个难题后，就得到 1 美元的奖励，而无奖励组的学生仍像原来那样解题；第三阶段，在每个学生想做什么就做什么的自由休息时间，研究人员观察学生是否仍在做题，以此作为判断学生对解题兴趣的指标。

结果发现，无奖励组的学生比奖励组的学生花更多的休息时间去解题。这说明：奖励组对解题的兴趣衰减得快，而无奖励组在进入第三阶段后，仍对解题保持较大的兴趣。

实验证明：当一个人进行一项愉快的活动时，给他提供奖励，结果反而会减少这项活动对他内在的吸引力。这就是所谓的“德西效应”。

“德西效应”给教师以极大的启迪：当学生尚没有形成内在的学习动机时，教师从外界给予激励刺激，以推动学生的学习活动，这种奖励是必要和有效的。但是，如果学习活动本身已经使学生感到很有兴趣，此时再给学生奖励不仅显得多此一举，还有可能适得其反。一味奖励会使学生把奖励看作学习的目的，导致学习目标的转移，而只专注于当前的名次和奖赏物。因此，教师要特别注意正确使用奖励而不滥用奖励，要避免“德西效应”。

进行有效的评价和适当的奖惩要注意以下几点。①要使学生对评价有一个正确的态度。只有对分数持正确的观点，分数才能起激发学习的作用。②评价必须客观、公正、及时。③评价时要注意学生的年龄特征及性格特征。例如，对小学低年级的学生，教师的评价起的作用很大，对小学高年级或中学生，通过集体舆论来进行表扬或批评，可能效果更好；对缺少自信的学生应给予更多的鼓励，对过于自信的学生，应多提出要求，在表扬的同时还应指出其不足之处。

八、引导学生正确归因，促使学生努力学习

所谓归因就是去寻找成功或失败的原因。正确归因是将主观内因和客观外因结合起来进行理性分析，更重要的是要引导学生多做努力归因，少做能力归因。因为失败了总认为是自己智力低、没能力，则容易产生无力感，便失去了学习动力；如果认为是由于自己没有努力，则会激发出斗志。教师指导学生形成正确积极的归因，可以激发学生的学习动机，相信成功与努力之间存在必然联系，使学生更加积极努力，不容易产生无力感，让学生在各种活动中体验成功与快乐。

九、帮助学生获得自我效能感，保持学习的稳定性

要培养中小学生的自我效能感应该从培养正确的自我概念入手，可以通过教学等活动创造条件使学生获得成功的体验，为学生树立成功的榜样。

十、建立良好的班风、校风，营造浓郁的学习氛围

人的成长与环境密不可分，人是环境的产物。所以良好的班风、校风对学生起着潜移默化的作用。尤其是良好的班风直接制约着学生的学习动机和学习行为，浓

厚的学习氛围对每个学生都是无形的压力，当你身边的人都在学，你便不好意思玩儿或做与学习无关的事情。而且班风和校风的力量远远大于教师个体的影响力量，故良好的班风和校风将使学生受益无穷。

此外，教师是否拥有新的教育理念、是否能做到以学生为中心、是否善于运用各种有效的教学方法、是否具有较高的教学水平等都影响着学生的学习动力与热情。总之，激发学生的学习动机的过程是一个持续的、与时俱进的过程，是伴随在不断探索教育教学改革始终的过程。

思考与练习

一、选择题

1. 当学习任务特别容易时，要想取得理想的成绩，应该将动机水平(　　)。

A. 适当提高　　B. 适当降低　　C. 保持正常水平　　D. 不予理睬

2. 有的学生既想当班干部锻炼自己，又担心影响学习，这种属于一种(　　)。

A. 双趋冲突　　B. 双避冲突　　C. 趋避冲突　　D. 多重趋避冲突

3. 马斯洛需要层次理论中的成长性需要是(　　)。

A. 安全需要　　B. 生理需要　　C. 尊重需要　　D. 自我实现需要

4. 罗森塔尔效应说明，能对学生产生巨大影响的是(　　)。

A. 教师的人格特点　　B. 教师的教学水平

C. 教师对学生的期望　　D. 教师的威信

5. 影响自我效能感的因素包括(　　)。

A. 直接经验　　B. 替代经验　　C. 言语说服　　D. 情绪唤起

二、问答题

1. 斯金纳认为奖励不等于强化，在教学过程中有的学生会因在班上受到老师的口头表扬而受到激励，但有的学生则不然。请你结合强化理论，谈谈怎样的奖励才会有强化效果。

2. 假如有许多学生不喜欢你所教的课程，谈谈你将如何激发学生的学习动机。

选择题参考答案：1. A　2. C　3. D　4. C　5. ABCD

拓展与延伸

1. 心理电影：《歌舞青春》.

2. 心理电影：《跳出新天地》.

3. 亚伯拉罕·马斯洛．寻找内在的自我：马斯洛谈幸福[M]. 张登浩，译．北京：机械工业出版社，2018.

4. 亚伯拉罕·马斯洛．马斯洛谈自我超越[M]. 石磊，译．天津：天津社会科学院出版社，2014.

第九章　学习迁移与学习策略

学习目标▶

1. 能够初步辨别学生在不同学习情境中的学习迁移、学习策略的种类及特点。

2. 能够有意识地利用迁移的理论与影响学习迁移的因素组织教学，提高学生学习迁移的能力。

3. 在学科教学中，能有意识地对学生进行学习策略的训练并努力培养学生有效运用学习策略的能力。

知识导图

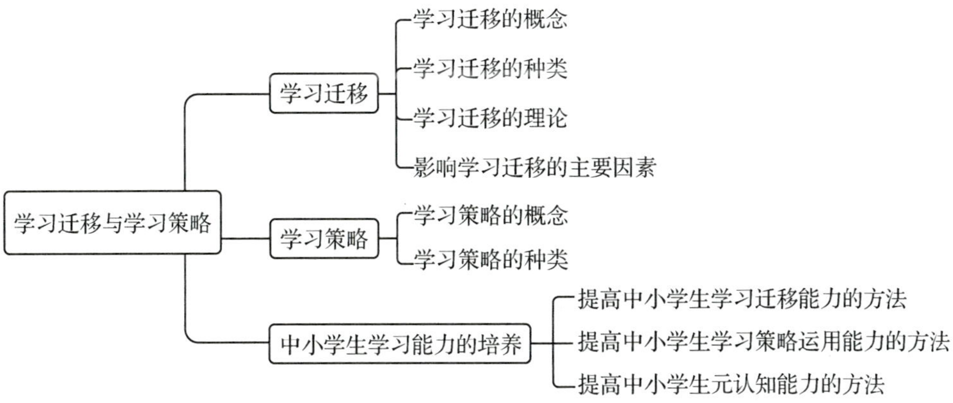

学生的学习是学校教育的主要活动，在学习活动中教师不仅要让学生爱学，即激发和培养学生的学习动机，调动其学习的积极性、主动性，还要让学生会学和能学。会学就是在教学过程中不仅要教给学生知识，更重要的是教学生学会学习，即学会运用一系列的学习策略，解决实际问题。同时还要培养学生举一反三、触类旁通的能力，即学习迁移的能力，这样才能使学生适应当今知识日新月异、科技迅速发展的社会。

第一节　学习迁移

一、学习迁移的概念

迁移是学习中非常普遍的现象，“举一反三”“触类旁通”“闻一知十”说的就是迁移现象。学好语文有助于学好其他学科，这是知识的迁移；学会了骑自行车有助于学习骑摩托车，这是动作技能的迁移；学习中养成认真的习惯有助于对待工作认真负责，这是态度的迁移。所谓学习迁移也称训练迁移，是指一种学习对另一种学习的影响，或习得的经验对完成其他活动的影响。

我们知道，即使是最优秀的教师，也不可能教给学生在任何时候、任何情境中都适用的知识经验和方式方法。但学习迁移却能够使学生运用已有的知识经验去适应新情境、解决问题。使学习有效地迁移，对提高学习效率具有重要意义。学习迁移也是在教学中检验传授知识、发展能力的教学目标是否已经完成的最可靠的指标。

学习迁移不仅存在于知识、技能、行为规范的学习中，而且存在于兴趣、情感、意志、态度、品德等方面的学习中。通过迁移，各种经验得以沟通，经验结构得以整合。迁移现象之所以普遍存在，主要是因为客观事物之间本来就是相互联系、相互制约的。

二、学习迁移的种类

(一)根据迁移性质和结果的不同，学习迁移分为正迁移、负迁移和零迁移

正迁移也称助长性迁移或积极迁移，是指一种学习对另一种学习起到积极的促进作用。例如，学习平面几何有利于学习立体几何，对英语语法的学习有助于对法语语法的掌握。正迁移表现在个体对于新知识的学习或解决某一问题具有积极的心理准备状态，从而减少学习所需的时间或次数，提高学习效率。

负迁移也称抑制性迁移或消极迁移，是指一种学习对另一种学习起到干扰或抑制作用。例如，学习拼音对学习英语的发音有时起到干扰作用，会骑三轮车对学骑自行车有时起到干扰作用。负迁移经常表现在个体产生僵化的思维定势，缺乏灵活性、变通性，从而使某种学习难以顺利进行，学习效率低下，所以在教育教学工作中应该注意消除和克服负迁移的影响。

零迁移是指两种学习间不存在直接的相互影响，有时也称为中性迁移。许多经验间存在直接或间接的关系，但由于多种原因，学习者未能意识到经验的内在联系，不能主动进行迁移，表现为零迁移。在教育教学工作中，教师应减少零迁移现象。

(二)根据迁移方向的不同，学习迁移分为顺向迁移和逆向迁移

顺向迁移是指先前学习对后继学习产生的影响。我们在学习工作中的大部分迁移都属于顺向迁移，如数学中加法的学习对乘法的学习产生影响。通常所说的“举一反三”就是顺向迁移的例子。顺向迁移有助于新知识的理解和掌握，如果教师在教学过程中明确教材中前后、新旧知识间的内在联系，找到旧知识的延伸点和新知识的生长点，就能有效地促进顺向迁移。

逆向迁移是指后继学习对先前学习产生的影响。例如，学习了乘法的知识后又使得人们从更高的角度理解加法运算。在过去，我们往往重视顺向迁移，而忽视逆向迁移，显然这是不够全面的。事实上，逆向迁移在有意义的学习中也起到很重要的作用，它会使原有的经验结构发生一定的变化，或得到充实、修正或重组、重构等。当然，顺向迁移和逆向迁移也可以用于研究具体的两种学习活动之间的相互影响的问题，如图 9-1 所示。

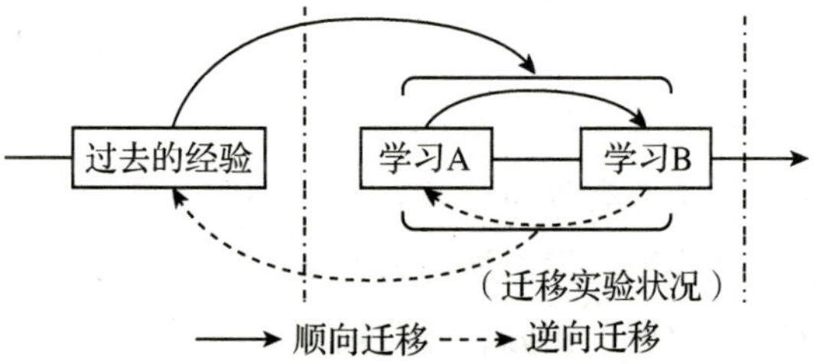

图 9-1　顺向迁移与逆向迁移

(三)根据迁移内容的抽象和概括水平的不同，学习迁移分为横向迁移和纵向迁移

横向迁移也称水平迁移，是指处于同一抽象概括层次的学习间的相互影响。此时，学习内容间的逻辑关系是并列的，先行学习内容与后继学习内容在难度、复杂程度和概括层次上属于同一水平，如直角、钝角、锐角等概念之间的关系是并列的，都处于同一抽象和概括层次，各种概念的学习之间的相互影响就属于横向迁移。横向迁移是以对一个事物的思考转到与之相似或相关事物的思考，学生的知识在同一个水平层次上进行迁移。横向比较不仅拓宽了学生的思维范围，培养了学生综合分析问题、解决问题的能力，而且把相关知识一线相连，有助于学生形成良好的认知结构，减少思维定势的干扰。

垂直迁移又称纵向迁移，指处于不同抽象、概括层次的各种学习之间的相互影响。认知心理学家认为，学习者原有的认知结构中的经验是按照抽象、概括的不同水平有层次地组织在一起的。从学习内容的逻辑关系来说，有的学习内容的抽象性和概括性较高，其形成的认知结构属于上位经验；有的学习内容的抽象性与概括性较低，其形成的认知结构属于下位经验。例如，对“动物”和“哺乳动物”这两个概念来讲，其抽象性与概括性就不同，前者抽象性与概括性较高，属于上位概念，后者抽象性与概括性较低，属于下位概念。这两个概念在认知结构中形成两种不同水平的经验。垂直迁移就是具有较高的抽象和概括水平的上位经验与具有较低的抽象与概括水平的下位经验之间的相互影响，它又可以分为两种迁移形式：一是自下而上的迁移，二是自上而下的迁移。自下而上的迁移是指下位的较低层次的经验影响着上位的较高层次的经验的学习。例如，已经掌握的有关猴子、猩猩、猫、狗、牛、马等知识，有利于对“哺乳动物”概念的掌握，这就是先学习例证，再经归纳形成概念或原理的自下而上的迁移。自上而下的迁移是指上位的较高层次的经验影响着下位的较低层次的经验的学习。例如，先掌握“角”这一概念对直角、锐角、钝角等概念的学习有一定的影响，也就是先学习某一概念或原理、原则，再利用它们促进例证的学习。自上而下的迁移遵循由一般到具体、不断分化的原则，从而使学生闻一知十，提高学习效率。

认知学派的代表人物加涅非常强调纵向迁移与横向迁移的分类，他认为，个体通过学习形成的心理结构是一个网络化的结构，要解决其上下左右的沟通与联系，必须通过纵向迁移与横向迁移才能实现。

(四)根据迁移内容的不同，学习迁移分为一般迁移和特殊迁移

一般迁移也称普遍迁移或非特殊迁移，是指一种学习中所习得的一般原理、原则和态度对另一种具体内容学习的影响，即将原理、原则和态度具体化运用到具体的事例中。如果将习得的这些原理、态度应用于以后的各种学习情境中，则后继学习将会变得较为省力、有效。也就是说，所掌握的知识、技能和态度越基本，则对于新情况、新问题的适应性就越广。例如，获得了基本的运算技能、阅读技能后将

其运用到各种具体的学科学习中。

特殊迁移也称具体迁移，是指学习迁移发生时，学习者原有的经验组成要素及其结构没有发生变化，只是将一种学习中习得的经验要素重新组合并移用到另一种学习之中，如学习了“日”“月”对学习“明”的影响。再如小学生在学完加减乘除以后，在四则混合运算的学习中，就可以把已有经验加以重新组合来解决问题，而在后者的学习中并没有增加新的心智动作。

（五）根据迁移过程中所需的内在心理机制的不同，学习迁移分为同化性迁移、顺应性迁移和重组性迁移

同化性迁移是指在学习过程中，学习者原有的认知结构没有发生改变，直接将原有的认知经验应用到本质特征相同的一类事物中去。例如，在学生的原有认知结构中的概念“鱼”，由带鱼、草鱼、黄鱼等概念组成，现在要学习鳗鱼，就要把它纳入“鱼”的原有结构中，这样既扩大了鱼的概念，又获得了鳗鱼这个新概念的意义。所以，在同化性迁移中，已有的认知结构吸收了新的经验或者把新的经验纳入已有的认知结构中去，而原有的认知结构在迁移过程中没有发生实质性的改变，只是原有的认知结构得到了某种充实。

顺应性迁移也称协调性迁移，是指在学习过程中，学习者需要调整原有的经验或对新旧经验加以概括，形成一种能包容新旧经验的更高一级的认知结构，以适应外界的变化。例如，我们在日常生活中形成了报纸、书刊、广播、电视等概念，当这些概念不能解释“计算机网络”这个概念时，就要在我们原有的经验系统中建立一个概括性更高的科学概念“媒体”来标志这一事物。可见，顺应性迁移是将原有的经验应用于新情境时所发生的一种适应性变化。

重组性迁移是指在学习过程中，学习者需要重新组合原有的认知结构中的某些构成要素或成分，调整各成分间的关系或建立新的联系，从而将其应用于新的情境。在重组过程中，原有认知结构中的基本成分不变，但各成分间的结合关系发生了变化，即进行了调整或重新组合。例如，对一些原有舞蹈或体操的动作进行调整或重新组合后，编排出新的舞蹈或体操动作；把蜂鸣器和水壶组合在一起，成为蜂鸣器报警水壶；把眼镜片放入眼睛中，形成了新的产品——隐形眼镜。可以看出，重组性迁移不仅扩大了基本经验的适用范围，还包含了创新成分。

（六）根据迁移程度的不同，将学习迁移分为自迁移、近迁移和远迁移

自迁移是指个体所习得的知识经验或技术在相同学习情境中加以运用，经常表现为原有经验在相同情境中的重复。

近迁移是指把已经习得的知识或技能在新的与原来比较相近的学习情境中加以运用。换言之，如果能将知识迁移到表面特征不相似，但结构特征相似的学习情境中，则属于近迁移。例如，学生在考试中解答某道题时，如果以前进行过相关的题型训练，那么即使这道题变换了数字和结构，解答起来依然会很顺手。再如在教学

中学生学习写“记我熟悉的人”这类题材的作文时，教师先教学生写《记我的妈妈》，等掌握了规则后，可以把规则迁移到《记我的老师》《记我的同学》等作文的写作当中。

远迁移是指将已习得的知识或技能在新的与原来不相似的学习情境中加以运用。换句话说，如果能将知识迁移到表面特征与结构特征都不相似的学习情境中，则属于远迁移。例如，学生将在数学中学到的逻辑推理规则运用到物理或化学中来解决问题。

（七）根据迁移路径的不同，学习迁移分为低路迁移和高路迁移

低路迁移是指以一种自发的或自动的方式所形成的技能的迁移。低路迁移是通过在各种情境中的练习获得的，其发生几乎不需要或很少需要意识、思维的参与。例如，学会使用一部手机后，很容易将这些技能迁移到其他款手机的使用上，这就属于低路迁移。

高路迁移则是有意识地将某种情境中学到的抽象知识应用于另一种情境中的迁移。当学生在一种学习情境抽取出了一种规则、原理、范例、图式等，然后将其运用于新的情境。例如，我们运用所学的心理学原理、规律解决教育教学中的实际问题，这就属于高路迁移。高路迁移是有意识地先对情境进行考察，然后才决定用什么策略去解决问题。所以这种迁移需要意识和思维的参与。

三、学习迁移的理论

（一）早期的迁移理论

1. 形式训练说

形式训练说是最早的关于学习迁移的理论，这种理论是以官能心理学为理论基础的，代表人物是德国心理学家沃尔夫。官能心理学认为人的心智是由许多不同的官能组成的，这些官能包括感知、意志、记忆、思维、想象、注意等，每一种官能都是一个实体，各种官能分别从事不同的活动。例如，利用记忆官能进行回忆活动，利用思维官能进行思维活动。它们相互配合构成了不同的心理活动。形式训练说认为迁移要经过一个“形式训练”的过程才能产生，任何一种官能都是可以经过训练得到提高的，同时也促进了其他机能的发展，即一种官能经过训练改进了，其他所有官能也会在无形中得以加强，这种迁移的发生是无条件的、自发的。由此认为，教学的重要目标就是训练和改进心理官能，而学习的内容并不重要，重要的是所学对象的难度及其训练价值，因为内容是会忘掉的，其作用是暂时的，而只有通过这种形式的训练达到的官能的发展才是永久的。

形式训练说在欧美盛行了两百多年，至今仍有一定影响，但它的理论从实验上还不能得到充分的证明，缺乏科学的依据。

2. 相同要素说

美国教育心理学家桑代克以刺激—反应的联结理论为基础，提出了学习迁移的

相同要素说。他认为只有当两个机能的因素中具有相同要素时，一个机能的变化才会改变另一个机能，也就是说，只有当学习情境与迁移情境具有共同成分时，一种学习才能对另一种学习产生影响，即产生学习迁移。

桑代克用他的“形状知觉”的经典实验来证明了他的理论。1901 年，他以大学生为被试，训练他们判断各种大小不同和形状各异的图形的面积。被试首先接受预测，要求估计 127 个矩形、三角形、圆形和不规则图形的面积，使他们判断几何图形的面积达到一定的水平。然后用 10～100 平方厘米大小不等的 90 个平行四边形让被试进行充分训练。最后对被试进行两个测验：第一个测验要求被试判断 13 个与训练图形相似的长方形的面积。第二个测验要求被试判断 27 个三角形、圆形和不规则图形的面积，这 27 个图形是预测中用过的。结果表明，通过平行四边形的判断训练，被试对长方形面积的判断成绩提高了，而对三角形、圆形和不规则图形面积的判断成绩却没有提高。由此说明，学习中训练一种机能未必使其他所有机能都能改造提高，只有当两种学习中具有相同要素时，才会产生学习迁移。

3. 经验泛化说

美国心理学家贾德认为，先期学习中所获得的知识之所以能迁移到后面的学习中，是因为在先前的学习中获得了学习的一般原理，这种一般原理可以部分或全部地被运用于后续的学习中。由此他认为，学习中的相同要素是产生学习迁移的必要前提，但并不是关键，关键是学习者在两种学习中找到了共同的原理，也就是经验的泛化。

1908 年，贾德用他的“水中击靶”的经典实验证明了他的经验泛化理论。他以小学生为被试，要求被试练习用标枪投中水中的靶子。他先把学生分为两组，给第一组学生充分讲解“水的折射原理”，不给第二组讲解，他们只能在练习中获得一些经验。在开始练习的时候，靶子置于水下 12 英寸(1 英寸约 2.54 厘米)处，两组学生的成绩基本相同。说明最初的练习理论并没有起到指导实践的作用，因为理论并不能代替实践，所有学生必须学会运用标枪。第二轮改变条件，将靶子从水下 12 英寸移到了水下 4 英寸处，这时，两组的成绩明显地表现出了差异。第一组很快适应了条件的改变，成绩迅速提高，而第二组没有学过折射理论的学生在投射中表现出极大的混乱，错误频频发生，不能适应条件的改变。贾德解释说，理论在学习中能得到印证，个体从而形成完整的理论体系。学生在掌握了理论知识后去练习，能在练习中得以发展，更深刻地领会理论，在条件改变的时候就能把经实践印证的理论迅速地运用到新的问题中。学习者对原理了解、概括得越好，迁移效果也越好。

4. 关系转换说

关系转换说是格式塔学派提出的学习迁移的理论。格式塔学派认为，学习迁移不是因为两个学习情境具有共同成分、原理而自动产生的，而是学习者突然发现两种学习中存在关系的结果，是对情境中的各种关系的理解和顿悟。

格式塔学派的代表人物苛勒于1929年所做的“小鸡(或幼儿)觅食”实验是关系说的经典实验。他让小鸡在两张纸中的一张下面找到食物，这两张纸一张深灰色，一张浅灰色，食物总是放在深灰色纸下面。通过400到600次的训练，小鸡学会了到深灰色纸下面找到食物。然后变换条件，保留原来的深灰色纸，用黑色纸取代浅灰色纸，如果小鸡仍然到深灰色纸下面寻找食物，那就证明迁移是由于共同要素在起作用；如果小鸡到两张纸中颜色更深的黑色纸下面寻找食物，那就证明迁移是对关系做出反应。实验表明，小鸡对新刺激(黑色纸)的反应为70%，对原来的刺激(深灰色纸)的反应是30%。而幼儿在做同样的实验时始终都是对黑色纸做出反应，即对新刺激的反应为100%。苛勒认为这个结果证明是情境中的关系对迁移起了作用。在前一次实验中，被试学会了到较暗的一张纸下面取得食物；在后一次实验中，被试发现了与前一次实验相同的情境关系，并把两种情境联系起来，所以仍然对更暗的一张纸做出反应。格式塔心理学家认为，这是一种情境关系的转换，被试在前一次学习中领悟了一种关系，并将此种顿悟转换到新的类似的情境中。

(二)当代的迁移理论

1. 情境性理论

格林诺等人提出了迁移的情境性理论。他们认为迁移问题主要说明在一种情境中参与某种活动，将如何影响在不同情境中参与另一种活动的能力。学习是个体与环境中的事件的相互作用，是对情境中所具有的特征的一种适应。通过相互作用形成的是动作图式，该图式是活动的组织原则，而不是符号性的认知表征。迁移就在于如何以不变的活动结构或动作图式来适应不同的情境。这种活动结构的建立既取决于最初的学习情境，又取决于后来的迁移情境。

2. 认知结构迁移理论

当代产生的许多迁移理论中，最有影响的是奥苏贝尔根据他的有意义接受学习理论发展而来的认知结构迁移理论。奥苏贝尔认为，认知结构就是学生头脑中的知识结构，它是学生头脑中全部内容的观念和组织，是学习迁移的重要原因。这种认知结构包括三个变量，即可利用性、可辨别性和稳定性。可利用性是指学生在学习新知识时头脑中原有的知识结构是否具有可以同化新知识的因素。根据有意义接受学习理论，原有知识与新学习的知识具有三种不同的关系，即上位、下位、并列，如果原有知识中有可以利用的概括程度高、包容范围广的上位知识，则新学习的知识则以下位的形式出现，而且比较容易得到迁移。因此，知识的概括程度越高、包容范围越广，越有利于同化的进行，也越有利于学习的迁移。可辨别性是指学生在学习新知识时能否清晰地分辨新旧知识间的不同，如果一个学生的原有知识是按照一定的结构和层次严密组织起来的，在学习新知识时就能很快地分辨出新旧知识的异同，实现学习迁移。稳定性是指面对新的学习时，用来同化新知识的原有知识是否已经被牢固掌握，原有知识掌握得越牢固越有利于学习的迁移，否则不但不利于掌握新知识，还会对学习新知识起负向作用，也就是负迁移。

奥苏贝尔把迁移放在学习者的整个认知结构的背景下进行研究，在认知结构的基础上提出了关于迁移的理论和见解。认知结构迁移理论指出，如果学生学习新知识时，认知结构的可利用性高、可辨别性大、稳定性强，就能促进对新知识学习的迁移。"为迁移而教"实际上是塑造学生良好认知结构的问题。在教学过程中，可以通过改革教材内容和教材呈现方式改进学生的原有认知结构变量以达到迁移的目的。

3. 产生式迁移理论

产生式迁移理论是信息加工心理学家安德森提出的迁移理论。产生式迁移理论是针对认知技能的迁移提出的，其基本思想是：前后两项学习任务产生迁移的原因是两项任务之间产生式的重叠，重叠越多，迁移量越大。两项任务之间的迁移，是随其共有的产生式的多少而变化的。所谓产生式就是有关条件和行动的规则，简称C-A 规则。这里的 C 代表行为产生的条件，它不是外部刺激，而是学习者工作记忆中的认知内容，这里的 A 代表行动或动作，动作不限于外部的反应，也包括学习者头脑内的心理运算，这样的产生式规则就是两项学习任务之间的共同元素，这样的共同元素越多，迁移量越大。

四、影响学习迁移的主要因素

迁移是学习中普遍存在的一种现象，研究表明，学习迁移并不是在任何情况下都能发生的，它会受到一系列主客观条件的影响与制约。

(一)客观因素

1. 学习材料的特点

学习材料作为学生学习的对象和知识的主要来源，对学习迁移有着重要的影响。从早期桑代克的相同要素说，到当代的产生式迁移理论，都从不同角度说明了学习材料对迁移的影响。学习材料之间所具有的共同因素越多，个体越容易发生学习的迁移。例如，英语和法语这两种学习材料在语音、词汇、语法等方面具有许多共同特征，在听、说、读、写方面也具有许多共同特征，这些共同的成分决定了两种学习具有很大的相似性，彼此之间很容易产生正迁移。值得注意的是，两种学习材料之间除了具有共同因素之外，必然也会有不同的因素，如英语与汉语之间的共同成分较少，所以相对而言，不容易产生正迁移，甚至彼此影响产生负迁移。因此，在教学中教师应引导学生准确辨析学习材料之间的共同要素，加强对它们之间区别的认识，是促进迁移的重要条件。这样既有助于正迁移的发生，也能克服由于学习材料的相似性可能带来的负迁移。

2. 学习的情境

无论是早期的格式塔心理学，还是今天的建构主义心理学，都强调情境在迁移中的重要作用。任何知识经验的获得和应用都和一定的情境有着密切的关系。因此，要特别注意学校情境下的特定的学习目标和特定的内容，重点研究真实学习活动中的情境化内容，其中心问题就是以学习者为中心，创建实习场，在这个实习场中学生遇到的问题和进行的实践与今后校外所遇到的问题是一致的。从学习迁移角度讲，知识经验获得的情境与知识应用的情境在许多方面都密切相关，如情境中事物之间的关系、问题呈现的方式与空间位置、两种情境的类似情况等。因此，在促进迁移的过程中应重视对情境中各种关系的理解，创设对知识应用有利的情境，引导学生运用所学的知识去解决各式各样的问题，从而进行有效的迁移。

3. 教师的指导

在教学过程中，教师有意识地引导学生发现不同知识之间或情境之间的共同点，启发学生对学习材料进行必要的概括总结，指导学生运用已学到的原理、知识去解决具体问题，要求学生将所学的知识举一反三，这都有利于促进正迁移的产生。一般来说，教师给学习者提供的有效指导越多，产生的迁移效果越积极。

(二)主观因素

1. 学生的智力水平

智力是影响学习的一个重要因素，个体智力水平的高低对学习迁移的质量和数量都有一定的影响，智力水平较高的人，其概括力与理解力也高，分析问题与解决问题的能力也强，能很容易发现两种学习间的共同点和不同点，善于总结学习中的原理原则，能较好地将以前习得的学习策略和方法运用到以后的学习中去，举一反三，融会贯通。

2. 学生原有的认知结构

原有的学习对后继学习的影响是比较常见的一种迁移方式，学习者原有的认知结构会对学习的迁移产生非常重要的影响。奥苏贝尔的认知结构迁移理论认为原有认知结构的特征直接决定了迁移的可能性及迁移的速度。原有的认知结构对学习迁移的影响主要表现在以下三个方面。

①学习者拥有相应的背景知识，这是学习迁移产生的基本前提条件。已有的背景知识越丰富，越有利于新的学习，迁移越容易。专家具有较强的迁移能力，其原因之一就是他们具有解决某一问题的丰富的背景经验或认知结构。

②学习者原来的认知结构的概括水平对学习迁移起到至关重要的作用。心理学的研究和实验表明，所掌握的经验概括水平越低，迁移的范围就越小，效果越差；反之，经验的概括水平越高，迁移的可能性就越大，效果也就越好。为此，在教育教学中要重视对学生知识概括水平的培养和训练，如强调对基本原理、基本概念的掌握，这样学生所掌握的内容越基本、越概括，在遇到新情况、新问题时越容易得到解决，越能产生迁移。

③学习者是否具备相应的认知技能或方法对迁移的产生有重要影响。在有些情

况下，学习者虽然掌握了某种迁移所必需的知识，而且学习材料也具有共同因素，但仍然不能产生迁移，其原因之一就是缺乏必要的认知技能或方法。因此，掌握必要的认知技能或方法，是提高迁移发生可能性的有效途径。

3. 学生学习的心理准备状态

心理准备状态是在过去学习或活动过程中形成的，又对未来的学习或活动产生影响，这种影响可能是积极的，也可能是消极的。学习定势就是在关于迁移的研究中讨论比较多的一种心理准备状态。

“学习定势”的概念是由美国心理学家哈洛于1949年提出的。学习定势也称学习心向，是指学习者进行学习活动时由于先前学习的影响所形成的往往不被意识到的心理准备状态，它将支配人以同样的方式去对待同类的后继学习。学习者在以往的学习中形成的愿望、态度、知识经验、思维方式等都能构成其学习的心理准备状态，使后继的学习活动具有一定的倾向性，朝着一定的方向进行。定势对学习具有定向作用，在条件相同的情况下有利于问题的解决，产生正迁移，但在条件改变的情况下，却容易使人走入误区，产生学习的负迁移。如何发挥定势对学习迁移的积极作用，避免其阻碍作用，关键在于学习者能否具体分析当前的学习情境，找出哪些可以利用已有的知识经验和策略解决问题，哪些需要打破常规跳出已形成的思维定势灵活地、创造性地解决问题。

除了上述因素影响学习迁移之外，一个人的个性、年龄、经历、态度、价值观等也影响学习迁移，在教学过程中教师应注意这些因素对学习的影响，充分发挥这些因素在学生学习中的积极迁移作用。

第二节　学习策略

“未来的文盲不再是不识字的人，而是不会学习的人”。“学会学习”一直是我们教育的重要目标，而学会学习的关键是掌握学习策略。近年来，关于学习策略、元认知策略等成了教育心理学界非常热门的研究课题，这些课题的研究目的就是让学生掌握学习方法，达到我们教育的目标，也就是学会学习。

一、学习策略的概念

(一)什么是学习策略

学习策略作为一个完整的概念，是布鲁纳1965年在提出认知策略后出现的，近些年逐渐成为教育心理学界关注的热点。至于什么是学习策略，却始终没有达成共识。但归纳起来，大致可以分为四种观点。第一种观点把学习策略看成是提高学习效率的过程和步骤，是学习者有目的地对信息进行自我加工的过程。第二种观点把学习策略看成是学习的规则、能力或技能，是内隐的学习规则系统，是学生获得信息的技术或方法。第三种观点把学习策略看成是学习计划，是学习者为了完成学习目标制订的复杂计划。第四种观点把学习策略看成是学生的学习过程，是比具体学习方法更高一层的有组织的调节与控制活动。

综合各种观点，我们认为学习策略是学习者为了提高学习的效果和效率，有目的、有意识地制定的有关学习的程序规则和调控方式。它既有内隐的学习规则系统，又有外显的程序与步骤。

首先，学习策略的目的是提高学习效果和学习效率。所谓策略，实际上是相对于效果和效率而言的，在学习活动过程中，如果只用原始的机械学习的方法而不使用一定的学习策略，如死记硬背、下苦功夫等，最终也可能达到一定的学习目的，但学习效果不会太好。因此，只有采用恰当的学习策略，才能对具体的学习活动进行调节和控制，才能少走弯路，顺利完成各项学习任务，达到学习目的。例如，在学习中运用记忆术、找到知识的内在联系实现正迁移、采用有效的复习方法避免遗忘等，都可以在很大程度上提高学习效果。

其次，学习策略是学习者为了完成学习目标而主动采取的有意识的心理过程。学习者在学习时，会根据学习任务的特点和自身的实际情况，有针对性地制订适合自己的学习计划和学习方法，并在实际运用过程中不断调整完善，使其达到更好的学习的效果，逐渐达到自动化的水平。

再次，学习策略是针对学习过程而言的，学习策略不等于具体的学习方法。学习策略规定了在学习过程中做什么或不做什么、先做什么或后做什么、用什么方式去做、做到什么程度等问题，这些问题解决得好坏直接影响学习目标的实现和学习效果的优劣以及学习效率的高低。在学习活动中，学习策略是不能与具体的学习方法截然分开的，它要借助具体的学习方法表现出来，但学习策略不等同于学习方法。学习方法是学习者在一次具体的学习活动中为达到一定的学习目的而采用的手段和措施。学习策略与学习方法的主要区别在于：学习方法是与具体学习任务相联系的，有较强的情境性，而学习策略既与具体任务相联系，又与一般的学习过程相联系，具有普遍性；学习方法经过学习者的反复运用，熟练掌握之后，在具体的学习情境中学习者往往凭借习惯对其加以运用，而学习策略则是学习者经过对学习任务、学习者自身认知特点等各方面因素进行分析，反复考虑之后才制定的方案；学习方法可以用来达到一定的学习目的，完成学习任务，但不考虑最佳效益，而学习策略则是以追求最佳效益为基本点的。

最后，学习策略是学习者制定的有关学习的程序规则和调控方式。由于学习的丰富性，人们不可能事先为每项学习制订出详细周全的计划，但可以为同一类型的学习制定基本相同的程序规则，以及在具体条件发生变化的情况下的调控方式。

(二)学习策略的特点

1. 操作性与监控性的统一

操作性和监控性是学习策略最基本的特性。学习策略的操作性体现在学生认知过程的各阶段，它能够为有效认知提供各种方法和技能。监控性则体现在内隐的认知操作之中，从先前的学习经验得来的学习策略在不同的学习情境下的适用性并不相同，因此学习者需要在整个学习过程中对它进行有效监控和及时调整。

2. 外显性与内隐性的统一

学习策略的外显性体现在学习者的学习活动和认知过程的可观察性上。在学生实际的学习中，我们可以直接观察到学习者在使用哪种或哪些外部的学习操作，并对此做出适当的监控。学习策略的内隐性体现在它对学习的调控是在头脑中借助内部语言进行的内部活动。另外，学习者在学习过程中对学习策略的运用和对整个学习过程的监控在某些时候是能够意识到的，但在某些情况下，却不能够直接意识到，只有当学习活动出现明显的无效或者错误时才能够意识到，然后对学习过程进行调控。因此在意识性上，学习策略具有外显性和内隐性的特点。

3. 主动性与迁移性的统一

学习策略的主动性是指学习策略可以根据学习材料和学习情境的特点以及学习的变化，进行自我调整。在某种程度上，学习策略是学习者对学习活动的能动把握，是对自我学习活动的一种调整和监控。学习策略的迁移性是指从某种学习情境中获得的学习策略，能够有效地迁移到类似或不同的学习情境中去。学习策略作为一套程序规则系统，它是学习者从具体的学习活动和过程中抽象出来的，能够适用于不同的学习情境和环境。

二、学习策略的种类

心理学家依据不同的划分标准，提出了不同的学习策略的分类观点，如丹塞路根据学习策略所起的作用，将学习策略分为基础策略和辅助性策略；温斯坦根据学习策略涵盖的成分，将学习策略分为认知信息加工策略、积极学习策略、辅助性策略、元认知策略；迈克卡等人根据学习策略涵盖的成分，将学习策略分为认知策略、元认知策略和资源管理策略。本章主要介绍迈克卡等人对学习策略所划分的种类。

(一)认知策略

认知策略是学习者对信息进行加工的方法和技术，其基本功能有两个：一是对信息进行有效的加工和整理；二是对信息进行分门别类的系统储存。根据作用于信息加工过程的不同阶段，认知策略主要包括复述策略、精细加工策略和组织策略。

1. 复述策略

复述策略指在工作记忆中为了保持信息，运用内部语言在大脑中重现学习材料或刺激，以便将注意力维持在学习材料上的策略。在学习中，复述是一种主要的记忆手段，许多新信息，如人名、地名或外语单词等，只有经过多次复述后，才能在短时间内记住。复述策略也是短时记忆的信息进入长时记忆的关键。

常用的复述策略有：在复述的时间上，采用及时复习、分散复习；在复述的次数上，强调过度学习；在复述的方法上，包括排除相互干扰、运用多种感官协同记忆、复习方法多样化、画线等。同时，要注意保持积极的心向和态度。

拓展学习

画线的方法

画线是一种最常用的学习策略，它可以帮助我们快速找到和复习内容中的重要信息。在使用画线策略时，要去掉无关信息的干扰，画出确实重要的信息，这样才能真正集中注意力，提高学习效果和效率。画线的方法有：

1. 圈出不知道的词。
2. 标明定义和例子。
3. 列出观点原因或事件序号。
4. 在重点的段落前加某种符号。
5. 在混乱的章节前画上问号。
6. 标出可能的测验项目。
7. 画箭头标明事件或观点之间的关系。

2. 精细加工策略

精细加工策略是将新学习材料与头脑中已有的知识联系起来，从而增加新信息意义的深层加工策略。它常被描述成一种理解性的记忆策略，其要旨在于建立信息间的联系。实验表明，与其他信息的联系越多，个体回忆的准确率就越高，深加工就越细致，就越容易回忆。精细加工策略与复述策略结合使用，可以明显提高记忆效果。下面是一些常用的精细加工策略。

(1)记忆术

记忆术是通过把那些枯燥乏味但又必须记住的知识人为地赋予意义，使记忆过程变得生动有趣，从而提高记忆效果。在记忆一章中我们提到了一些记忆术，如位置法、韵律法、谐音法、PQ4R 法外，常用的记忆术还有以下几种。①形象联想法。这种方法是通过人为联想，使无意义的、难记的材料和头脑中的鲜明奇特的形象相结合，从而提高记忆效果。想象的形象越鲜明、具体越好，形象越夸张、奇特越好，形象之间的逻辑联系越紧密越好。例如，小学生记忆汉语拼音就常利用具体事物的联想，m像两个门洞，n像一个门洞，h像一把小椅子。再如，英语单词“look”是“看”的意思，可以把中间的“oo”想成两只眼睛，看到两只眼睛就会联想到看的意思。②首字连词法。这种方法是利用每个词语的第一个字形成缩写，或者用一系列的词描述某个过程的每个步骤，然后将这一系列词提取首字作为记忆的支撑点。例如，VIP是very important person的缩写；IQ是intelligence quotient的缩写；CCTV是China central television的缩写。③缩减和编歌诀法。缩简就是将识记材料的每条内容简化成一个关键的字，然后变成自己所熟悉的事物，从而将材料与过去的经验联系起来。例如，《辛丑条约》的内容是：要清政府赔款（钱）；要清政府保证禁止人民反抗（禁）；容许外国在中国驻兵（兵）；划分租界，建领事馆（馆）。概括四条内容可以用“钱禁兵馆”（谐音“前进宾馆”）帮助记忆。编歌诀法就是利用编制歌谣口诀的方式来帮助记忆的方法。例如，教师为了让学生能够区分“烧、浇、晓、绕、翘、饶”，可以用这样的顺口溜：“用火烧，用水浇，东方日出是拂晓，左边绞丝弯弯绕，右边加羽尾巴翘，丰衣足食才富饶。”④关键词法。关键词法就是将新词或概念和与之相似的声音线索词，通过视觉表象联系起来。例如，英语单词“tiger”可以联想成“泰山上一只虎”，这种方法在记忆英语单词时非常有用，当然也适用于其他信息的学习。⑤特征记忆法。法国大革命发生于1789年，只要记住前面是1，后面789是三个顺序相连的数，就很容易记忆。⑥语义联想法。通过联想，将新材料与头脑中的旧知识联系在一起，赋予新材料更多的意义。例如，记忆91827364554637281这组数字，远远超出了短时记忆的容量，但如果我们联想到9的倍数，就非常容易记忆了。

（2）做笔记

做笔记是阅读和听讲时常用的一种精细加工策略。这种方法对于学校中正规课程的学习非常有用，因而受到广泛重视。俗话说，好记性不如烂笔头。记笔记对学习有多种好处。一是记笔记可以帮助学生保持注意力，专心于教师讲课；二是记笔记有助于学生记忆；三是记笔记为以后的学习和复习考试提供了方便；四是记笔记可以提供所学知识的框架，促进对新知识的精细加工和整合。记笔记时，应注意笔记本上不要写得密密麻麻，不妨在笔记本的右边留出3～6厘米的空白，除了笔记正文外随时记下老师讲的关键词、例子、证据以及自己的疑问和感想，还要随时复习自己的笔记。

拓展学习

5R笔记法

5R笔记法诞生于美国康奈尔大学，所以又叫康奈尔笔记法，几乎适用于一切讲授或阅读课，特别是对于听课笔记，5R笔记法应是最佳首选。这种方法是记与学，思考与运用相结合的有效方法。

5R 即由 5 个“R”字母开头的术语。

1. 记录(record)。在听讲或阅读过程中，在主栏(将笔记本的一页分为左大右小两部分，左侧为主栏，右侧为副栏)内尽量多记有意义的论据、概念等内容。

2. 简化(reduce)。下课以后，尽可能及早将这些论据、概念简明扼要地概括在回忆栏，即副栏。

3. 背诵(recite)。以回忆栏中的内容为线索，叙述课堂上的内容并核实所述的正误。

4. 反省(reflect)。将自己的听课随感、意见、经验、体会之类的内容，与讲课内容区分开，写在卡片或笔记本的某一单独部分。

5. 复习(review)。每周花一定时间，快速复习笔记，主要是先看回忆栏，适当看主栏。

(3)提问

提问是一种有助于学生在理解基础上进行记忆，上课集中注意听讲，提高课堂教学效果及有效获得其他信息的策略。无论是阅读还是听讲，学生要经常评估自己的理解状态，思考这样一些问题：这些新信息意味着什么？与课文中的其他信息以及以前所学的信息有什么联系？如果教学生在阅读时提一些“谁”“什么”“哪儿”和“如何”的问题，他们可能领会得更好。

(4)生成性学习

生成性学习就是要训练学生对所阅读的东西产生一个类比或表象，如图形、图像、表格和图解等，以加强其深层理解。这种方法最重要的一点，就是需要主动积极地加工，而不是简简单单地记录和记忆信息，不是从书中寻章摘句或稍加改动，而是要改动对这些信息的知觉。在教学中，教师要指导学生写出课文中没有的句子，或是与课文中某些重要信息相关的句子，或是用自己的话组成的句子，从而把所学的信息与自身的知识经验联系起来。

3. 组织策略

组织策略是指整合所学新知识之间、新旧知识之间的内在联系，形成新的知识结构的策略。与精细加工策略相比，组织策略更侧重对学习材料的内在联系的建构，更适用于那些需要深入理解与思考才能把握内在深层意义的学习材料。常见的组织策略主要有如下三种。

(1)列提纲

列提纲就是在对材料进行分析、归纳和总结的基础上，用简要的语词，按材料的逻辑关系写下主要和次要的观点，也就是以金字塔的形式呈现材料的要点，较具体的细节都包含在高一级水平的类别中。列提纲旨在把握学习材料的要点及其内在联系，所以，所列出的提纲具有概括性和条理性。

(2)利用图形

图形是用来图解各种知识之间是如何联系的，它可以在一定程度上替代做笔记和列提纲。具体做法是先提炼出主要知识点，然后识别这些知识点之间的关系，再用适当的解释来标明这些知识点的联系。常见的图形有系统结构图、流程图、模式或模型图、网络关系图等。系统结构图一般用在一个单元学完后，对学习材料进行归类整理，形成一个金字塔的结构，以便于复习，如学生学完一章或某一学科后自己画出本章或本学科的系统结构图。流程图可用来表现步骤、事件和阶段的顺序，一般从左到右或从上往下展开，用箭头连接各步，如化学实验步骤流程图。模式或模型图就是利用图解的方式来说明在某个过程中各要素之间是如何相互联系的，如第四章记忆中的图 4-1，就表明了瞬时记忆、短时记忆和长时记忆三种记忆的关系。网络关系图也称为概念图，它能图解各种观点是如何相互联系的。做关系图时，首先要找出核心概念或主要观点；其次找出相关概念或次要观点，将其放在不同层次上；最后添加连线并标出这些部分的文字说明。在网络关系图中，核心概念或主要观点位于图的正中，相关概念或次要观点位于周围。

(3)利用表格

表格具体有一览表或双向表两种。一览表是在对材料进行全面的综合分析基础上，提取主要的信息，从一个角度将这些信息全部陈列出来以反映材料的全貌。例如，《红楼梦》一书中人物众多，关系复杂，散于各章之中，鲁迅先生综合各章信息后制作了一张主要人物关系表。双向表则是从纵横两个维度罗列材料中的主要信息，以实现对材料的整理。

(二)元认知策略

1. 元认知

元认知的实质是人对认知活动的自我认识和自我调节。元认知概念是美国心理学家弗拉维尔于 20 世纪 70 年代首次提出的。按照弗拉维尔的观点，元认知就是对认知的认知，具体地说，就是关于个人对自己认知过程的知识和调节这些过程的能力。元认知包括两种独立但又相互联系的成分：元认知知识(储存在长时记忆中)和元认知控制(储存在工作记忆中)。

元认知知识是个体通过经验积累起来的关于认知的一般性知识。它包括三个方面：一是知人方面的知识，指对自己和他人认知能力和特点的认识，如对自己记忆、思维、智力发展水平等方面的认识，对他人在各方面的认识等；二是知事方面的知识，指对认知对象特点、本质等方面的认识，如对学习心理这部分内容的掌握程度，对自己所学专业的认识程度等；三是知法方面的知识，指对学习过程中所用方法和策略的认识，如对不同的学习材料采用什么样的策略和方法才能有效地达到学习目的。

元认知控制是个体对认知行为的管理和控制，是主体在进行认知活动时，将自己的认知活动作为意识对象，不断对其进行积极的调节和监控的过程。因此，元认知控制过程包括制订认知计划、监视计划的执行以及对认知过程的调整和修改。在具体的学习过程中，元认知控制既包括学习前根据学习任务的要求和自己的认知活动状况制订切实可行的学习计划，又包括学习过程中适时监控、调节，以保证学习活动的顺利进行，还包括学习结束后对学习结果的了解与评价，检查自己的学习结果是否达到预定目的，做出正确的归因，以及提出补救措施等。

2. 元认知策略

元认知策略是个体为实现最佳的认知效果而对自己的认知活动进行的调节和控制。它可以分为以下三种策略。

(1)计划策略

计划策略是指根据认知活动的特定目标，在认知活动开始之前计划完成任务所涉及的各种活动，选择策略、预计结果，设想解决问题的方法，并预估其有效性等。计划策略包括制订切实可行的近期、中期、长期的学习目标，明确学习任务，阅读相关的材料，提出相关的问题等。大量事实说明，成功的学生往往是一个善于制订计划并积极主动地执行计划的人。

(2)监控策略

监控策略是指在认知过程中，根据认知目标及时检测认知过程，寻找两者之间的差异，并对学习过程及时进行调整，以期顺利实现有效学习的策略。监控策略包括学习时对自己的学习状态进行自我监督、对知识的掌握情况进行自我反思、考试时对考试的时间和答题的速度进行自我调控等。这些策略使学习者警觉自己在注意和理解方面可能出现的问题，及时解决问题。

(3)调节策略

调节策略是指在学习过程中根据对认知活动监视的结果，找出认知偏差，及时调整策略或修正目标。调节策略与监控策略经常同时发挥作用，简称为调控策略。例如，在学习过程中简单的问题可以一带而过，而在遇到难点、重点的时候可以多重复几遍或放慢速度来弄懂、弄通；在考试的时候可以先做简单的题目后做难度大的题目等。这种调节策略可以使学生及时调整自己的学习方法，及时纠正自己的学习行为，从而达到更好的学习效果。

以上三种元认知策略是相互联系的。一般情况下，学生先明确任务，然后选择有效的学习计划，在实施过程中监控学习进展，并根据结果调整自己的学习行为。

(三)资源管理策略

资源管埋策略是辅助学生管理学习中可用的环境和资源的策略。成功使用这些策略，有助于学生适应并调节环境以适应自己的需要，提高学习的效率和质量。任何学习都需要一定的资源作为支持，它包括学习时间管理、学习环境设置、学生付出努力的程度、学习工具的利用以及寻求他人的帮助等。

1. 时间管理策略

“一寸光阴一寸金，寸金难买寸光阴”。时间是极其重要的学习资源，有效的时间管理可以促进学习，增强自我效能感，提高学习效率。时间管理策略是指学生能根据学习需要，妥善安排和计划学习时间。具体表现为以下几点。

①统筹安排学习时间。为了完成学习目标，每个学生都应当根据自己的目标，对时间做出总体安排，并通过阶段性的时间表来落实。

②高效利用最佳时间。在不同时间里，个体的体力、情绪和智力状态存在差异，即学习的最佳时间可能不一样。因此，学生应注意根据自己的生物钟或学习效率安排学习活动，根据一天内、一周内学习效率的变化安排学习活动。

③灵活利用零碎时间。学生可以利用零碎时间处理学习上的杂事，也可以在零碎时间看报纸杂志，拓展知识面。

拓展学习

时间资源的管理方式

钟祖荣提出了五种时间资源的管理方式，通过任务的质量和数量目标来控制时间的使用，使时间指向任务。

1. 作息制度法。即制定作息时间表，规定每一段时间里的活动，然后照此执行。

2. 时间统计法。即对每天的时间使用情况进行记录并进行统计分析，以了解自己时间的使用效率。一般记录项目有：起止时间、活动内容(数量和质量)、所用时间量。

3. 复合工作法。即在同一时间做两件事，且互不干扰。一般其中一件事可以自动化地完成，另一件事则要集中注意力。

4. 利用工具法。工具法的使用就是为了节约时间和精力，提高效率。所以应该尽可能使用学习工具，特别是现代化的学习工具。

5. 快速技巧法。学习和掌握快速学习的一系列技能，包括快速阅读、快速记笔记、快速记忆、快速计算等。

（资料来源：钟祖荣：《学习指导的理论与实践》，北京，教育科学出版社，2001.）

2. 环境管理策略

在学习环境设置上，要选择安静、不受干扰的地点进行学习，要注意调节学习环境，如保证空气流通、温度适宜、室内光线明亮及色彩和谐度适当等；要设计好学习空间，如室内布置、用具摆放等。舒适的环境可以改善学习者的情绪状态，提高其学习效率。在与学习环境相似的考场中考试，有利于成绩的发挥。

3. 努力管理策略

努力管理策略主要指掌握一些方法来排除学习干扰，使自己的精力有效地集中在学习任务上。努力是学生取得优异成绩的必要因素，学生要学会努力，不断进行自我激励。教师要善于激发学生学习的内在动机，使学生树立正确的学习信念，帮助学生选择有挑战性的任务，正确归因，并能对自己的学习成果进行自我奖励。

4. 工具利用策略

学习工具是学习中必不可少的学习资源，学会有效利用学习工具对人的一生来说都是非常重要的。工具利用策略主要包括四类。①参考资料的利用。选择参考资料时要注意与自己的学习内容相吻合，与自己的现有水平相适应，具有一定权威性等。②工具书的利用。工具书是学习者学习时的“无言的老师”。选择工具书时要注意其出版社和作者的权威性、版本要新，确保知识的科学性和时代性。③图书馆的利用。要利用好图书馆，首先，要学会根据图书目录查阅所需的书籍；其次，要经常带着问题有目的地借阅有关书籍；再次，利用好报刊阅览室，保持专业学习的鲜活性；最后，在图书馆看书时要注意做读书笔记和摘要。④广播电视的利用。广播电视不仅可供人娱乐，也能帮助人增长知识、开阔视野。但要有选择地收看，如新闻评述、科技常识、军事天地、电脑世界等。可根据自己的实际进行选择，有计划地持续学习。⑤现代网络的利用。随着网络技术的高速发展，网络已经成为传播和获取知识信息最迅速、最便捷的工具，为学生求知带来更大的优势与空间。要想有效利用现代网络，就必须掌握相关计算机的知识和技能，了解与自己专业有关的网络资源，同时学会辨别与筛选。

5. 学业求助策略

在学习过程中，学生总会遇到各种各样的问题，其中有些问题可能是自己无法解决的，在这种情况下学生就需要向他人寻求帮助。学业求助策略指当学生在学习上遇到困难时，向他人请求帮助的行为。奈尔森-黎高(Nelson-Le Gall)把学业求助过程划分为五个阶段。①意识到求助的需要。个体意识到任务的复杂和困难，发现仅靠自己的能力难以实现目标。②决定求助。个体对求助行为的受益和代价进行权衡，决定是否求助。③识别和选择潜在的帮助者。做出求助决定后，需要决定向谁求助，帮助者的能力、态度是个体选择帮助者的主要标准。④取得帮助。取得帮助的策略有两类，一类是非言语的，如求助的目光、困惑的表情等；另一类是言语的，即直接开口求助。如果求助者发现从某人那里得到的帮助不能令自己满意，还要向别人继续求助。⑤评价反应。求助者最后还需要对求助结果进行评价，包括所获得的帮助对问题解决是否足够、求助策略是否有效、他人对求助的反应如何。

学业求助策略是一种重要的社会支持管理策略，它不是自身缺乏能力的标志，而是有效获取知识、增长能力的一种途径。

第三节　中小学生学习能力的培养

一、提高中小学生学习迁移能力的方法

（一）注重基本知识和基本技能的教学与训练

我国的教育历来强调“双基”教学，因此在教学中要把那些具有广泛迁移价值的学习材料作为教学的基本内容，而每一门学科中的基本概念、基本原理、基本技能都具有广泛的适应性，同时具有很大的迁移性。在教材的编排、教学内容的选择、教学重点的确定、学习效果的考核等方面都应重视基础性、代表性和广泛性。

（二）教师要对学生进行迁移指导，提高知识概括化水平

在教学中，教师要有意识地引导帮助学生学会分析不同学习材料之间的异同点，培养他们辨别问题、分析问题、解决问题、概括问题的能力，进而提高他们学习迁移的能力。

（三）合理选择和使用教材，合理编排教学内容

教材是依据教学大纲编写的教学用书，它不仅是教师教学的基本依据，也是学生获取知识的重要工具。根据奥苏贝尔的认知结构迁移理论，认知结构中的可利用性、可辨别性、稳定性是影响学习迁移的重要因素，教师在讲授教材、传授教学内容的时候应充分利用教学内容之间的内在联系，使已有的旧知识能很好地同化新知识。对缺乏内在联系的学习材料，可以利用先行组织者策略，为新的学习任务提供观念上的固着点，增强新旧知识之间的可辨别性，以促进学习的迁移。

（四）提高学生迁移的自觉性

培养学生学习迁移的意识是实现迁移的前提，因此在遇到新的学习问题和学习情境的时候，应首先找出新旧知识之间的关系，发现它们之间共同的原则和原理，找出共性，以利于知识的迁移，并在迁移的时候，注意定势的影响，防止负迁移的发生。

（五）引导学生学习方式的转变

教师要引导学生改变单一的记忆、接受、模仿的被动学习方式，使学生主动参与、亲身实践、合作探究、独立思考，实现学习方式的变革。通过各种训练教给学生学习方法，让学生学会学习，能够灵活掌握知识，举一反三，融会贯通。

（六）改进评价方式，鼓励学习迁移

教师对学生的评价不要只关注学习成绩，还要关注学生积极的学习态度、创新精神、人生观和价值观等；对学生的评价不仅可以由教师独自完成，还可以让学生和家长一同参与，即构成自评、他评和师评等评价体系，如此使评价指标和评价主

体多元化，进而促进多方面的学习迁移。教师对学生的评价方式直接影响学生学习的方式，教师通过评价方式来引导和鼓励学生进行学习迁移，养成学习迁移的习惯。

二、提高中小学生学习策略运用能力的方法

关于如何对学生学习策略进行训练的问题，许多教育心理学家研发了各种训练课程，具有代表性的学习策略教学模式有指导教学模式、程序化训练模式、完形式训练模式、交互式教学模式、合作学习式训练模式等。

(一)指导教学模式

指导教学模式是一种与传统的讲授法十分相似的教学模式，它由激发、讲演、练习、反馈和迁移等环节组成。在教学中，教师首先讲解所选定的学习策略的具体操作步骤以及运用条件，并结合实例展示这种学习策略的具体运用过程；然后组织学生进行运用这种学习策略的实际练习活动，在练习活动中，教师不断给学生提示，要求学生运用口头表述的方式，明确解释所操作的每个步骤，详细报告自己运用学习策略的思维活动，并通过不断重复这种内部定向思维活动来增强学生对学习策略的感知、理解和保持。

(二)程序化训练模式

程序化训练模式是一种将所要训练的学习策略制定为一套能够进行实际操作的技术来组织学生进行练习的学习策略教学模式。即将学习策略分解成若干个有条理的小步骤，并使这些小步骤成为一种固定程序，然后要求学生按照这种固定程序进行相应的学习活动，经过反复练习达到自动化的程度。

(三)完形式训练模式

完形式训练模式是一种运用完整性不同的学习材料来进行训练的学习策略教学模式。具体操作是：在直接讲解学习策略之后，提供完整性不同的学习材料，帮助学生分别对学习策略的各个组成部分或步骤进行练习，然后逐步降低所提供的学习材料的完整程度，直至有学生独立完成学习策略的所有组成部分或步骤。

(四)交互式教学模式

交互式教学模式是一种运用教师与学生的“互动”来进行训练的学习策略教学模式。其主要做法是：教师对所要训练的学习策略先进行示范，然后改变自己的角色，在学生不会运用学习策略时给予必要的帮助，扮演组织者和促进者的角色。

(五)合作学习式训练模式

合作学习式训练模式是一种通过由两个学生组成的学习小组来进行训练的学习策略教学模式。实施办法是：根据学习策略训练具体步骤的安排和要求，让两个学生分别扮演讲演者和听讲者的角色，当讲演者进行学习策略练习时，听讲者注意发现和纠正其错误。然后，彼此互换角色，循环往复，直至训练完整结束。

三、提高中小学生元认知能力的方法

对于怎样培养学生的元认知能力，我国的学者借鉴国外的一些研究成果，结合我国的实际提出了一些见解，如让学生每天对自己的学习进行反思，培养他们调节控制自己学习的能力；增强学生对自己和他人认识过程的意识，如让他们知道遇到问题时，自己会怎样做，怎样做才会做得更好，别人是怎样做的，别人的哪些经验值得自己借鉴；经常对自己的学习提出质疑，如“我这样做对吗?”“我学会了吗?”“还有比这更好的办法吗?”等；让学生清楚影响学习效果的因素有哪些，怎样协调学习效果和影响学习效果因素之间的关系等。

以学生阅读的元认知能力培养为例，培养的要点：一是在阅读教学中丰富学生有关阅读的元认知知识；二是注意培养学生对阅读过程的实际监控能力。具体措施包括以下几点。

①让学生充分认识阅读活动的特点和实质。

②让学生充分了解影响其阅读活动及效果的个人因素、课题因素和策略因素。

③让学生学会在阅读过程中如何制订计划，如怎样根据不同的阅读目的采取不同的阅读策略，如何选用适宜的方法解决某些特殊问题，如何分配阅读时间等。

④让学生在阅读过程中学会如何有效地监控和调节，如在阅读过程中如何进行推理、提出假设、检验假设、自我提问、自我测试，发现自己理解的难点和没有理解的地方，主动改正错误。

⑤让学生学会在阅读后如何检查结果，获取反馈信息，采取相应的行为，如检查自己掌握的程度、评价自己的理解水平、发现问题并及时采取适当的补救措施等。

思考与练习

一、选择题

1.“触类旁通”“举一反三”描述的是(　　)。

A. 学习迁移　　B. 下位学习　　C. 认知风格　　D. 发散性思维

2. 学生学会写“石”字，有助于写“磊”字，这种迁移属于(　　)。

A. 顺应迁移　　B. 垂直迁移　　C. 具体迁移　　D. 一般迁移

3. 地理老师教学生记忆“乞力马扎罗山”时，为了方便学生记忆，将之戏称为“骑着马打着锣”，这种学习策略属于(　　)。

A. 计划策略　　B. 精细加工策略　　C. 组织策略　　D. 复述策略

4. 李红学习了英语语法后，加深了对以前学过的中文语法的理解，这种现象属于(　　)。

A. 正迁移　　B. 负迁移　　C. 顺向迁移　　D. 逆向迁移

5. 元认知策略包括(　　)。

A. 目标策略　　B. 计划策略　　C. 监控策略　　D. 调节策略

二、问答题

1. 为了有效地促进学生的学习迁移，教师在教学上应该怎样做？

2. 结合自身实际，谈谈如何在学习中运用认知策略提高学习效率与效果？

选择题参考答案：1. A　2. C　3. B　4. AD　5. BCD

拓展与延伸

1. 曹宝龙．学习与迁移[M]．杭州：浙江教育出版社，2019.

2. 本尼迪克特·凯里．如何学习[M]．王冰，译．杭州：浙江人民出版社，2017.

第十章　品德学习

学习目标 ▶

1. 理解品德与道德的内涵，能够分析学生的品德问题。

2. 能够理解并掌握品德发展理论，并根据品德发展理论分析中小学生的品德问题。

3. 能够针对品德不良的学生采用不同的教育方法。

知识导图

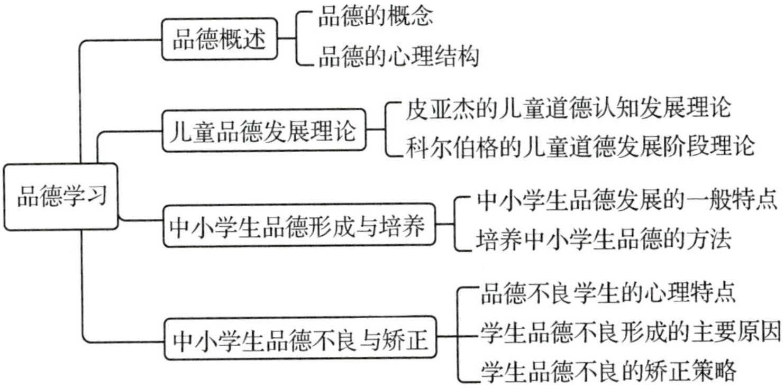

中小学生处在人生观、世界观、品德形成的关键时期，可塑性强，正因为如此，近些年心理学领域越来越重视品德心理的研究，这一方面反映了社会发展对人才培养的要求，另一方面也反映了教育心理发展的客观规律。了解中小学生品德心理发展的规律与特点，有助于我们有针对性地对学生进行品德教育，为社会培养品学兼优的合格人才。

第一节　品德概述

一、品德的概念

(一)什么是品德

品德又称道德品质(moral trait)，是一个人依据一定的道德准则行动时所表现出来的某些稳固的心理特征。它具有两个特点。一是稳定性。一个人一旦形成某些道德品质，就会保持相对稳定，偶尔在某种情况下表现出的与以往不同的行为不能被称为品德，如某个人具有乐于助人的良好道德品质，有时也会因某种原因有退缩的表现，但我们不能因此否定他具有乐于助人的品质。二是品德是道德认识、道德情感、道德意志、道德行为四个要素的统一。

(二)品德与道德的关系

1. 区别

①研究范畴不同。道德是社会现象，是社会为了维护自身的稳定、协调和控制社会生活而对其成员提出的一系列行为规范和准则，是社会学、伦理学研究的范畴；品德是个体现象，是一个人依据一定的道德准则行动时所表现出来的某些稳固的心

理特征，是教育学、心理学研究的范畴。

②形成和发展条件不同。道德准则产生于社会生活，并随着社会的发展而发展，随着社会基础的改变而改变，具有一定的阶级性、社会历史性和继承性，是约定俗成并由社会舆论进行监督的，它是社会舆论的力量和个体内驱力结合而产生的行为规范的总和。道德的形成受社会发展规律的制约，不以个人品德的好坏、有无为转移；品德的形成与发展不仅受社会发展规律和道德规范的制约，还受个体的身心发展特点和认识水平的制约。

2. 联系

品德是社会道德的具体化，离开社会道德标准，就无法评论个体品德的好坏。而道德是社会针对个体的品德而制定的总体要求，只有通过个体的品德才能使社会的道德得到真正的体现。

二、品德的心理结构

一般认为，品德的心理结构可以分为道德认知、道德情感、道德意志、道德行为四个方面，简称知、情、意、行。

(一)道德认知

道德认知也称道德认识，是指一个人对社会道德规范和行为准则的认识和理解。其中包括对道德概念、原则的理解，道德观的形成以及运用这些观念去分析道德现象，判断他人的是非善恶等。道德认知是品德形成的基础，道德认知发展学者认为，儿童道德成熟的过程主要是道德认知的发展过程，儿童道德成熟的标志，就在于他能做出正确的道德判断与推理，从而形成自己的道德原则的能力。

(二)道德情感

道德情感是人在社会生活中，对自己或别人的言谈举止是否符合道德标准和社会行为规范而产生的内心体验，也就是我们所说的道德感，即对自己或别人善意的举动表示赞赏和支持，对自己或他人不符合道德标准的行为表示内疚、厌恶或憎恨。道德情感的内容主要包括爱国主义情感、集体主义情感、义务感、责任感、事业感、自尊心和羞耻感，其中，义务感、责任感和羞耻感对于中小学生尤为重要，缺乏义务感、责任感和羞耻感，品德也就无从谈起。

(三)道德意志

道德意志是在道德行为过程中表现出来的意志努力。在很多情况下，人们要想按照道德的标准去行动往往会产生强烈的动机冲突，为此需要付出一定的意志努力，克制自己去做什么、不去做什么。也就是人们利用自己的意识，通过理智的权衡作用去解决道德生活中的内心矛盾。

(四)道德行为

道德行为是实现道德动机的行为意向及外在表现，也是道德品质的最终结果。

道德行为是研究者十分重视的品德成分，这不仅因为道德行为是社会、教育者要求个人达到的目标，更因为道德行为体现了人类行为的高度复杂性，是衡量一个人道德品质高低的重要标志。人的很多行为，包括帮助、安慰、分享、合作、同情等有利于社会和他人的亲社会行为，不一定是道德行为。凡是道德行为一定是亲社会行为，但并非所有的亲社会行为都是道德行为，只有那些与特定的道德认知和道德动机结合的亲社会行为才是道德行为。道德行为具体表现为道德行为方式和道德行为习惯。

品德的这四种心理成分是一个相互协调、相互联系的统一体，在培养学生的优良品德时，缺一不可，不可偏废，过分强调其中的任何一项而忽视其他，都不会达到好的教育效果。在我国中小学的思想品德教育中，强调“晓之以理，动之以情，导之以行，持之以恒”，它的道理就在于此。一般情况下，对学生的思想品德教育以道德认识为开端，沿着知、情、意、行的顺序进行，但是由于思想品德形成的复杂性，也可以以多种形式为开端，如对年龄小的学生，最好的办法是以训练良好的道德行为习惯为开端。

第二节 儿童品德发展理论

在品德心理研究领域，对儿童青少年道德认识过程的研究取得的成果最为丰富、全面，也最具代表性，主要有皮亚杰的儿童道德认知发展理论、科尔伯格的儿童道德发展阶段理论。

一、皮亚杰的儿童道德认知发展理论

瑞士心理学家皮亚杰在 20 世纪 30 年代对儿童的道德判断进行了系统研究，1932 年出版了《儿童的道德判断》一书，是研究儿童道德发展的里程碑。他的研究为儿童的道德发展理论研究提供了理论框架和系统的研究方法，为系统地研究儿童品德心理奠定了科学基础。

(一)对偶故事法

皮亚杰在研究儿童品德发展时，采用对偶故事法，即向儿童提出各种成对的故事，在每对故事中都有因某种故意的或无意的行为造成的不良后果，然后问儿童引起这两种不良后果的哪一种行为是“更坏的”。

拓展学习

对偶故事

A. 一个叫约翰的小男孩在他的房间时，家人叫他去吃饭，他走进餐厅。但在门背后有一把椅子，椅子上有一个放着15个杯子的托盘。约翰并不知道门背后有这些东西。他推门进去，门撞倒了托盘，结果15个杯子都被撞碎了。

B. 从前有一个叫亨利的小男孩。一天，他母亲外出了，他想从碗橱里拿出一些果酱。他爬到一把椅子上，并伸手去拿。由于放果酱的地方太高，他的手臂够不着。在试图取果酱时，他碰倒了一个杯子，结果杯子掉下来被打碎了。

皮亚杰对每个对偶故事都提两个问题：

1. 这两个孩子是否感到同样的内疚？

2. 这两个孩子哪个孩子的行为更坏？为什么？

通过被试的反应，皮亚杰发现，不同年龄段的儿童判断的标准不同，年龄小的儿童往往根据结果来判断行为的好坏，而年龄大的儿童一般根据行为的动机和目的来判断。

（二）品德发展遵循的规律

1. 从单纯的规则到有真正意义的准则

皮亚杰关于儿童道德判断的研究是从儿童对规则的态度开始的。为了用最简单的方式揭示儿童对规则的态度发展过程，他并不是去研究儿童接受成人道德准则的态度，而是去研究儿童在玩弹子游戏时对游戏规则的态度。皮亚杰认为，游戏中的规则是儿童自己创造出来的，开始玩弹子游戏的儿童，逐渐被年长的儿童教会去遵守游戏中的规则，以后逐渐形成了在任何场合下自觉遵守规则，这便是儿童道德品质发展的开端。

2. 从客观责任到主观责任

皮亚杰在研究中设计、编撰了许多对偶故事，让儿童对一些特定行为情境中行为者的行为做出评价，从而研究儿童的道德观念。结果发现，年幼的儿童往往根据行为者在客观上造成的后果，即行为的客观责任做出判断；年长的儿童往往根据行为者行为的主观意向性，即行为的主观责任做出判断。而且客观责任和主观责任在儿童道德判断中并不同时出现，也不是同步发展的，一般趋势是：客观责任在年幼的儿童身上首先出现，并且随着年龄的增长逐渐减弱，主观责任则出现较晚，并且随年龄的增长而增强。

3. 从服从到公平或从平等到公正

皮亚杰在大量研究后指出，7岁、10岁、13岁是儿童公正观念发展的三个主要年龄段，这三个年龄阶段儿童的公正判断分别以服从、平等和公道为特征。年幼的儿童对公正概念尚不理解，他们以成人的是非标准为标准，他们好坏的标准取决于服不服从，认为听话就是好的行为，按照自己的意愿行事就是坏的行为。他们分辨不出服从和公正、不服从和不公正之间的区别，对他们来说，公正还没有从服从中分化出来。随着儿童社会交往和合作的增多，10岁左右的儿童道德判断的内在基础发生了质的变化，这一时期儿童对公正的判断不再以服不服从为标准了，这一时期儿童的公正原则就是平等或公平。随着社会交往的继续发展，13 岁左右的儿童已经能根据自己观念上的价值标准对道德问题做出判断，他们已经能用公正不公正这一新标准去判断是非，认识到在依据准则去判断是非时应考虑他人的一些具体情况，从关心和同情出发做出道德判断。

4. 从抵罪性惩罚到报应性惩罚

儿童如何看待成人给予他们的惩罚？皮亚杰设计了两个问题：①在儿童心目中什么样的惩罚最为公正？②在儿童看来什么样的惩罚最有效？为了研究这一问题，皮亚杰设计了一些关于惩罚的故事，内容都是儿童在家庭或学校里常犯的一些过错行为，每个故事后面均提供 2～3 种惩罚办法，要儿童做出哪种惩罚是最公正有效的判断。结果发现，年幼的儿童往往认为应该用强制手段使犯错者遵从成人的命令，谁犯错谁就该接受惩罚，最严厉的惩罚是最公正有效的，至于犯错的内容与惩罚的性质之间没有必然关系。而年长的儿童认识到，犯错者的过错行为是有损别人的行为，他的过错行为会为正常的社会关系所不容，会被同伴嫌弃，犯错的内容与惩罚的性质之间有必然联系，如说谎就会失去别人的信任，破坏集体利益就会被孤立。

5. 从他律到自律

皮亚杰通过研究发现，6～10 岁年幼儿童的道德判断具有强烈的尊重准则的倾向。这些准则在他们心目中都是权威人物如父母、警察、老师制定的，是神圣不可改变的，每个人必须遵从，皮亚杰把这种道德观念称为他律道德。10 岁是儿童道德判断从他律道德向自律道德转化的分水岭。自律水平的儿童认识到社会准则是共同约定的，在道德上并不是绝对的，为了满足人的需要是可以改变的。从他律到自律是贯穿皮亚杰道德发展理论的一条思想主线，是儿童品德的核心，儿童只有达到了自律的水平，才可能具有真正的道德品质。

(三)品德发展的四个阶段

1. 自我中心阶段(2～5 岁)

这一阶段是从儿童能够接受外界的准则开始的。儿童在玩弹子游戏中总是自己玩自己的，按照自己的想象去执行规则。这是因为儿童还不能把自己同外在环境区别开来，而是把外在环境看作他自身的延伸。规则对他来说还不具有约束力。所以这一阶段是一种无道德规则阶段，又称前道德阶段或无律阶段。

2. 权威阶段(6～8 岁)

这一阶段的儿童绝对地尊敬和顺从外在权威，又称他律道德阶段。儿童尊重道德的权威，认为服从有权威地位的人就是好的。正因为这样，他们把人们规定的准则看成是固定的、不可变更的。此阶段的儿童一般只根据行为后果判断对错，而不会考虑内在的行为动机。

3. 可逆性阶段(9～10 岁)

这一阶段的儿童已不把准则看成是不可改变的，而把它看成是同伴间共同约定的。儿童一般都形成了这样的概念：如果所有的人都同意的话，规则是可以改变的。儿童已经意识到一种同伴间的社会关系，且应相互尊重。准则对他们来说已具有一种保证他们相互行动、互惠的可逆特征。同伴间的可逆关系的出现，标志着品德由他律开始进入自律阶段。

4. 公正阶段(11～12 岁)

这一阶段儿童的公正观念是从可逆的道德认识脱胎而来的。儿童的公正感往往是从抛弃父母的意见而获得的。因此儿童和成人的关系，也就从权威性过渡到平等性。这一阶段儿童的道德观念开始倾向主持公正、主张平等，并认为公正的奖惩不能千篇一律，应根据具体情况进行。

二、科尔伯格的儿童道德发展阶段理论

美国心理学家科尔伯格继承了皮亚杰的儿童道德认知发展理论，用“道德两难故事法”研究道德发展问题，提出了人类道德发展的顺序原则，并认为道德是可以通过教育进行培养的，他在 20 世纪五六十年代提出了道德发展阶段理论。

(一)道德两难故事法

科尔伯格采用“道德两难故事法”对儿童的品德发展进行了系统研究。两难故事是皮亚杰对偶故事的发展，同样也用情境故事设置道德冲突并提出道德问题，让被试在自己的反应中投射内心的观念，反映出个体道德水平。他共设计了九个两难故事，在一个故事中提出两个互相冲突而难以抉择的价值问题，让儿童听完故事后，回答一系列问题，以此判断其道德发展水平。道德两难故事中最有名的是“海因茨偷药”。

拓展学习

海因茨偷药

有个妇人患了癌症，生命垂危。医生认为只有一种药能救她，就是本城一个药剂师最近发明的镭。制造这种药要花很多钱，药剂师索价还高过成本十倍。他花了 200 元制造镭，而他竟索价 2000 元。病妇的丈夫海因茨到处向熟人借钱，一共才借到 1000 元，只够药费的一半。海因茨不得已，只好告诉药剂师，他的妻子快要死了，请求药剂师便宜一点卖给他，或者允许他赊欠。但药剂师说：“不成，我发明此药就是为了赚钱。”海因茨走投无路竟撬开商店的门，为妻子偷来了药。

讲完这个故事，主试就向被试提出了一系列的问题：这个丈夫应该这样做吗？为什么应该？为什么不应该？法官该不该判他的刑？为什么？等等。儿童对科尔伯格所编制的两难故事中的问题既可做肯定回答，又可做否定回答。科尔伯格真正关心的不是儿童做何回答，而是儿童对其回答提出的理由。因为在科尔伯格看来，儿童提出的理由(儿童的推理思路)是根据其内部逻辑结构而来的，所以，根

据儿童提出的理由就能确定出儿童的道德判断水平。科尔伯格采用纵向法，连续测量记录72个10～26岁男孩的道德判断达10年之久。此后又将研究结果推广到世界各国去验证。最后于1969年提出了儿童道德判断发展的“三水平六阶段”理论。

（二）“三水平六阶段”理论

科尔伯格在皮亚杰的儿童道德认知发展的基础上，利用“道德两难故事法”进行广泛的调查研究，并根据儿童的各种回答，对儿童的品德发展水平进行了划分，提出了道德发展的“三水平六阶段”理论。

1. 前习俗水平

这个水平的主要特点是儿童着眼于人物行为的具体结果及其与自身利害的关系。它包括第一阶段和第二阶段。

第一阶段：惩罚与服从定向阶段。处于此阶段的儿童害怕受到惩罚，对成人或准则采取服从的态度，以免受到惩罚。他们认为避免受到惩罚的行为都是好的，遭到批评指责的行为都是坏的。例如，对海因茨的偷药行为，有的赞成，有的反对。赞成者认为，他不偷药，他的妻子会死；反对者认为，海因茨因为偷药行为会被抓去坐牢，所以不能偷。他们的道德判断标准都是依据行为是否受到惩罚，尚未具有真正的道德准则。

第二阶段：相对功利定向阶段。这一阶段的个体道德价值来自对自己需要的满足，他们不再把规则看成是绝对的、固定不变的，评定行为的好坏主要看是否满足自己的利益。例如，赞同海因茨偷药行为的理由：他妻子需要这些药，他需要和他妻子共同生活；反对者认为，他的妻子在他出狱前会死，因而对他没有好处。

2. 习俗水平

这个水平的主要特点是个体着眼于社会的期望和要求，能够了解社会规范，并遵守和执行社会规范，认为道德的价值在于为他人和社会尽义务，维护社会的传统秩序。它包括第三阶段和第四阶段。

第三阶段：寻求认可定向阶段，也称为“好孩子”定向阶段。处于这个阶段的儿童认为，好的行为是被人喜欢或赞美的行为。例如，赞同偷药行为的儿童认为，他会挽救他妻子的生命，他不是为了自己；反对者认为，好人是不会去偷的，偷东西就不是好人。

第四阶段：维护权威或秩序的定向阶段。处于这一阶段的个体，更加深刻地认识到维护普遍的社会秩序的重要性，开始强调每个社会成员都应当遵守社会共同约定的行为准则，即强调对法律和权威的服从。在讨论海因茨偷药行为时，赞同者认为，偷东西是不对的，但不这样做的话，他就没有尽到做丈夫的义务；反对者认为，海因茨虽然令人同情，但是他触犯了法律，就应该受到惩罚，不然社会就会混乱。此阶段的儿童道德判断遵从世俗的秩序和法规。

3. 后习俗水平

这个水平的主要特点是个体不仅自觉地遵守某些行为准则，还认识到法律的人为性，并在考虑全人类的正义和个人的尊严的基础上形成某些超越法律的普遍原则；能够根据自己选择的道德标准来判断是非。它包括第五阶段和第六阶段。

第五阶段：社会契约定向阶段。处于这一阶段的个体，能够认识到法律和规范是由大家商定的，仅仅是一种社会契约，是可以改变的。他们认为个人一般不能违反大多数人的意愿，但也不同意用单一的法律法规去衡量人的行为，因而其道德判断具有灵活性。在讨论海因茨偷药行为时，有人说：海因茨偷药，虽然触犯了法律，但他是为了挽救妻子的生命。而法律允许药剂师为了赚钱而不顾人的死活，对吗？坏的法律用什么办法去纠正？个体开始能从法律和道义上比较辩证地看待行为的是非善恶。

第六阶段：良心和原则定向阶段。这是道德推理的最高阶段。处于这一阶段的个体在判断道德行为时，不仅考虑到要符合法律的规定，同时考虑到不成文的带有普遍意义的道德原则；既认识到维护社会秩序的重要性，又看到法律的局限性。在讨论海因茨的偷药行为时，赞同者认为：人的生命胜于金钱；海因茨的行为是对允许药剂师牟取暴利的法律的反抗。反对者认为：海因茨偷窃就不符合他的道德准则了。这种道德认识已远远超过具体的道德准则，考虑较多的是道德本质，但达到这一水平的人不是很多。

第三节　中小学生品德形成与培养

学生品德的形成是贯穿其学习整个过程的，而且品德的培养与其他知识的教育不完全相同，它不适合单纯的教育灌输，更适合给学生提供形成良好品德的环境和氛围。本节介绍中小学生品德发展的一般特点和品德的培养方法，帮助教师更好地进行德育。

一、中小学生品德发展的一般特点

(一)小学生品德发展的一般特点

1. 道德认知的发展特点

小学生的道德认知主要表现在道德概念的掌握、道德判断能力的发展及道德信念的形成三个方面。

①对道德概念的理解能力从直观、具体、较肤浅的理解逐渐过渡到较为抽象、本质的理解，但整体理解水平不高。

小学生对道德概念的理解水平受其思维水平的制约。小学生，尤其低年级的小学生以具体形象思维为主要形式，不能理解抽象的道德概念，弄不清“勇敢”“乐于助人”“拾金不昧”等概念的真正含义。虽然随着年龄的增长，道德认识水平在逐渐提升，但小学生的认识能力总体不高。

②道德判断逐渐由他律转向自律，由只注意行为后果逐渐过渡到全面地考虑动机和后果的统一关系。

就整个小学阶段而言，大多数学生仍主要依据行为后果进行道德判断，低年级学生多以“老师说的”为标准，高年级学生则以“自己要遵守社会道德，做一个好学生”为道德判断的出发点。但即使到了高年级，老师的要求仍然是学生判断行为正确与否的主要标准。

③道德信念初步形成，但不稳定。

道德信念是坚信道德规范的正确性并伴有情绪色彩与动力性的道德观念，它是道德目的和动机的高级形式，是道德认识形成的关键因素。研究表明，学生道德信念的确立要经历长期的发展过程。学龄初期儿童还没有形成道德信念，到 11 岁左右，道德信念开始萌芽，但不自觉、不坚定，从初中开始，比较稳定的道德信念才逐步形成。

2. 道德情感的发展特点

研究表明，小学阶段是道德情感发展的关键期。小学生的道德情感表现为随年龄的增长而有所发展，其转折期在 8～9 岁，抽象的道德情感和与道德信念相联系的情感体验则随年龄的增长而有所发展。道德情感具有很大的情境性、主观性和随意性。

3. 道德意志的发展特点

小学生的道德意志主要表现在坚持性和自制力两个方面。从坚持性来看，小学生完成任务主要依靠外部因素。从自制力来看，它随年龄的增长而增强，特别是低年级学生的自制力很差，从三年级开始，自制力有了显著发展。

4. 道德行为的发展特点

在整个小学阶段，儿童在道德发展上，认识与行为、言行基本上是协调一致的，年龄越小，言行越一致，到了高年级，逐渐出现言行不一致的现象，开始学会掩蔽自己的行为。当然，这种“言行不一致”的现象是随着年龄的增长而出现的社会化结果，并不一定是坏事，但需要老师和家长的正确引导，让学生能辨别是非，承担责任。

(二)中学生品德发展的一般特点

1. 道德认知的发展特点

初中生对道德概念的理解比小学生有显著提高，能够初步理解道德概念的内涵，高中生的道德认知在形式上更加概括、抽象，在内容上更加深刻。

在道德判断方面，初中生处于科尔伯格道德发展的第二水平(习俗水平)的第三和第四阶段，基本上能运用道德规范进行判断。进入高中后，大部分学生的道德判断水平处于后习俗水平的第五阶段。

在道德评价能力的发展上，初中生能从动机和效果两个方面对道德行为进行评价，能透过现象看到本质，并运用社会道德原则来进行衡量，对自己进行道德评价时，表现出一定的自我中心性，不能全面正确地评价自己。高中生的道德评价能力受他们自我意识分化和思维发展的影响，能够通过外在表现看到道德行为的本质，能够一分为二地看待道德行为，能做到具体问题具体分析，经常对自己的道德行为进行反思和评价。

2. 道德情感的发展特点

在道德情感的形式上，初中生以直觉的道德情感为主，容易因一点小事而冲动，情绪波动明显而频繁，从九年级下学期开始，学生直觉的道德情感体验明显减少，伦理性道德情感逐渐占优势。到高中时，学生开始自觉从人生意义和价值的高度来思考道德问题，伦理性道德情感占优势，自我调控能力逐渐增强，直觉的道德情感体验越来越少。

在道德情感内容上，进入初中以后，学生道德情感的社会内容表现得越来越丰富，如集体荣誉感、义务感、良心、幸福感和爱国主义情感等，发展最快、最好的是义务感，其次是良心，最后是幸福感、集体荣誉感和爱国主义情感。

3. 道德意志的发展特点

道德意志是随着年级的升高而逐渐发展的。小学生主要靠外力推动去完成任务，而中学生的道德自觉性、自制力明显增强，虽然到高中阶段，部分学生仍然需要一定的外部监督和约束，但总体自觉性逐渐提升。

4. 道德行为的发展特点

与小学生相比，初中生的道德行为有很大发展，但在具体行为表现方面存在很大的个体差异。到初中时，学生已经形成基本的道德行为习惯，但这个过程主要是在高中阶段才基本完成。初中时期是道德行为分化时期，随着年龄的增长，出现良好的道德行为和不良的道德行为的初中生人数都在增加，两极分化现象比较明显。即使到了高中，两极分化现象依然存在，虽然大部分高中生已经形成良好的行为习惯，但个别高中生的不良行为习惯已经形成，且消极影响不可低估。初中生的道德行为习惯带有很大的不稳定性、情境性和可塑性。到了高中阶段，学生的道德行为习惯逐渐稳定，相对来说，可塑性越来越小，人生观、世界观、价值观等初步形成并渐趋稳定。

二、培养中小学生品德的方法

学生品德形成的过程是一个非常复杂而且具有长期性的发展过程，是一个人的品德心理结构，也就是道德认知、道德情感、道德意志、道德行为的形成、发展、培养过程，是个体在外在环境因素，主要指在家庭、社会、学校等因素的影响下，自身的动机冲突、内化、矛盾斗争的过程。

(一)道德认知的培养方法

道德认知是思想品德形成的前提和基础。一个人要想自觉地遵守社会行为准则，必须首先对这些准则有所认识，必须掌握一系列的道德概念，形成一系列的道德观念，只有这样，他才能对行为的对错、是非、善恶等因果关系进行道德的评判，并在此基础上形成道德观念体系，所有这些都属于道德认知方面的问题。道德认知的形成与培养贯穿道德形成的始终。

道德认知发展心理学认为，一个人道德的形成与发展要经历两个过程，一是理性化过程，二是社会化过程。理性化过程是形成道德认识的过程，也是“明善”的过程。一个人只有自觉地意识到了什么是善，并能自觉地按善行事，才真正形成道德认识。个体道德上的成熟，首先是道德认识上的成熟，然后是与道德认识相一致的道德行为上的成熟。社会化过程必须以个体的社会认知为前提，由于人是社会人，他必须同各种各样的人打交道，在这个过程中需要协调自己和他人、他人和他人、个人和集体等多种关系，这就使他们不得不去掌握人类约定俗成的行为规范和准则，形成对自己、对群体、对他人以及对社会的认识，这个过程也就是个体道德形成的社会化过程。

学生道德认知的培养主要从三个方面进行，即道德知识的掌握、道德评价能力的发展、道德信念的形成。

1. 道德知识的掌握

道德知识的掌握是指对一些道德概念、原则、观点的理解和掌握，了解具体的行为准则以及为什么要这样做。例如，对“诚实”概念的理解和掌握以及怎样做才算诚实；什么是“见义勇为”和“见义巧为”，在什么情况下要见义勇为，在什么情况下要见义巧为，为什么？等等，这些道德知识的掌握与文化知识的掌握有所不同，文化知识的掌握解决的是知与不知、会与不会的问题，而道德知识的掌握远不这么简单，因为在学生身上存在对道德观念的“意识障碍”问题，也就是对道德知识和行为准则接受不接受、信不信服的问题。在小学中低年级，这种现象还不明显，总体上还处于道德观念向道德概念过渡的阶段，在很大程度上服从成人的教导。但随着年级的升高，到了小学高年级和初中阶段，尤其是在学生发展的转折时期，如小学毕业升入初中等，如果教育方法不得当，如采用强制、简单粗暴、不公平等方式，或对学生的要求过高、不切实际等都会导致学生“意识障碍”的产生，甚至明知教育者提出的道德要求是正确的、合理的，就是不接受等。在这种情况下，教师一定要从学生的实际出发，采取负责、真诚、尊重、合理的态度来解决问题，以免使学生陷入由不接受局部教育到不接受全部教育的境地。

2. 道德评价能力的发展

道德评价能力是运用已有的道德知识对自己或他人的道德行为从对与错、善与恶、是与非、美与丑等方面进行分析、判断的过程。它是衡量学生道德品质发展水平的重要标志，是在他人评价、社会舆论、学校教育等诸多因素影响下逐渐发展起来的。

关于道德评价能力的发展，心理学界已经进行了大量的研究，总体来看，儿童道德评价能力的发展大致呈现以下几个特点。

①从他律到自律。

②从对行为效果的评价到对行为动机的评价。

研究表明，在小学阶段，学生对道德行为的评价还往往只从行动的效果来进行评判，而意识不到更深层次的因素。到了初中阶段，开始注意对行为教师动机的分析。到了高中阶段，学生的道德评价有了明显的社会倾向性，他们往往能从社会发展的大的方面来评价一个人的道德行为，也能分析行为动机。但总体来看，道德评价的发展还是以对行为效果的评价为主。

③从对别人的评价到对自己的评价。

中小学生还不能客观公正地自我评价，对他人的评价也常常受外界因素，如教师评价的影响。我国的研究结果还表明，学生的道德评价一般是先评价别人，后评价自己；还发现，在评价别人的时候常看到优点，更容易从一个方面进行全面评价，而在评价自己的时候，则容易从缺点方面进行评价。这与我们的教育方式有关系，也提出了我们在学生道德评价能力培养方面应注意的问题。

④从片面评价到全面评价。

小学生和初中生的道德评价往往带有很大的片面性，以偏概全，容易做出绝对肯定或绝对否定的评价，如认为好学生就是学习好的学生、老师喜欢的学生就是好学生等。随着年龄的增长，儿童的道德评价逐渐能从多方面、多角度，甚至能从更深层次的行为动机进行分析评判。

⑤从感性评价到理性评价。

小学生和初中生容易依据道德情境，从感性认识上去评价自己或他人的道德行为，以后才能理性、客观、全面地进行分析、评价，但达到理性评价需要过程。即使是成人，在有的情况下也很难真正理性地评价一个人的道德行为。

个体道德评价能力的发展不是自发形成的，而与学生的年龄、心理发展水平等内在因素有关，更与其成长的德育环境，如学校德育水平、教师教育方式、校风、班风、社会舆论宣传等因素有关。教师应在教育实践中，经常为学生提供道德实践及道德评价的机会，扩大和丰富学生的道德经验，加深对道德概念的理解，通过各种活动，使学生的道德评价能力由肤浅到深刻、由片面到全面、由具体到概括、由表面到本质地得到发展，为形成正确的人生观、世界观和道德信念打好基础。

3. 道德信念的形成

道德信念是个体坚信道德标准和行为准则的正确性和必要性，并对此产生了情绪色彩，成为自己道德行为的自觉行动指南。道德信念一旦形成，个体会自觉遵守道德标准和行为准则。

学生道德信念的形成，大致可以分为三个阶段，第一阶段是无道德信念阶段，出现在 10 岁以前；第二阶段是道德信念萌芽阶段，出现在 10～15 岁，个体已经产生了对道德信念的内在需求，但还不成熟、不稳定、自制力不强；第三阶段是由道德信念的萌芽到道德信念形成的过渡阶段，出现在 15～18 岁，这时个体已经有了一定的道德观念和道德行为准则，并能在很大程度上使自己的行为与道德行为准则相符，但对道德观念的抽象理解能力还不够，道德行为还会经常出现反复。以后随着个体的成长，才逐步形成自己稳定的人生观、世界观和人格特点，形成稳定的道德信念。

学生道德信念的形成与确立，不仅取决于他们道德知识的掌握和道德评价能力的发展，更取决于个体的道德实践和教育者的言传身教，在个体的道德实践和成人的言传身教中了解、认识、发展、巩固道德认识，逐渐形成良好的道德信念。

(二)道德情感的培养方法

道德情感是情感的一种高级形式，是人们根据社会道德规范和行为准则去评价自己或别人的道德思想、行为、意图和举止时所产生的一种情绪状态。它与道德认识一起，成为人们按照道德标准去行动的内在动力。

道德情感从内容上看是非常丰富多样的，如爱国主义情感、集体主义情感、国际主义情感、事业心、责任感、使命感、友谊感等，这些情感往往互相重叠，成为一个统一的综合体。不同的阶级、不同的时代，由于道德标准的不同，道德情感的内容也不尽相同。

从形式上看，道德情感包括三种：直觉性道德感、形象性道德感和伦理性道德感。直觉性道德感是由对某种道德情境的直接感知引起的，往往产生速度快，有时看似对道德准则的意识不是十分清楚，如见义勇为时的表现，但这种情绪体验并不是凭空产生的，是平时道德认识、道德情感等方面积累的结果。形象性道德感是一些形象性的人物、文学作品、文艺作品等引起的道德情感体验，如对领袖产生的爱戴、对民族英雄的敬佩、对劳动模范的尊敬、对祖国山河的热爱等。伦理性道德感是以明确的道德意识和道德观念为中介而产生的道德体验。这种道德感是一种较高层次的情感，具有很强的概括性，如真正理解了“国家兴亡，匹夫有责”之后产生的爱国情、报国志；从内心深处认识到了“科学技术是第一生产力”后产生的发奋学习的使命感。

道德情感的培养，要从小做起，从培养道德认识入手，丰富学生的道德观念，充分利用榜样的力量，挖掘学校教育中教师、教材、教学、环境、管理等方面的品德教育因素，注意学校教育与家庭教育、社会教育的相互协调、相互配合，使学生形成正确的道德情感。

(三)道德意志的培养方法

道德意志是为完成预定的道德目的而自觉地克服困难、坚持或改变道德行为方式时所表现出来的道德品质，是道德认识外化为道德行为的内在条件，是学生道德意识能动性的表现。它的作用表现在主要的、正确的动机战胜次要的、错误的动机，从而产生道德行为。

学生的道德意志是在道德认识发展的基础上、在道德行为的实践中逐渐形成并发展起来的，小学阶段还处在道德意志的萌芽、初步形成阶段，中学生的道德意志在道德认识、道德实践的作用下迅速发展，表现为自制力逐渐增强，能控制自己的道德行为表现，自觉的道德行为逐渐增多，有一定的独立性和克服困难的意志力。但由于道德感的两极性明显，道德认识还没有一定的深度，坚持有时变成了执拗，行为具有冲动性、片面性和脆弱性。同时还表现在喜欢自己心目中的名人、伟人、英雄，甚至成为“追星一族”。因此在对学生进行品德教育时，要提高学生的道德认识，帮助学生树立好的榜样，形成积极向上的道德意向，在道德教育的实践中逐步地、有的放矢地制订道德意志培养计划，养成良好的道德意志品质。

(四)道德行为的培养方法

道德行为是与个人道德认识、道德情感、道德意志相联系的行为举止，是一个人思想品德的外在表现。在现实生活中，我们评价一个人的道德面貌，不只看他有什么样的道德认识水平，也不只是看他有什么样的道德情感表现，更重要的是看他有没有道德行为的表现以及履行了怎样的道德行为，可见道德行为在个体品德心理结构中具有特别重要的意义。

人的道德行为不是简单地从品德形成过程中抽象出来的单个的心理成分，它本身就是一个极其复杂的过程。道德行为既包括外在的行为，又包括引起行为的内在因素；既包括道德认识，又包括道德情感；既包括发展因素，又包括非发展因素；既包括个体过程，又包括群体过程。20 世纪 60 年代，以班杜拉为代表的心理学家在系统实验和深入研究的基础上，对儿童道德行为的形成进行了大量论证，开辟了一条从行为方面探究道德发展的广阔途径，这为我们进一步研究学生道德行为的形成与发展提供了依据。

学生的道德行为是随着年龄的增长而逐渐获得发展的，而且年龄越小，可塑性越大，稳定性越差，道德行为具有不同场合表现的不一致性；到了初中后期、高中阶段，道德行为基本形成并稳定下来。但总的来看，学生的道德行为带有很大的情景性、情绪性和偶然性，只有经过反复训练形成习惯，才能稳固为个人的道德品质和自动化的行为方式。

道德行为习惯是与一定的道德需要、道德认识、道德情感、道德行为相联系的固定化了的行为方式，是学生由不稳定的道德行为转化为稳定的道德行为的关键。因此，要想使学生有良好的道德行为表现，重要的是重视良好道德行为习惯的养成。

为此，教育者要为学生良好道德行为习惯的养成提供良好的行为情境，有目的、有计划地对学生进行行为训练，对学生存在的道德行为及时提供反馈信息，培养学生自我教育、自我监督、自我约束、自我提高的能力。

第四节 中小学生品德不良与矫正

品德不良是指学生经常违反道德准则或犯有较严重的行为过错，有的甚至处在犯罪的边缘或已经有轻微的犯罪行为。这样的学生为数不多，但影响很坏，给他们自身的健康发展、学校工作的正常进行、家庭的幸福以及社会的安定都带来了一定的隐患，也给我们的教育提出了一个严肃的课题，为什么会出现品德不良的学生？原因是什么？怎样防患于未然，尽可能地降低品德不良学生的出现率？真正解决这些问题，有助于我们顺利地开展教育工作。

一、品德不良学生的心理特点

从道德认识上来看，品德不良的学生表现为道德概念模糊或者道德概念错误，甚至根本就没有道德观念，他们往往在学习上遇到过很大的挫折，直接导致没有学习兴趣，学习成绩较差。为了弥补因学习成绩不良等原因导致的内心空虚，他们往往以打架斗殴、违反校规校纪等不良的道德行为来证明自己的“价值”，形成了扭曲的价值观。实际上他们内心也存在激烈的动机冲突，只是他们没有找到解决这些冲突的更好办法。到了高中阶段，这种冲突如果得不到更好的解决，就会形成不正确的人生观和世界观。这样的学生往往在学业上会半途而废，走向社会后很可能带来一些社会问题。

从道德情感上来看，品德不良的学生常常感情用事，不分是非、对错，容易拉帮结伙，重感情、讲义气，为了朋友不顾一切，表现为遇事会有强烈的情绪冲动，甚至大打出手，容易产生严重的后果。其实他们内心也常常自责、内疚，也希望能被大多数人认可和接受，只是没有找到更好的途径，而以变相的错误形式表现出来。

从道德意志上来看，品德不良的学生往往表现出两面性，一方面，在众人面前表现出所谓的勇敢、坚强、有自制力，甚至像个“英雄”；另一方面，他们内心空虚、自卑、苦恼，经常处在动摇状态，如果有适宜的环境和合适的机会，他们会向好的方向发展。

从道德行为上来看，品德不良的学生经常表现为扰乱学校正常的教学秩序，与老师、学校的要求背道而驰，不服老师和家长的管教，打架斗殴，抽烟喝酒，言谈举止粗俗，穿着打扮怪异，常与社会上的不良青少年来往，厌学、逃学、离家出走，甚至有违法乱纪行为。

二、学生品德不良形成的主要原因

学生品德不良形成的原因很复杂，如果从客观、主观上两个方面分析，未免有些笼统、简单。他们品德不良，很难从单方面找到真正的症结，每个学生与每个学生之间，由于自身的先天素质、后天所接触的社会环境、每个人成长的家庭环境、所接受的学校教育各不相同，而且每个人的思想品德形成是一个复杂、长期的过程，这就导致了品德不良形成的原因的复杂性。但归纳起来，主要原因有以下几点。

(一)不良的家庭环境与家庭教育方式

不良的家庭环境主要有以下几种情况。一是学生的家庭成员自身在思想品德上存在问题，行为不端，甚至经常出现违法乱纪的行为。当孩子出现品德问题的时候，不从正面加以解决，而是包庇、纵容或视而不见。二是家庭成员之间关系复杂、存在严重的分歧，家庭纷争不断，没有和谐、温馨的家庭氛围，孩子在家里找不到温暖，没有感情依靠。三是家中无人管教。父母离异，对孩子本身已经造成很严重的心理创伤，而抚养方又没有真正地承担起教育孩子的责任；父母双亡，孩子从小成为孤儿，寄人篱下；父母工作在外地或忙于工作无暇顾及孩子，使孩子成为留守儿童等，都是孩子产生品德问题的重要原因。

家庭教育方式不当在当今家庭教育中是非常普遍的，对孩子过分溺爱、教育方法简单粗暴、对孩子放任自流、过于严厉或期望值过高、把自己的愿望强加给孩子等都有可能使孩子在品德修养上出现问题。所以，如何提高家长的素质，使他们能科学、正确、切实可行地教育孩子，是一个庞大的系统工程。

(二)社会上不良因素的影响

我们生活在社会这个群体当中，学生也是社会群体中的一员，社会上众多因素无时不在影响着正在成长的青少年，尤其是当今学生接触的外界媒体非常广泛，也非常复杂，其中不免一些消极因素会对学生的健康成长产生不利影响，如淫秽书刊，色情、凶杀、暴力影片或录像片等，往往会诱发学生不健康的联想和体验，直接或间接地使一些道德观念不强、意志品质薄弱的学生走上品德不良甚至犯罪的道路。

还有一个不能忽视的社会因素会对学生的品德形成产生不良影响，就是社会上的不良群体。这些小群体由一些行为不良的青少年自发组成，他们处境相似、年龄相近，厌学、逃学，在一起吃喝玩乐，打架斗殴，游离于犯罪边缘。

(三)教师教育方法不当

学校教育是按照社会发展的要求和学生的身心发展规律，由教育者有目的、有计划、有组织地对受教育者的身心施加影响的过程。在这个过程中，教师是教育任务的主要承担者，教师的基本职业道德就是热爱教育事业、热爱学生。教师不仅要完成教书育人的任务，更要成为学生心理健康的引路人。但是极少数教师在教育观念、职业道德上出现了问题，或者是教育方法不当、简单粗暴，甚至挖苦、体罚、变相体罚学生等，伤害了学生的自尊心和上进心，导致他们厌学、逃学，逐渐使他们成为问题学生。这是值得我们每一位教育工作者反思的一个问题。

另外，虽然我们的素质教育实施了这么多年，但面对升学率的压力，我们的学校教育仍然无法从真正意义上实施素质教育。对学习成绩差的学生，有的学校采取了一些不适当的做法，这也是导致学生的思想品德出现问题的一个潜在因素。

(四)学生自身的内在因素

学生尤其是中小学生正处在长知识、长身体，人生观、世界观形成的重要时期，这个时期的最大特点就是可塑性大，辨别是非能力差，对未来、人生、前途考虑得不多，头脑简单，自我意识能力弱，很容易被一些外在因素和眼前利益诱惑，情绪起伏比较大。这些内在的心理发展因素有很大的发展空间。遇到一些不定性的外界因素，学生很容易走向两个极端。如果遇到积极的外在因素，如正确的家庭环境、适当的学校教育和良好的社会因素，学生很容易向健康积极的方向发展，成为符合社会发展需要的合格人才。如果遇到一些消极的外界环境因素，再加上自身的道德认识、道德意志品质出现问题，也很容易成为品德不良的学生。

三、学生品德不良的矫正策略

品德不良不仅给学生自身的健康发展带来不利因素，也给学校工作的正常进行、学生家庭带来不必要的麻烦，更给社会的稳定带来不安定因素。因此，最好的办法是从学生健康发展的各个角度“防患于未然”。即便形成了不良品德，也应该持有对学生的发展负责，对学校、家庭、社会负责的态度，采取恰当的方法，正确地面对并有效地解决这些问题，做到大事化小、小事化了，使学生走到健康正确的发展轨道上来。在这里，我们主要探讨学校教育中如何矫正学生的不良品德。

(一)从人本主义观点出发，尊重、信任、感化品德不良的学生

人本主义思想起源于20世纪五六十年代的美国，代表人物是马斯洛和罗杰斯。随着社会的进步和发展，人本主义思想越来越受到重视，以人为本的理念已经渗透到社会的诸多领域。人本主义思想认为，人的本性是善良的或中性的，恶不是人性固有的，它是由人的基本需要受挫引起的，或是由不良的文化环境造成的。每个人都有自我实现的需要，只要环境适当，他们就会努力实现积极的社会目标。因此，人本主义强调人的尊严和价值，必须把人当作一个理智和情感的整体来研究，只有这样才能产生更有效的结果。

马斯洛还提出了需要层次理论，认为人的需要是由低向高发展，依次是生理需要、安全需要、爱与归属需要、尊重需要和自我实现需要。他特别强调爱与归属需要、尊重需要。每个人都希望有一个温暖的家庭、社会环境，都有自尊心，都希望在与人交往过程中获得友谊和尊重，如果这些需要得不到满足，就会引发一些心理问题，抑制个人的成长和潜力的发展。

根据人本主义的观点，我们的学校教育应从人性的角度出发，相信只要我们的教育方法得当，尊重、信任每一个学生，用自己的爱心、诚心和恒心来帮助、感化品德不良的学生，就会使我们的教育工作更有成效。要记住这样一句话：没有教育不好的学生，只有不会教育的老师。苏联教育家苏霍姆林斯基也曾经说过这样一段话：在儿童、青少年中间没有存心作恶的歹徒，即使邪恶创造了他们，那么医治他们就要靠人性、靠善良、靠乐观主义。

(二)从学生心理发展的特点出发，用发展的眼光引导、教育品德不良的学生

正如前面我们所分析的那样，学生在青少年阶段的发展特点，决定了他们在这个时期可塑性大，容易受外界因素影响，稍微不注意就容易出现问题。我们的学校教育应用发展的、长远的眼光来对待每一个成长中的青少年。只有我们的教育得法、引导得当，以科学的态度、正确的方法及时调整我们工作中出现的问题和不足，不要站到学生的对立面去审视学生，而是站到学生的角度关心、理解、帮助他们，才能缩短师生间的心理距离，使这些学生逐渐由理解、沟通到信服。亲其师，才能信其道，通情才能达理。

(三)从学生思想品德形成的特点出发，有针对性地解决教育中出现的各种问题

一个人的思想品德的形成不是一朝一夕之事，它是主体有选择地接受外部环境影响的过程，是主体内部矛盾斗争、转化、内化的过程，是主体与外部环境不断进行交往、调节控制、反复运行、深化提高的过程。这是学生的思想品德形成的规律，我们应认识规律，利用规律，而不能无视规律的存在，产生急躁冒进的态度。要考虑到矫正学生不良行为的过程中容易遇到的问题。首先，转化学生要找到外部条件与学生现有思想发展水平的结合点，使教育措施能被学生接受，使外部条件真正内化到学生自身当中去，使新的良好的品德结构不断增强，从而支配和控制个体行为。其次，要认识到品德不良的学生往往感情先于认识，感情重于认识，从感情入手进行转化教育，往往会取得好的效果，但要注意及时进行道德认识的提高，否则，学生不良的思想和行为容易反复、不能得到巩固。最后，要允许学生有反复的现象，因为转化品德不良的学生这一工作往往呈螺旋式上升趋势，应从反复中总结经验，使每次反复都成为学生进步的新起点。

(四)采取集体教育与个别教育相结合的方式，转化、带动品德不良的学生

青少年具有向群性、好结伴的心理特点。学生生活在集体当中，每个学生都是集体中的一员，集体的环境、氛围影响着生活在其中的每一个成员，每一个成员都影响着集体的风貌。因此学校教育应重视学校校风和班风的建设，良好的校风、班风是形成学生良好思想品德的重要因素，也是影响、带动品德不良学生的不可忽视的教育因素。健康向上的校风、强有力的班集体、集体荣誉、集体舆论都有利于他们向积极的方向转化，集体中的各种因素拧成一股绳，形成一股劲，为生活在其中的每一个学生的健康发展提供宽松、和谐、健康、向上的发展空间。

(五)从学生的成长环境入手，协调各种因素，形成教育合力

学生的思想品德是在家庭、社会、学校等多种因素的共同影响下形成的，所以要想使思想品德教育真正在学生身上发挥作用，学校教育必须协调家庭、社会等各种教育力量、教育因素，使这些因素形成一种积极的教育合力，共同为学生思想品德的发展营造一个健康发展的空间，通过这些外在因素的共同影响，使品德不良的学生走上健康发展的轨道。

思考与练习

一、选择题

1. 下面关于品德的描述正确的是(　　)。

A. 品德是个体现象　　B. 品德是社会现象

C. 其心理结构是知、情、意、行　　D. 品德就是道德

2. 衡量一个人的道德品质发展水平高低的重要标志是(　　)。

A. 道德认识　　B. 道德情感　　C. 道德意志　　D. 道德行为

3. 瑞士心理学家皮亚杰认为儿童从他律道德向自律道德发展的分水岭是(　　)。

A. 5 岁　　B. 8 岁　　C. 10 岁　　D. 15 岁

4. 采用道德两难故事法提出道德发展阶段理论的心理学家是(　　)。

A. 皮亚杰　　B. 科尔伯格　　C. 雷斯特　　D. 韦伯

5. 小青常在课上玩手机，李娜提醒小青，学校规定课堂上不能玩手机，可小青不听，因此李娜认为小青不是好学生。根据科尔伯格的道德发展理论，李娜的道德认知发展水平处于(　　)。

A. 前习俗水平　　B. 习俗水平

C. 寻求认可定向阶段　　D. 维护权威或秩序的定向阶段

二、问答题

1. 如果你是一名中小学教师，你会采取哪些方法对学生进行品德教育？

2. “一个人的品德好坏比他的知识技术水平高低更重要”，请谈谈你对这句话的理解。

选择题参考答案：1. AC　2. D　3. C　4. B　5. BD

拓展与延伸

1. 心理电影：《二十五个孩子一个爹》.

2. 心理电影：《放牛班的春天》.

参考文献

[1]吴会东，张彦云，张国华．心理学概论[M]．北京：北京师范大学出版社，2017.

[2]张彦云．中小学生心理发展与教育[M]．北京：北京师范大学出版社，2016.

[3]彭聃龄．普通心理学(第5版)[M]．北京：北京师范大学出版社，2019.

[4]郑雪．心理学(第3版)[M]．北京：高等教育出版社，2015.

[5]张向葵，刘秀丽．发展心理学[M]．长春：东北师范大学出版社，2002.

[6]刘桂春，王双全，赵晓英．新编心理学教程[M]．北京：北京邮电大学出版社，2014.

[7]廖全明．中学心理学[M]．成都：西南交通大学出版社，2015.

[8]陈琦，刘儒德．当代教育心理学(第3版)[M]．北京：北京师范大学出版社，2019.

[9]王亚东，赵亮，于海勇．创造性思维与创新方法[M]．北京：清华大学出版社，2018.

[10]王竹立．你没听过的创新思维课(第2版)[M]．北京：电子工业出版社，2017.

[11]刘学智，李林．教育学[M]．武汉：华中师范大学出版社，2017.

[12]李伯黍，燕国材．教育心理学[M]．上海：华东师范大学出版社，2010.

[13]冯忠良，伍新春，姚梅林，王健敏．教育心理学(第3版)[M]．北京：人民教育出版社，2015.

[14]周瑛．学习指导学[M]．石家庄：河北人民出版社，2004.

[15]莫雷．心理学(公共课)[M]．北京：北京师范大学出版社，2014.

[16]张朝，李天思，孙宏伟．心理学导论[M]．北京：清华大学出版社，2008.

[17]高雪梅．中小学生心理学[M]．重庆：西南师范大学出版社，2013.

[18]张彦云，孙淑荣，佟秀莲．中小学生心理健康教育的理论与实践[M]．北京：北京师范大学出版社，2015.

[19]教师资格考试研究中心．教育知识与能力(中学版)[M]．上海：华东师范大学出版社，2014.

[20]教师资格认定考试编写组．教育心理学[M]．北京：北京师范大学出版社，2008.

[21]刘电芝．儿童发展与教育心理学[M]．北京：人民教育出版社，2006.

[22]沈德立．小学儿童发展与教育心理学[M]．上海：华东师范大学出版社，2003.

[23]河北省教师教育专家委员会．中小学生心理发展与教育[M]．石家庄：河北人民出版社，2007.

[24]林永惠，路玉才，李阔．教育心理学[M]．天津：南开大学出版社，2014.

[25]李晓东．小学生心理学[M]．北京：人民教育出版社，2003.

[26]陈安福．中学心理学[M]．北京：高等教育出版社，2004.